国家重点研发计划课题"乡村植物景观营造及应用技术研究"（项目编号：2019YFD1100404）

乡村植物景观营造及应用技术研究

王　浩　余文博　吴卓然　卢周奇　程艳红　王丹宁　等著

U0380214

东南大学出版社
SOUTHEAST UNIVERSITY PRESS
·南京·

内容简介

乡村植物是美丽宜居乡村中的重要组成部分,直接影响乡村的生态环境与村民的日常生活,且植物本身所具有的地域特征与文化内涵也使得乡村绿化植物在一定程度上成为乡村地域文化的表现载体,影响人们的文化及情感交流。本书基于国家重点研发计划课题"乡村植物景观营造及应用技术研究",立足风景园林学科视角,聚焦我国乡村植物景观营造及应用技术体系,开展应对地域差异化的乡村植物景观风貌、景观营造等技术研究。通过解析承载地域生态文化的乡村植物景观特征,构建乡村植物景观评价体系;通过建立乡村植物景观与乡村乡土环境系统空间关联,为乡村植物种植空间引入了新的客观量化描述方法并结合实例加以实验与应用;基于代表性乡村样地对植物景观进行总结和评价,深入了解植物景观建设状况,提出乡村植物景观设计体系。

图书在版编目(CIP)数据

乡村植物景观营造及应用技术研究 / 王浩等著.
—南京:东南大学出版社,2023.11
ISBN 978-7-5766-0536-5

Ⅰ.①乡… Ⅱ.①王… Ⅲ.①园林植物—景观设计—研究 Ⅳ.①TU986.2

中国版本图书馆 CIP 数据核字(2022)第 245316 号

责任编辑:宋华莉   责任校对:子雪莲   封面设计:王 玥   责任印制:周荣虎

乡村植物景观营造及应用技术研究
Xiangcun Zhiwu Jingguan Yingzao Ji Yingyong Jishu Yanjiu

著　　者　王　浩　余文博　吴卓然　卢周奇　程艳红　王丹宁　等
出版发行　东南大学出版社
出 版 人　白云飞
社　　址　南京市四牌楼 2 号(邮编:210096　电话:025-83793330)
经　　销　全国各地新华书店
印　　刷　南京玉河印刷厂
开　　本　787 mm×1092 mm　1/16
印　　张　18.5
字　　数　373 千字
版　　次　2023 年 11 月第 1 版
印　　次　2023 年 11 月第 1 次印刷
书　　号　ISBN 978-7-5766-0536-5
定　　价　168.00 元

本社图书若有印装质量问题,请直接与营销部联系,电话:025-83791830。

前言
PREFACE

随着我国经济社会的持续发展和城镇化建设的不断推进,乡村景观面临前所未有的发展机遇,同时也遭受前所未有的冲击。在建设过程中,如何保护乡村自然景观、延续乡村文脉、实现乡村文化景观复兴,是乡村建设不得不考虑的问题。乡村植物作为有生命的景观材料,不仅是乡村聚落景观中的重要组成部分,直接影响乡村的生态环境与村民的日常生活,且由于植物本身所具有的地域特征与文化内涵,也使得植物在一定程度上成为乡村地域文化的表现载体,影响人们的文化及情感交流。

现阶段,在"美丽中国"的大背景下,越来越多的风景园林工作者将工作重心转移至乡村景观建设,但不可忽视的是,快速发展的乡村植物景观营造仍缺乏有效的方法指导与设计规范,乡村建设中的问题与矛盾日益凸显。现有研究大多过于重视对植物景观艺术性以及观赏性的营造,停留于宏观表象,往往着力于对植物美观度以及艺术格调的打造,忽视了植物自身的空间属性以及植物同乡村各类元素之间的内在逻辑,缺少对景观空间内核的研究。另外,在乡村植物景观营造过程中,盲目照搬城市种植模式及村落间的一味模仿,导致乡村植物景观"千村一面""半城半乡"现象普遍。

本书基于国家重点研发计划课题"乡村植物景观营造及应用技术研究"(项目编号:2019YFD1100404),立足风景园林学科视角,研究主要聚焦于我国乡村乡土植物景观营造及应用技术体系,开展应对地域差异化的乡村植物景观风貌、景观营造等技术研究。通过解析承载地域生态文化的乡村植物景观特征,构建乡村植物景观评价体系;通过建立乡村植物景观与乡村乡土环境系统空间关联,为乡村植物种植空间引入了新的客观量化描述方法并结合实例加以实验与应用;并基于代表性乡村样地对植物景观进行总结和评价,深入了解植物景观建设状况,提出乡村植物景观设计体系。研究主要包括以下几部分:

第1章即绪论,主要阐述研究背景及必要性、研究目的和意义、研究内容。

第 2 章为乡村植物景观营造基础理论,阐述乡村植物研究的相关概念以及国内外相关研究领域的研究动态。

第 3 章为基于场所记忆的传统村落植物景观研究,以南京佘村为例,从村落居民的角度探索村落植物景观的影响因素,并探究影响村民对村落植物景观偏好的原因。

第 4 章为乡村植物种植空间量化描述方法研究,以苏南地区传统村落作为示范与实践检验对象,提取、整理、揭示所选区域的植物空间特征与村落空间特征,描述它们之间存在的空间逻辑联系。

第 5 章为苏南水乡传统村落植物景观评价及优化研究,基于代表性样地对当地植物景观进行总结和评价,同时结合村落植物材料与本土历史文化,探索出科学、合理的植物配置方法来更好地保护苏南水乡传统村落风貌。

第 6 章为旅游型乡村植物景观设计分析与实践,深入了解植物景观建设状况,提出旅游型乡村植物景观设计体系,探寻如何利用当地特有的资源进行合理开发与保护。

第 7 章是对本研究的总结,以及对未来的后续研究之展望。

本书通过乡村植物景观的相关研究,一方面为充分了解乡村整体植物景观现状和发展方向提供视角和思路,另一方面为乡村植物景观维护管理、规划建设等工作提供参考和依据,在一定程度上丰富了风景园林学科理论,助力乡村绿色健康可持续发展。

在成书的过程中,得到参与课题研究的徐雁南教授、谷康教授、丁彦芬副教授、苏同向副教授等老师和诸多研究生的协助,在此谨向他们所做的大量工作致谢。

在本书的撰写过程中,参考和引用了国内外众多学者的文献资料,在此表示衷心的感谢。由于著者能力所限,书中难免有遗漏和错误之处,敬请各位读者批评指正。

由衷感谢东南大学出版社编辑自本书立项、排版、校对全过程中给予我们的支持和帮助。

著者

2023 年 1 月

目 录
CONTENTS

1 ▶ 绪论

《游山西村》

陆　游

莫笑农家腊酒浑，丰年留客足鸡豚。

山重水复疑无路，柳暗花明又一村。

箫鼓追随春社近，衣冠简朴古风存。

从今若许闲乘月，拄杖无时夜叩门。

　　陆游的《游山西村》，一首七言绝句，短短五十六字，叙述的乡村剪影、淳朴民风、村外之景、村中之事、优美意境、隽永格调都令读者向往不已。不禁感叹，江南乡村的景观记忆，终究是难以脱离枯藤老树、小桥流水、粉墙黛瓦或丰收稻田、田园牧歌、袅袅炊烟这些令人流连忘返的景观要素。

　　然而，四十余年的城镇化快速发展，对于乡村的冲击是巨大的，传统农业景观已逐步转变为现代农业景观。愈来愈快的乡村建设与发展，忽略了原真性乡村景观的保护与延续，尤其是在改革开放背景下发展迅速的苏南地区：无论是"山重水复、柳暗花明"，还是"阡陌交通、鸡犬相闻"，都逐渐被行道树、厂房、公寓、洋楼等取代，"千村一面""城乡同质""环境污染""空巢乡村"等现象已逐渐成为常态。诚然，改革开放为闭塞的乡村打开了窗口、快速城镇化为乡村带来了经济发展，落后的乡村基础设施得到了更新，农村居民的生活质量得以全方位提升，但乡村传统景观的消逝、资源的破坏与日益突出的生态环境，是在乡村建设繁荣的情境下无法忽视的。现阶段，在"美丽中国"的大背景下，越来越多的风景园林工作者将工作重心转移至乡村景观建设，但不可忽视的是快速发展的乡村景观建设仍缺乏有效的方法指导与设计规范，乡村建设中的问题与矛盾日益凸显。作为乡村绿化景观建设中构建的复杂人工生态系统——植物群落，不仅是乡村聚落景观中的重要组成部分，直接影响乡村的生态环境与村民的日常生活，而且由于植物本身所具有的地域特征与文化内涵，也使得植物在一定程度上成为乡村地域文化的表现载体，影响人们的文化及情感交流。因此，我们立足于学科视角，借鉴相关研究经验，为乡村植物景观营造提供行之有效的设计范式或营造相应的应用技术是我们面临的一大课题。

1.1 研究背景及必要性

1.1.1 乡村振兴战略和美丽乡村建设深入推进

中国乡村土地富饶,养育无数中华儿女,其悠久的历史文化和乡土特色都是时间长河里沉淀出来的宝贵财富,是历代人民不断探索积累的成果展示。然而进入 21 世纪以来,城市化快速发展,城乡发展差距越来越大,农村发展一度滞后,同时城市逐渐"入侵"周边乡村,在占用原有乡村土地的同时,带入了大量的城市文化,破坏了乡村的氛围。国家对乡村的发展给予了高度的关注,并制定一系列的扶持乡村建设的政策[1],乡村的发展迎来空前机遇[2]。

2012 年,党的十八大首次提出"美丽中国",将生态文明建设放至突出位置,提出"五位一体"的总体布局,引导人们尊重自然、顺应自然、保护自然,还原绿水青山,建设山水林田湖草生命共同体[3]。2013 年,在中央一号文件中,"美丽乡村"作为美丽中国的基础元素首次被提出,并出台《关于开展"美丽乡村"创建活动的意见》,要求进一步强化农村生态环境建设、保护环境等工作。并于 2015 年发布《美丽乡村建设指南》,在整体上指导乡村的绿化建设。2017 年,党的十九大提出实施乡村振兴战略,提出产业兴旺、生态宜居、乡风文明、治理有效、生活富裕的总体要求[4],其中生态宜居是乡村振兴的基础,生态宜居强调的不再是单一的村容整治,而是对"生产场域、生活家园、生活环境"一体化的乡村探索,构建乡村人居环境的绿色可持续发展[5],必然要求在乡村建设中因地制宜进行水系梳理、地形塑造、植物配置与景观营造,在此基础上实现物质财富与生态文明建设相互融通,实现更高品质的生活富裕。

"美丽乡村"和"乡村振兴"是"美丽中国"的总体部署,是新时期社会矛盾转换、新历史使命的具体体现[6],在具体的建设内容上均突出乡村的生态与环境建设,从这个意义而言,建设美丽乡村实现乡村振兴,必须把乡村的生态环境建设作为基础性工程扎实推进,深化对乡村植物景观建设的认识,持续推进乡村绿化美化,让绿树红花扎根乡村。

1.1.2 乡村植物研究现状亟须更新

植物作为园林中最主要的成景四大要素之一,在乡村景观中自然也扮演着极为重要的角色。乡村植物作为乡村乡土景观中占比最大的元素之一,同时具有健全乡村生态系统并保持乡村生态格局稳定性、维护乡村人文历史单元形态完整性的双重作用,在日常游憩中更是承担了构成、分割空间,引导行进方向与行进节奏的职能[7]以及统一园林审美与乡村文化内涵的作用[8]。

以往乡村植物景观的演化往往基于依靠传统农耕生产而形成的农耕景观风貌,受传统农业的生产模式制约。在以单一模式为核心的工业化农业生产背景下,作物生产由小占地面积的农耕转变为大占地面积的规模化种植,动物生产由大占地面积的放养转为小面积的集中化养殖。在上述多种影响因素的共同作用下,传统村落的空间形态、村民的生活方式与乡村文化内涵也都发生了或多或少的改变[9],这都将导致乡土植物景观遭到一定程度的破坏。

如今,美丽乡村建设依旧在如火如荼地推进,美丽乡村观念也比以往任何时候都更加深入人心,它不仅是改善乡村居民生活条件的保障,更是以满足居民对美好生活、美丽景观向往为目标原则而采取的重要举措[10]。与此同时,植物景观在构成乡村整体风貌方面所发挥出的积极作用也逐渐浮出水面[11]。在乡村振兴与美丽乡村建设的大环境背景下,乡村植物已然成为乡村人居环境相关研究的核心所在[12]。不同的地域,不同的乡村,植物景观与植物空间格局、空间分布皆有较大差异与变异。要使乡村焕发出真正的生机与活力,必须要重视对乡村植物景观研究的推进。由于以往传统景观打造了观念的桎梏,乡村植物景观往往无法发挥出应有的功能,无法展现乡村的本真格局[13],更没有将乡村传统元素纳入研究的核心范畴,致使乡村原生的景观根基被打破[14]。目前,我国对于乡村植物景观的研究数量仍然较少,且现有研究大多过于重视对植物景观艺术性以及观赏性的营造[15],对于乡村植物格局的研究还大多停留于点—线—面结构的表象[16],没有厘清乡村植物与乡村自有元素之间的内核关系。如此一来,乡村景观风貌的建设便暴露出诸多问题,例如盲目模仿生搬硬套他处优秀景观、割裂历史文脉、忽视地方本土特征[17],造成大面积的大拆大建、乱挖乱填以及由内核缺失而导致的"空心化""片面化"以及"千村一面"等严重问题[17-18]。要避免这些问题,就要从各个层面,由点到面,从宏观到微观,厘清乡村的风貌结构[14],保留乡村的风貌特色,杜绝景观的单调重复。

1.1.3 乡村植物研究方法有待完善

乡村植物作为各类型乡村聚落的重要基本构成要素,可以直接决定乡村的风貌格局与地方特色,能够很好地反映历史、体现地域特色、展现乡村精神。而现有的部分对于乡村植物景观的研究大多仍然停留于宏观表象,往往着力于对植物美观度以及艺术格调的打造,大多忽视了植物自身的空间属性以及植物同乡村各类组成空间元素之间存在的内在逻辑,缺少对景观空间内核的研究[19],弱化了植物同其他元素的关联性探讨。当下,已有专家学者从植物选择、种植模式、景观评价等多个方面分析乡村植物景观,所用的研究方法包括实地调查法、比较分析法、模型构建法等,且研究成果类型多样,包括适宜的乡村绿化方法、合理的植物配置模式、高效的植物保护措施等,涵盖美学、生态等多个层面内容。但是对乡土植物的挖掘和栽培、特色植物景观营造模式等方面的研究尚不深入。涉及乡村植物以及乡村植物种植空间的研究还是以定性分析、定性评价为主,多宏观量化评价而少具体量化研究[20]。此外,现有的量化描述方法所使用的实验数据大多通过图像处理手段或以其他方式间接获得,并非实地测得,研究过程可能会受到多种干扰因素的制约[21],数据可靠性以及精度尚有较大的提升空间。小场景实地测算的数据大多也都依赖于使用较为传统的测绘工具,工作效率与数据精度都有着很大的提升与改进的空间。

1.2 研究目的和意义

1.2.1 研究目的

在各项乡建政策利好的时代背景下,着眼当下我国乡村现实情况和发展困境进行相关研究工作刻不容缓。植物景观作为乡村区域别具风格特色的典型代表,其在改善和美化乡村的人居生态环境、展现特色风貌、激发地域活力、满足休闲游憩、构建城乡有机联系等方面具有重要作用。而当下,存在对乡村的植物景观认识不清、态度不明、理论不全、管理不当、建设不足等问题。如不重视这些问题并加以改进,将不利于我国乡村植物景观的长远健康发展,不符合我国乡村振兴的全面要求,也将在一定程度上阻碍我国乡村可持续发展目标的实现。

从风景园林学科角度出发,一方面应正视我国乡村现状,并在树立本土文化自信的前提下开展相关研究和实践工作,做到因地制宜、维系特色,避免亦步亦趋;另一方面,通过对国内外城乡风景园林相关理论和实践的反思,应更加清楚乡村良好自然生态环境和整体植物景观氛围对乡村未来发展的深远意义,做一些"功在当代,利在千秋"的努力和探索,体现责任与担当。

研究目的就是立足我国城乡发展不平衡、乡村发展不充分的问题,以及新时代我国乡村对植物景观科学认知、管理和建设等迫切需求与相关认识论、方法论上缺失的矛盾,在对我国乡村植物景观理性分析的基础上,运用系统科学的思想,全面看待具有乡村风格特色的植物景观之间的联系及相互作用关系,一方面能够为充分了解乡村整体植物景观现状和发展方向提供视角和思路,另一方面能够为相关植物景观维护管理、规划建设等工作提供参考和依据。

1.2.2 研究意义

乡村是人类社会千百年来与自然环境相互影响相互交织而融合出的共生产物,是具有浓郁地域特征的生活聚居地。乡村植物作为乡村中最为普遍的元素之一,恰恰正是乡村的灵魂所在[22]。乡村植物景观是乡村整体风貌环境以及乡村人居环境、空间构成的重要组分[23],其在塑造乡村整体景观格局、维护乡村生态系统平衡以及继承发展乡村历史文化形态等诸多方面具有不可替代的积极作用。研究乡村植物景观是从整体视角出发认知与了解具有乡村风格特色植物景观的科学思维,反映乡村植物景观作为整体印象为人所感知其背后的规律,体现聚散为整、功能复合、文化自信、以人文本的理念特点,因此具有一定理论意义。

另外,对乡村植物景观营造的研究还具有一定学术上的探索意义。在城市中,城市绿地系统理论作为符合城市综合环境语境下看待城市绿地整体情况的方法,并成为城市绿地相应规划、建设、管理等的依据,其裨益众所周知。而在乡村综合环境语境下,绿地系统理论并不完全适合,盲目引用不利于乡村植物景观的全面科学发展。探索一套具有乡村风格特色的植物景观营造技术与方法,不仅在一定程度上丰富了风景园林学科理论,还能够助力乡村的绿色健康可持续发展。

1.3 研究内容

第1章绪论部分剖析了乡村植物景观营造的研究背景、研究目的及意义。

第2章为乡村植物景观营造基础理论,包括乡村、传统村落、乡村植物等概念的定义与梳理,以乡村、传统村落、乡土植物、植物景观、空间以及植物种植空间量化等关键词作为相关文献检索之依据,通过现有的研究资料来了解掌握本领域前沿的研究动态,为本书的研究理论逻辑确立明晰的框架。

第3章为基于场所记忆的南京传统村落植物景观研究,选择南京市江宁区佘村社区内的传统村落为调研地点,基于场所记忆从村落居民的角度探索村落植物景观的影响因素,并探究影响村民对村落植物景观偏好的原因,为营造符合村民期待的乡村植物景观和建设绿色宜居的人居环境提供理论参考。

第4章为乡村植物种植空间量化描述方法研究,以苏南地区选取具有代表性的传统村落作为示范与实践检验对象,提取、整理、揭示所选区域的植物空间特征与村落空间特征,描述它们之间存在的空间逻辑联系,并在得到实验数据的基础上进行可视化图形演示与文字评价描述。

第5章为苏南水乡传统村落植物景观评价及优化研究,基于代表性样地对当地植物景观进行总结和评价,同时结合村落植物材料与本土历史文化,在乡村振兴政策和“美丽乡村”理念的时代大背景下探索出科学、合理的植物配置方法来更好地保护苏南水乡传统村落风貌。

第6章为旅游型乡村植物景观设计分析与实践,以南京市江宁区旅游型乡村植物景观设计为例,在实地调研基础上,对江宁区旅游型乡村进行植物种类、配置模式与空间类型进行定性与定量分析,深入了解植物景观建设状况,提出旅游型乡村植物景观设计体系,探寻如何利用当地特有的资源进行合理开发与保护。

第7章为结语部分。

2 乡村植物景观营造基础理论

2.1 相关概念解读

本研究中涉及大量与乡村、乡村植物等概念有关的研究内容,其中不乏容易混淆释义的部分。为了避免由于语义模糊而导致的研究内容混乱,提升整体研究的严谨性与条理性,故而在此部分对本书中多次出现的重要研究概念以及研究技术加以区分和解读。

2.1.1 乡村

依据 TermOnline 的检索结果,乡村一词在城乡规划学中指的是具有大面积农业或林业土地使用或有大量的未开垦土地的地区。本书中大量提到的乡村皆可归于此类。同时,乡村既是包含了大量以农业生产为主的农业物质与空间,同时也是具有农业农村特色的农业人口、乡村居民的重要聚居地。从广义上来说,乡村的概念是与城市相对而生的[24]。乡村的地域条件、人口组成、地理文化、社会经济形态以及生产方式均与城市有着较大的差异,乡村通常以农业生产为主而非城镇工业生产,居住者多为从事农业生产工作的农村人口。由于乡村通常地处偏僻,且以农业畜牧业占比最高,几乎不进行工业生产,因而环境的格局更加接近大自然本真的样貌,具有较高的自然空间属性,明显区别于城镇景观风貌。乡村通常与外部其他空间沟通交流较少,因而通常能保留一定的场所地域性与原真性,容易汇聚形成地方特色,包括文化特色、经济特色以及空间结构特色等等。此外,乡村的人口密度较之城市空间也更低一些,居住公共空间、住宅、公共服务设施以及其他建筑物、构筑物的密度也同样低于城市空间,具有分散、天然、开阔的格局特征。

在中国知网(CNKI)中以"乡村"作为主题关键词进行相关文献检索,共得到 1983 年至 2022 年 3 月计 335 597 篇文献,其中以乡村振兴研究居多(共 33 817 篇);研究热度在 2004 年至 2016 年期间缓慢增长,2017 年后增长迅速;研究学科以农业经济类最多(占 28.68%),林业类最少(占 0.71%)。

2.1.2 传统村落

依据 TermOnline 的检索结果,传统村落一词属于城乡规划学名词,具备两层含义:一是形成历史较长,拥有较丰富的文化与自然资源,具有一定历史、文化、科学、艺术、经济、社会价值的村落;二是经国家有关部门确认,列入"中国传统村落名录"的村落。依据中华人民共和国住房和城乡建设部、文化和旅游部等有关部门发布的《第五批中国传统村落名录》,共有 2666 个传统村落名列其中。传统村落也有称作古村落的,与一般乡村村落相比,最显著的差异在于传统村落普遍表现出形成时间长、文化积淀更加深厚的特征,具有很高的物质文化以及非物质文化遗产价值,有着极为丰富的传统文化资源储备,人文氛围浓厚[25]。中华文化源远流长,古村落在中华文明诞生之初便已经开始孕育,随着我国农耕文化的不断壮大而持续演化,经历着周期性的形成、发展、壮大、衰落、消亡的过程。保留至今的传统村落,其历史文脉深厚,空间格局淳朴,具备一定的风貌原真性,能够体现出纯真的乡村历史文化氛围,而这其中依然保有乡村的居住聚落功能,能够发挥出其居住地属性,为乡村居民持续服务的村落更是极具历史文化价值以及科研价值。

在中国知网(CNKI)中以"传统村落"作为主题关键词进行相关文献检索,共得到 1992 年至 2022 年 3 月计 13 138 篇文献,其中以传统村落及传统村落保护研究居多(共 6329 篇);研究热度在 2004 年至 2012 年期间缓慢增长,2012 年后增长迅速;研究学科以建筑工程类最多(占 45.55%),考古旅游类次之。

2.1.3 乡村景观

依据 TermOnline 的检索结果,乡村景观是由人类的活动与自然条件的双重相互作用而产生的,是通过人与环境在一定范围内形成的空间复合体表现出的景观形态,包括了乡村内部的人类活动形态以及乡村外部的景象。乡村景观组成元素多种多样,主要可归纳为两大类型,即自然式景观以及人文景观。前者由山川景观、河流景观、自然植物景观、农业植被景观等自然要素构成,后者则是由道路景观、街巷景观、建筑景观、庭院景观、水网景观、居住空间景观等人文因子组成。乡村景观不仅仅景观类型丰富,具有较高的景观美学价值、艺术价值,更是乡村人文要素与历史文脉的重要容器,具有重要的历史文化价值[26]。相较于城镇景观,乡村景观对于土地空间的改造利用往往较为粗犷,景观偏向于方便生产生活的自然式聚居地景观[27],因而乡村景观具有浓重的自然田园式生活空间特征以及田园文化氛围[28]。由于乡村景观具有较好的自然格局底蕴,因而有着良好的自然空间属性以及景观可持续性。随着乡村振兴战略的不断推进,乡村景观也在不断发生改变,其功能也更加完善,逐渐具备了休闲游览、观光游览以及生态保护等职能。

2.1.4 乡村植物

乡村植物概念是伴随着乡村村落、乡村景观应运而生的,是具有强烈空间归属属性以及地域限定特征的植物分类类别。乡村植物不仅仅指种植于乡村场所空间内的植物，也指在长期的景观变迁作用下，具备了乡村环境特征而乡村化的植物。由于乡村植物的种植空间地理区位以及规模形式、服务目标、服务对象均与城市植物不同，因而其空间形态特征也与城市植物相左，具有明显的生产性、原始性以及田园性，有良好的生态基底以及天然属性[29]。乡村植物由于根植于乡村景观，通常生长较为狂野，很少受到人类规划活动的过度干扰，因而能够更充分地保留淳朴、天然的特征。同时，乡村植物在与乡村人居活动不断融合、碰撞的过程中，又形成了较为突出的地方性文化特色。因此与人文情怀相融合的乡村植物景观往往能够直观地表现出乡村的地域文化之美，具有很强的人文艺术性。此外，乡村植物还具有以下几个特性：① 基础性，乡村植物是构成乡村风貌的基础，在乡村中占据较大的体量；② 地域性，由于乡村大多地处偏僻，与外界交流沟通较少，因而也较少受到外源因素干扰，能够更加直接地形成本土化的地域特征；③ 四维性，即乡村植物的空间格局会随着时间推进而发生着潜移默化的改变，乡村植物的时空特征并非一成不变的[30]。

2.1.5　乡土植物

乡土植物亦可称作本土植物或乡间本土植物，通常是较易被忽视的植物类型，是指未受到或较少受到人工干预，在长期的自然演替、种群演化的过程中形成的完全适应了本土气候条件以及生态格局的植物种群或植物区系，乡土植物对特定的乡土地域往往具有极高的适应性以及适生性，通常比其他植物表现出更高的生物活性以及抗逆性，长势更佳[31]。由于乡土植物在与本土环境长期共生的前提下，基于生态效应已经形成了良好的环境适应性以及自我调节能力，在环境产生改变或缺少养护的情况下可通过自身调节来维持基本的生存、生长，因而具有节约成本、自体可持续发展的优异特征，相比于外来植物更适合打造乡村整体风貌，构成村落绿色基底[32]。同时，由于不同乡村往往具有不尽相同的气候条件以及历史人文背景，因而不同乡村的乡土树种也往往具有较大差异，乡土植物已然成为代表地域特色的一张名片。选用乡土树种构成景观，不仅仅可以达到适地适树的生态要求，还可以满足乡村地域文化特色的打造，完善人文单元的完整性。此外，乡土植物还具有空间秩序原生性以及乡村形态的识别性两大特征[33]。

2.1.6　植物景观

植物景观即由植物为组成因子而构建的景观，指由天然生长或人工培育、乔木灌木或草本花卉等不同植物构建而成的具有不同林相特征、季相变化以及群落结构的景色。植物景观是园林景观重要的基础构成要素，也是组成中国古典园林的四大景观元素之一。植物景观在园林空间中兼具健全生态、美化环境、体现历史文脉特征、维护各单元完整性以及防灾减灾、安全防护隔离等不可被其他景观所替代的重要作用。在乡村中,乡村植物景观同时肩负着继承发展乡村历史文脉及风貌格局、维护乡村稳定性的使命,维系着乡村环境的绿色生态以及可持续发展[34]。

2.1.7 空间

依据 TermOnline 的检索结果,空间一词在城乡规划学术语中表达的含义是环境中某一客观存在的物体所处的物理环境场所,亦可指代一空间实体与其他实体之间的相对位置或界限。老子曾云:埏埴以为器,当其无,有器之用。凿户牖以为室,当其无,有室之用。讲的就是空间赋予了物体使用上的功能,空间为人提供了发挥主观能动性的先决条件。空间的重要特征之一就是空间的边界,有了边界就有了特定的空间范围,也就有了空间的形式区别。依据拓扑学原理,园林空间常常可以分为点状空间、线性空间、面域空间,结合景观生态学原理即表现为斑块—廊道—基质空间。空间有虚实、大小、比例、结构等要素,也有方向、重心、布局等不同特点[20]。

1) 植物空间

植物空间即由植物为构成要素而组建的各类空间。园林中,植物空间以植物为实体构成元素,根据园林艺术的处理需求以及实际场地的景观需要而打造的园林环境便是植物空间[35]。植物空间是组成园林整体空间风貌的重要空间因子,它可以直接决定园林景观风貌的构成结构以及艺术表现特征,在园林设计以及园林生态领域都具有很高的科学研究价值。植物空间可由植物自身的结构比例来划分,例如树高、枝下高、株距、组团密度、可通过性、覆盖率等,亦可由外部自然或人工环境来划分,如道路、水体、建筑、集散地、自然或人工地形等等。

2) 植物种植空间

植物种植空间即为植物在所研究面域的分布情况以及与各类空间构成要素之间所存在的宏观或微观的空间对位关系,这也是本研究所要探讨的主要内容之一。植物种植空间能够反映出一个区域的景观风貌特征以及空间功能结构,是客观评价一个景观空间与场所的重要空间指标以及基础的研究依据。在具有相似性的整体大空间中,植物种植空间往往会受到自然条件与非自然条件的影响与制约,例如气候、温度、湿度、日照条件、开发手段、利用方式以及功能需求等等,因而不同类型场所的植物种植空间通常具有一定的差异性。同样地,植物种植空间亦能够影响整体空间环境的表现形式、功能结构、文脉特征以及生态环境完整性和生态效益等。植物种植空间与整体园林空间相辅相成相互促进,缺一不可。

2.2 国内外相关研究概述

由于国内外社会发展模式不同以及存在较明显的意识形态差异,在乡村植物景观以及乡村植物种植空间研究方面亦有不同的侧重点。国内乡村景观的发展受城镇化进程影响较大,相关研究多聚焦于景观美景度评判、乡村景观风貌原真性保护以及乡土植物应用等方面;国外的乡村植物空间研究则较多落脚于协调人与土地的关系以及寻求解决生态问题的方法,大多与景观生态学及其他相关学科产生多学科交叉研究。

2.2.1 国内研究概述

近年来,伴随着乡村振兴战略以及"美丽乡村"的提出,乡村景观正在逐步进入公众视野。国内现有研究表明,美丽乡村的建设过程会在一定程度上对传统村落的景观风貌原真性产生影响,某些影响会导致其原始形态失真[24],保护传统村落的原真性、维护村落自然风貌、体现村落文化的多样性特征已成为重要的研究课题与发展方向。乡村植物作为乡村景观营造、修复中极为重要的一环,占据着特殊的地位[36],但是对于其种植空间的研究探讨则相对较少且大多停留于表面,缺乏客观的定量分析研究。

1) 关于乡村景观的研究

在中国知网(CNKI)中以"乡村景观"作为主题关键词进行相关文献检索,共得到1988年至2022年3月计5246篇文献,其中以乡村景观及乡村景观规划研究居多(共1817篇);研究热度在2000年至2014年期间缓慢增长,2015年后增长迅速;研究学科以建筑工程类最多(占67.05%)。

我国学者对于乡村植物以及乡村植物景观的研究,大多是从传统乡村整体景观风貌入手的。乡村景观在我国的研究起始于原始农业景观,我国有关植物以及生态的相关研究最早可追溯至1990年以前,黄锡畴等人有关长白山景观生态分析的研究[37]第一次将景观生态学的规划设计概念引入国内。其后,有大批学者开始将景观生态学概念用于研究农业景观[38-41],这从根本上直接推动了我国乡村景观研究发展的历史进程。此后,乡村景观的概念逐步扩展,直至农业景观不再自成一支独立存在,而是慢慢地成为构成乡村景观的系统组分之一[42]。到了1990年后,乡村景观的相关研究迎来了新的发展高峰阶段,出现了多学科联合研究的新态势,地理学、植物学、生态学、建筑学以及考古学等学科均参与进了乡村聚落景观的研究之中[43]。相关交叉学科所产生的研究成果也较多,例如地理景观视角下的村落景观研究[44],乡村生态景观单元与农业生产模式的研究[45],对乡村景观的规划如何做到与维护生物多样性稳定相协调的思考[46],乡村发展进程中建筑景观地位的更迭[47],还有考古学视角下乡村非物质文化遗产对村落旅游业建设的积极作用[48]等等。2000年之后,多学科交叉的研究模式不断加强,且各个学科的研究深度也都持续深化。此后,有关于乡村景观的研究大致可分为以下几个领域:第一,对于景观风貌类的探究,例如针对在风景园林建设的过程中如何保护原有的乡村景观风貌特征[49-52];第二,乡村景观中各类评价体系的构建,例如处在生态视角下的乡村景观资源如何进行科学评价、乡村景观建设中如何构建适于公众参与的合理评价体系、乡村美景度评价指标构建等等[53-56];第三,打造与环境和谐共存的乡村景观,例如乡村建设与共生理念下的景观构建关系、"三生"视角下的乡村景观应当如何打造的问题[57-59]等。

2)关于乡村植物的研究

在中国知网(CNKI)中以"乡村植物"作为主题关键词进行相关文献检索,共得到1998年至2022年3月总计311篇文献,其中以植物景观及乡村景观为主题的研究居多(共88篇);研究热度在2004年至2014年期间缓慢增长,2015年后增长迅速;研究学科以建筑工程类最多(占53.11%)。

乡村景观包含了多方面要素,其中有地形、水体、土壤、气候、动物、植物以及人工物[60],其中的植物要素所构成的即为乡村植物景观,而能够形成景观的植物就称之为乡村植物[61]。乡村植物在形态表现上往往形式粗放,可以带给人们独特的心理感受[62]。乡村植物大多由乡土树种构成,通常不会涵盖外来物种以及人工培育多代的观赏植物。乡村植物往往自发成形,但是空间特征又具有一定的环境特性。根据乡村植物景观与乡村环境之间的关系,可将乡村植物粗略地划分为农业景观、水系植物景观、道路植物景观以及宅院植物景观等等。乡村植物在行使职能方面,应当具有社会、美学、生态、经济四个方面的基础价值[63],有关乡村植物研究中比较有代表性的课题还有传统乡村植物文化研究、乡村植物配置模式研究、乡村植物评价体系构建、旅游型乡村植物景观设计以及地域植物的应用等[64-66]。此外,王立科等人结合实例研究了使用乡土地域特色植物与延续地域景观特色之间的关联性[67]。楼贤林等人通过对乡村空间结构的分析,探讨了传统村落的风貌建设与保护问题[68]。孙益军、吴震等人在分析了乡村植物景观的应用模式后,提出了乡村树种的选用与乡村植物群落可持续性之间的关联[69]。柴红玲、林宝珍结合乡村景观实例,分别讨论了乡村植物种类选用以及与构建乡村植物景观之间的相互作用关系[70]。刘亮、黄成林通过对安徽传统乡村聚落景观进行调研,对水口园林的绿地景观进行了剖析[71]。冯剑以新农村建设为背景,研究了乡村植物景观中树种的配置方式[72]。任斌斌、李树华等人以苏南传统乡村景观为例,分析讨论了如何运用自然化的植物群落分布来规划乡村植物景观的布局[73-74]。潘瑞则通过对沿海地区的植物景观进行案例研究,对乡村植物景观的空间分布格局问题做出了解析[75]。张哲、晋国亮等人运用AHP、SBE、LCJ等景观评价分析方法,对乡村植物以及乡村植物景观的多样性以及空间分布问题做了探讨[76-77]。杨礼旦、陈应强等人采用实地随机采样的方法,对乡村植物绿化景观中的本土适地树种做了详尽的筛查与分类分析[78]。张捷、王春军通过实地调查,研究了苏中地区乡村景观中的乡村道路植物配置问题[79]。张乐乐、吴锦佳、陈可等人以适地适树、人本原则为考量依据,研究了乡村滨水空间的乡村植物种植存在的诸多问题[80-81]。黄思祺以美丽乡村建设为研究背景,采用植物群落学的研究方法以及数据的聚类分析手段,对植物景观在乡村中的布局模式做了较为详尽的考察[82]。范悦微以低影响微介入的理念,通过自拟评价指标、评价体系的手段,对传统村落的乡村植物景观更迭做了详细研究[22]。樊漓、宁艳等人将乡村的风貌环境与乡村居民的生活、文化以及全方位基本需求做了融合构建研究[83]。穆海婷、李璐等人分别研究并厘定了乡村生产性景观、原生乡村植物群落、乡村庭院植物景观、乡村河道植物景观、乡村公共游憩地植物景观、乡村花园景观之间的差异[81,84-86],为后续研究中的乡村植物景观分类打下了基础。

3)关于植物种植空间的研究

在中国知网(CNKI)中以"植物种植空间"作为主题关键词进行相关文献检索,共得到1996年至2022年3月计125篇文献,其中以植物景观及植物景观种植设计为主题的研究居多(共34篇);研究热度在2004至2014年期间缓慢增长,2016年后增长迅速;研究学科以建筑工程类最多(占59.62%)。

在中文语境下可以检索到的关于乡村植物种植空间的文献并不多,其中能够查阅的针对植物种植空间的研究大多附依的是其他绿地类型,例如居住区绿地以及公园绿地等。研究类型大致可分为两类,一是植物种植空间评价,二是植物种植空间打造。与植物种植空间有关的设计有几个需要遵循的原则:一是要统筹考虑全局,把握好中期远期的植物空间效果;二是要根据场地特征划分植物种植空间的类型;三是要充分尊重场地现状,利用原有植物打造植物种植空间;四是要多选用乡土树种做到适地适树,提高环境抗性、凸显地域特色[87]。其他关于植物种植空间描述评价的研究也大都采用主观定性的研究模式,多聚焦于植物空间与人的行为、感受之间的关系,定量评价标准也局限于植物种类构成以及种植模式。具有代表性的研究包括了草本植物空间研究、居住绿地空间的植物尺度与种植密度研究、水岸空间植物种植设计研究、植物塑造公园景观空间[88-91]。此外,梅雪、甘灿、周研等人依据植物的尺度感、形态特征、视觉影响因子以及季相变化特点,对植物种植空间进行了分类,总结了不同植物景观空间形态影响之下的环境总体特征变化以及不同植物种植空间给人带来的情感差异[92-98]。张子维利用数据处理分析软件SPSS,对植物种植空间以及传统建筑格局之间的比例关系进行了研究,总结了不同环境下的植物空间感知特征[99]。邢珊珊、樊艺青、白杰等人根据园景类型的不同,利用评价打分等手段分别对陵园绿地空间、游憩公园绿地空间、校园绿地空间、居住区绿地空间、滨湖公园空间、街区公园空间中的植物景观特征以及因不同植物特征而引发的游园活动差异、游人主观感受与行为特征差异等内容做了较为完善的统计与厘定,在此基础上还归纳了各个空间所对应的植物形态与空间分布特征[92,100-108]。

4）关于植物空间量化的研究

在中国知网（CNKI）中以"植物空间量化"作为主题关键词进行相关文献检索，共得到2006年至2022年3月计50篇文献，其中以植物景观及植物景观量化为主题的研究居多（共34篇）；研究热度在2006年至2015年期间缓慢增长，2015年后增长迅速；研究学科以建筑工程类最多（占74.55%）。

国内已有的针对植物种植空间量化类型的研究相对植物视觉美学景观研究而言较少，大多数此类型研究的方向集中于对植物空间指标进行分类、评级或植物种植空间评价体系的规划、制定上，其中以基于量化分析或数模理论的研究最为广泛、普遍。早期，我国园林学家苏雪痕先生在其所著《植物造景》一书中，第一次生动地向国内学界揭示出了园林植物在分割、限定、控制、构成空间上具有的重要作用。自此以后，园林中植物所具有的独特空间属性便逐渐受到学者们的关注，相关的研究也层出不穷。康红涛等人通过平面网格结合数模理论的方式，率先对我国古典园林的园林建筑以及园林植物所具有的体量、尺度关系做出了系统性的测算归纳研究[109]，随后樊俊喜、王晓俊、李伟强、吕文博等人进一步对园林植物的空间尺度关系以及园林植物空间特征对游赏者的主观体验影响做了细致的调查研究[110-112]；李雄、陈英瑾等人通过对园林要素空间以及园林中植物的种植空间进行辨析与归纳，将植物种植空间划分为多种不同的空间类型[113]，其后郭增英、王文秀、张颖等人对园林中植物空间的量化进行了更加细致的研究，例如对城市、乡村园林空间中道路、水体、广场等景观元素以及空间中不同人的不同视点与植物种植空间的量化对位关系研究[114-116]；王骏行根据环境微气候理论，利用仿真模拟软件ENVI-met对户外不同公共场所的植物种植空间与微气候因子进行了联系比对，分析了植物种植空间对于户外微气候中环境因子的影响机制[117]；梁木凤、郭增英、张姝等人以ArcGIS、PCA分析结合问卷调查、专家打分等方式，对植物景观的体量特征、空间布局、风貌营造进行了定量的分析，并运用量化分析所得的结果对景观植物种植空间的时空分布、意向重塑、文化内涵保护以及植物景观基因的识别与提取等方面内容进行了深入探索[114,118-125]；与此同时，植物种植空间量化研究的硬体技术手段也在不断更新进步，王俞明、刘燕丹、孔嘉鑫等人率先将地基激光雷达、机载激光雷达、车载激光雷达以及手持激光雷达应用于植物种植空间指标数据的提取工作，并使用测算出的三维数字信息对植被的自体关键指标、生长状况、种类区分、三维建模以及美景度评价做出了相应的研究[21,126-133]。

2.2.2 国外研究概述

1）关于乡村景观的研究

国外关于乡村景观的研究发展历程与国内的研究具有一定的共性，即发展早期以景观生态学为相关研究支持，以农业景观中的植物元素为最初的研究分析对象，然后再逐渐向多学科研究过渡。国外最早对乡村景观风貌展开系统性研究的是一些欧洲国家的学者，例如德国、英国以及荷兰等[134-136]。Griffith Taylor 认为，乡村景观是乡村发展中不可忽视的重要元素[137]；瑞典的 Ohlson、Eriksson 等人研究了景观风貌破碎化对瑞典乡村景观中的植物多样性所造成的影响[138]，类似的关于乡村景观与生态结合的研究还有乡村景观与生物多样性的结合研究[139]，乡村景观与人口科学、环境声学、社区景观结合的协同研究[140-142]等等；到了 20 世纪 70 年代，英国学者构思并提出了一套具备一定可实施性的乡村景观风貌评价研究体系，可用于对乡村景观做出合理分析以及保护延续乡村风貌特征[143]；Bill Hillier 等人研究了基于计算机辅助计算的空间轴线特征理论，率先提出了空间句法研究方式[144]，为乡村景观的景观空间与建筑空间研究注入了新的血液，此后该方法得到了诸多学者的实践检验，例如结合空间句法理论对人居空间环境的研究分析[145]；Pacione 等人分析了乡村景观中潜在的数种空间布局以及景观类型，给乡村景观的研究开辟了新的道路[146]。

2）关于乡村植物的研究

国外的乡村植物与国内依旧具有较多的共性，例如较为近似的性质以及类似的组成形态。国外乡村植物空间组成大多由乔木以及草本植物构成，灌木较少，这是由乡村的自身特性决定的。具有典型性的研究有乡村植物生态特征研究、湿地乡村植物景观改良研究、乡村植物景观中的生物多样性研究、乡村植物景观物种组成研究[147-150]。20 世纪末，美国著名的景观设计师 Norman K. Booth 在其《风景园林设计要素》一书中，提出园林景观中的植物要素能够划分、组建园林的基本空间关系的观点，他指出植物本身所具有的空间属性会对景观的空间产生影响[19]。Mitchell 指出，乡村植物能够体现地域特色与文化特征，良好的乡村植物布局可以在很大程度上提升乡村景观的稳定性[151]。Roberts 认为，人自身属性的差异会使得其对植物景观的主观感受产生多样的变化[152]，因而通过总结归纳而得到的某一套评价标准未必适用于所有观测者。

3）关于植物种植空间的研究

相较于国内，国外学者对于植物种植空间研究的侧重点略有不同。国内对于景观中的植物种植空间研究往往是为了整体景观空间而服务的，通常局限于一定范围内作为景观元素出现。而国外的植物种植空间研究大多着手于解决人地关系以及生态环境问题。例如정남영研究了基于日照环境的城市户外空间植物种植空间指标评价[153]。同时，在研究方法的选择上国内外亦有差异。国内对于植物种植空间的描述或是评价体系的构建大多采用定性分析的思路，或者运用专家打分结合量化建模的形式，而国外则多选择数据化的定量分析，且大多与生态学、植物学、动物学、景观生态学、社会学等学科有密切的交叉协同研究特征。此外，除了人地关系课题，还有较多基于实用功能的农业景观植物种植空间量化描述研究[154-156]。在技术手段上，Kim、Xiaowei Yu、Reitberger 等人将激光雷达应用到了关键性数据的获取过程中，研究了植物种类特征提取、空间结构分类以及

建立植物几何空间模型等课题[157-160]，进一步拓展了乡村植物空间研究中的数据获取方式并提升了采样效率，具有重要科研意义。

2.2.3　研究评述

通过检索现有的针对乡村景观、乡村植物、乡村植物景观以及乡村植物种植空间量化描述方法的研究，可以发现乡村景观在传统乡村建设与保护过程中占据着重要的地位，作为乡村景观最主要组成元素之一的乡村植物景观自然也在其中扮演着十分重要的角色。好的乡村植物不仅仅可以为乡村居民的日常停歇、游憩、居住生活带来便利，更能够在一定程度上保护乡村景观风貌格局的完整性并使其免遭破坏，体现出地域特色，继承与发展历史文脉。

要保护、分析、研究乡村植物空间格局，不仅仅需要对植物自身的空间形态、视觉影响因子做出合理的评价，更需要从整体乡村空间格局的视角尽可能多地把握好植物景观与乡村空间要素之间的相互关系。因此，科学、客观地描述乡村植物空间特征与其他乡村空间构成要素之间的关系就成为研究乡村景观风貌所需要的基础研究工作，构建一套基于客观数据而建立的乡村植物种植空间量化描述方法就显得尤为重要。

3 ▶ 基于场所记忆的传统村落植物景观研究

中国传统村落作为乡村人居环境打造的重点,在分布、历史与空间布局上形式多样。各地传统村落的景观特征各有不同,具有重要的保护与研究价值。植物景观在传统村落景观中所占比例最大,是传统村落景观的重要组成部分,村落景观的氛围基调很大程度上决定植物景观的呈现[161]。对村落植物景观的建设也日益受到重视,以江苏南京为例,南京市大力推动绿美村庄建设,注重植物绿化,在建设上提出"村融于林、村隐于林、林村合一"的新格局。目前乡村植物景观的营造,普遍存在植物缺乏多样性、配置模式单一甚至出现千村一面等情况,乡村植物景观的个性与特色逐渐丧失,现在与过去的乡村景观似乎面临着割裂[162],村民与乡村生活环境之间的联系正逐渐丧失,乡村景观的可持续性受到威胁。

研究显示,场所记忆作为一种人对周围环境产生的印象,能够将人与时间和空间联系在一起,它在景观规划效果中有利于唤起人群对场所的关怀,有利于在政策制定过程中吸取更广泛的意见,对于维系人与地方、唤起心理归属、保护景观脉络都有着重要作用。

随着社会的发展,乡村人居环境的提升必然伴随着大量的改造建设。在这个过程中,营造符合村民偏好的、延续地方脉络的乡村景观在如今城市化现代化日益渗透乡村的今天显得越发重要,传统村落作为蕴藏丰富历史文化景观的村落,是值得特别关注的对象。村落里居住的村民是传统村落的主人,是传统村落植物景观最主要的服务对象之一。但目前指导乡村景观建设的人多是专家或设计师,村民的心声很少被听见,因此本研究以当地居民为主体,提取场所记忆,得出其对植物景观的偏好,以南京市传统村落植物景观为研究对象,以江宁佘村社区的四个传统村落为例,以当地村民为研究主体,实地调研村落内的植物景观现状,通过访谈及问卷形式调查村民对于过去记忆与现在植物景观的看法以及满意程度,并进行植物景观评价分析。研究目标包括总结出传统村落植物景观现状的优缺点、了解场所记忆是否影响并且如何影响村民对植物景观的感知、了解村民认为的植物景观重要的影响因素有哪些。从而帮助未来的相关设计者,使其更贴合使用者的需求与偏好，帮助从业者更了解服务对象，最终达到服务村民、维护村民环境利益的目标；为更好地营造传统村落植物景观提供理论依据，为更好地构建和谐的、符合居民需求的乡村人居环境提供思路。

3.1　植物景观现状调查研究

3.1.1　调研地点选择

1) 选择原因

经过分析筛选后，本研究选择有金陵古风第一村之称的南京市江宁区东山街道佘村中的四个村落——王家村、孙家村、建国村和李家村作为重点调查对象。佘村具有典型的山水田园格局，并具有丰富的历史人文传统要素，是江苏省特色田园乡村首批试点村之一，入选了江苏省传统村落名录，其中佘村王家村更是入选了国家级传统村落名录。

基于场所记忆，在调研村落的选择上，需要选择面貌有较大更新且存在大量原住民的传统村落，即需要有居民可依靠场所记忆追溯过去某段时间内的植物景观状态与现状进行对比的村落，而佘村符合研究需求。目前，村落环境的改造与整治力度最大的为佘村内部的王家村，其次为孙家村和建国村，以及村内中心广场部分，而景观改造目前还未推进到李家村。因此村内景观形成了分层差异化的情况。但这也给我们的研究提供了具有对照性的研究对象——由于这四个村落的植物景观改造程度各有差别，现存差别正体现在村落被不同程度改造提升前后的景观差异之间，且村民对四个村落的情况都比较清楚，在后期进行访谈及问卷调查时能保证较高的可信度。

2) 佘村基本概况

佘村社区在行政区位上，隶属于江宁上坊镇。该村邻近104国道，靠近东山副城，紧邻江宁科技园，距区政府所在地东南方约10公里，通过上佘路与外界联系，交通便捷。西面与北面分别为青龙山与横山，南面为佘村水库，自然景观良好，形成"两山夹一水"的山水格局(图3-1)。佘村总占地面积达4.33 km²，共583户、2091人，由孙家、建设、建国、王家、李家、七甲六个村落组团组成(图3-2)。

佘村过去经济依靠开山采矿，这使得当地的自然环境受到严重破坏。近些年随着有关部门的介入，采矿企业已全部关停，村落环境的恢复与废弃资源的再利用被提上日程[163]。采矿企业被关停后佘村经济迅速下滑，人口外流严重，村内中青年均在城区务工，其中约80%留居城区，村中日常以老人、儿童居多[164]。佘村在当地历史上颇有名望，与周边历史文化资源有较好的关联性，宗族姓氏较多，具备乡土文化、民俗文化基础。村内留存明末清初民居建筑群，包括潘氏住宅、潘氏宗祠以及佘村古井。佘村还保留了许多传统习俗,包括玉皇观烧香、祭拜地藏庵、拜观音庵、过社火等习俗[165]。

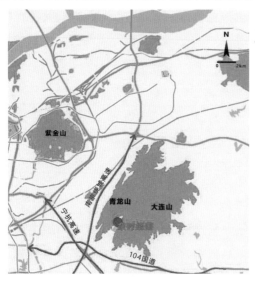

图 3‑1　佘村区位图　　　　　　　图 3‑2　佘村平面图

图片来源:作者自绘

　　佘村在过去几十年的不同时期都经历过大面积的就地改建,其中改建程度最高的时期是 20 世纪 70 年代后。村中传统建筑普遍被推倒重建,现存 80％的建筑是 2～3 层的现代小楼。自 2018 年开始,佘村推进特色田园乡村建设,发展进入了一个新的阶段,不仅修缮了潘氏宗祠、潘家老宅,恢复其原有的明清古建筑风貌,也立足原住房,按照徽派建筑的意向,改造翻新了原有民居院落,形成了“古村不古”的整体风貌。虽然建筑与街道等经历了几轮翻新,但村落格局仍保存完整,村内的街巷脉络未有大变化,村落肌理仍反映着传统村落的原貌。其中王家村、孙家村、建国村和李家村分别是佘村内的 4 个村落环境改造阶段不同的自然村,村落环境改造程度由高到低为王家村、孙家村、建国村和李家村。

　　政策方面,《南京历史文化名城保护规划(2010—2020)》将佘村列为南京市重要古村之一,提出佘村在保留村落原有功能前提下适度发展文旅产业的方针。因此,从目前的佘村定位来看,该村的目标并非完全改造成旅游景区,而是将旅游业作为带动佘村发展的经济增长点之一,给当地村民及全村的经济谋求福利。《江宁区城乡统筹规划》中提出,将佘村作为区内 26 个特色村之一,要求对资源保护、特色塑造和旅游开发综合考虑。《青龙山休闲谷生态旅游区概念规划》提出利用佘村农田基底现状,突出农耕文化并打造农耕文化展示区。通过上述规划文件可以看出,佘村的定位在于注重风貌保护、旅游、人居环境提升以及文化展示[165]。而在村落建设中要求保留村落肌理现状以及规模,适度开发,尤其重视保护村落历史风貌。

3.1.2 传统村落植物景观分类

本研究在前人研究的基础上,对每个调研地点的植物景观按照与乡村生活区域的地缘远近关系及用地功能的不同将乡村植物景观划分为生活场景植物景观、生态场景植物景观、生产场景植物景观 3 类。其中生活场景植物景观又按区域类型分为村口植物景观、庭院植物景观、水岸植物景观、公共游憩空间植物景观、道路绿化植物景观 5 类[166-169]。本研究即对以上这些具有代表性的乡村植物景观单元进行全覆盖调查,从空间类型的角度来探讨各类型植物景观在植物种类、视觉效果、功能、文化等维度上的具体特征。

1)生活场景植物景观

生活场景植物景观界定的范围是当地村民日常生活起居中使用频率最高的,满足村民物质精神需求的,承载村民的交际、娱乐、服务、交通、休憩、聚集等活动的一系列场所空间的植物景观[170]。将这些植物景观按照村内的分布区域与空间功能再细分可分为:村口植物景观,即村落出入口的植物景观;庭院植物景观,即种植于宅前屋后、庭院内外的植物景观;水岸植物景观,即种植于流经村子内部的河流或村内池塘、排水渠沿岸的植物景观;公共游憩空间植物景观,即存在于村落中那些为村民或游客提供游览、休憩、观赏或聚集的公共开放的广场空间或游园的植物景观;道路绿化植物景观,即穿越或围绕村落的道路沿线的植物景观[171]。

2)生态场景植物景观

生态场景植物景观主要以生态保持为首要功能,起到保障村落生态稳定、在一定程度上防止自然灾害、为村落的可持续发展保驾护航的作用。该类型植物景观存在时间较长,植物生态基底[172]组成多以自然的原生植物为主。生态场景的植物景观主要包括村落内部或周边面积较大的生态环境较好的湖泊或水库绿化、山林、风水林、防护林等[173-176]。

3)生产场景植物景观

生产场景植物景观主要针对当地村民从事生产、经营、农事活动等区域的植物景观,是人们利用和改造自然最为频繁的空间[177]。从空间尺度范围来分,包括部分村落内部部分生产用地以及村落外围的农田、耕地、牧场、经济林等。其中,农田是传统村落中特有的村民从事生产劳动的场所,稻田、果园、菜园等一同构成的农田景观也是村落景观中的一部分,是村落生产空间绿地景观的重要组成部分[178]。

3.1.3 传统村落植物景观实地调查方法

对植物景观现状的调查包括线路调查和群落调查两种方式。线路调查即提前划定路线并按计划沿线展开植物景观调研;群落调查是从既定的典型植物景观单元中选取并开展调研。线路调查和群落调查的调查线路及调查单元划定都是由研究者详细查阅相关资料以及现场探查询问等多种方式综合得出,针对部分规模较小的村落则将调研范围全覆盖。

1) 植物种类调查

植物种类调查以《中国高等植物图鉴》《中国植物志》等植物相关书籍为标准,借助植物认知软件如"形色""苗木通"等来识别传统村落的植物种类。调查中将记录植物的种类、数量、生长养护状况等,并通过拍照、测量、绘制种植平面图等形式记录相关内容。

2) 植物景观调查

景观调查包括现场踏勘和详勘两种模式:踏勘以该村落文献资料、卫星地图影像、调查访问等方式为基础;详勘则在踏勘总结分析之后进行,测量并记录植物相关信息特征。在各村各植物景观类型中选取具有典型特征的样地,样地大小控制在 $100 \sim 200 \ m^2$,一些小型样本空间则把完整的绿地作为样地。对样地进行测量并绘制样地平面图。植物群落具体调查方案如下:记录植物群落所在位置,记录并分析样地内的植物功能、特点和景观效果,并对该样地的植物景观功能进行调查,通过观察和寻访相关人员对样地内植物景观管护现状、管护需求、管护成本等进行了解。

依据不同条件划分植物景观类型。由于生态场景和生产场景景观植物的存在形式多为自然生长或并未考虑景观效果,因此样地平面图绘制主要针对生活场景植物景观,对其中比较有代表性的配植模式通过绘制平面图展开详细分析,为村落植物景观营造提供参考。

3.1.4　植物现状调查及分析

1) 不同景观类型的调查及归纳

(1) 生活场景植物景观

① 村口植物景观

每个小村的村口总会有一棵老树,南方多是榕树、樟树守望,北方则是柳树、槐树护乡。许多老人说"无树不成村",老树标志着人烟和生气,也护佑着小村人丁兴旺。它树冠巨大,枝繁叶茂地守在路口,乡人干活回来在这儿歇歇脚抽袋烟,茶余饭后在树下东家长西家短地聊聊家常。大树把根深深扎在了人们的心里,村口树是身在异乡的游子乡愁的依托,是村民对于家乡场所记忆的载体。

位于佘村的中心区域,有一块承载公交车人流的小广场,名为龙吟广场。虽然地理位置并不位于村落最前端,但功能上是村落的门面(图 3-3)。广场种植着一棵"朴树",株高在 $6 \sim 8 \ m$,冠幅约为 $6 \ m$(图 3-4)。树枝上系着许多村民用来祈福的红丝带,营造出祥和亲切的氛围。从平面图看出这棵村口树下层种植池以木质材料封顶,树池高度约为 $0.45 \ m$,与座位高度相当,这方便了来往村民以及游客在树下休憩聊天,也为村口展现出热络的生活气息。树池周围的休憩空间以古朴的不规则石块铺地,并用三面由高低错落的红砖及石块垒砌而成的景墙分别在三个方向对休憩空间进行限定,将休憩空间与周围的集散空间进行动静分离。景墙上会定期布置宣传图或标语,借用村口老朴树的视觉焦点作用,吸引来往行人的注意力,将信息传递。整体观感整洁大气又质朴厚重。

图 3-3 龙吟广场植物景观现状

图片来源:作者自摄

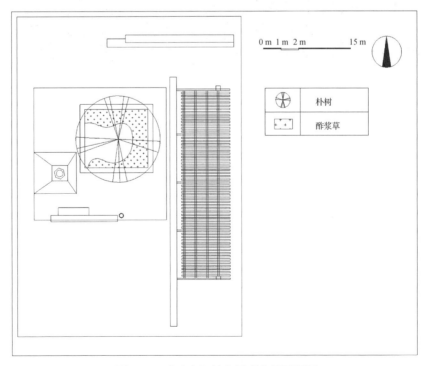

图 3-4 龙吟广场植物景观实测平面图

图片来源:作者自绘

在王家村的出入口,也即整个佘村社区出入口处布置着一个三角形绿地,起着交通岛的作用(图3-5)。绿地外缘均为低矮的地被植物,散布着小型置石,绿地中心有标示村名的景观小品以及指引方向的标识牌,围绕景观小品和标识牌的是低矮的灌木。植物的种植形式以丛植为主,3~5株一丛,后被修剪成球形的灌木。标示村名的小品背面种植三丛较高大植物,以三角形组合成视觉焦点,由蒲苇与红花檵木组团形成(图3-6)。该三角形绿地的植物组成保证了四季皆有景可观,季相变化比较明显,作为村口景观具有良好的景观辨识度和稳定性。植物组成包括红花檵木、榔榆、蒲苇、田旋花、沿阶草、酢浆草。

图3-5　村口三角地植物景观现状

图片来源:作者自摄

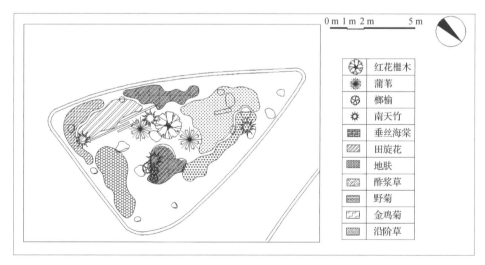

图3-6　村口三角地植物景观实测平面图

图片来源:作者自绘

总体来说,村口植物景观在生长与养护水平上比较好,植物选择多为乡土植物,植物配植风格吸取乡土元素,将地方的祈福融入景观,保留了场所记忆与地方脉络;同时在贴近村落风格的基础上尽量提高了植物物种丰富度,使其在视觉呈现上不会单调。

② 庭院植物景观

佘村内部的建国村落内分布着许多庭院,庭院空间都较小,绿化空间并不充裕,因此在样地选择时选择了一家植物种类较为丰富的农家餐馆的庭院作为样地(图3-7)。该庭院植物景观布置时融入中国古典元素,在庭院一侧放置一方亭,方亭一侧因地制宜开挖一个小水池,池中布置假山。在水池与方亭之间用南天竹与山茶遮挡部分视线,使观感显得含蓄,沿方亭周围种植海棠、紫薇等作为其背景,株型各异,在不同季节展现不同观感,同时寄托庭院主人"富贵、吉祥"的愿望。海棠和紫薇周围点缀鸡爪槭,庭院沿边规则分布种植常绿灌木包括栀子、杜鹃、金边黄杨等,地被沿阶草作为下层地被植物进行与铺装的过渡(图3-8)。整体植物点缀较为丰富。

图3-7 样地庭院植物景观现状

图片来源:作者自摄

总体来说,村落内的庭院植物景观注重将景观效果与实用性相结合,随着居民生活水平的提高,庭院植物景观的功能逐渐由生产向美观过渡,庭院植物景观主要涵盖了观赏乔木花卉、果树蔬菜栽植、藤蔓果蔬栽植三种(图3-9)。观赏乔木花卉的庭院植物景观顾名思义主要以美观为主,这种类型庭院的主人经济条件相对较好,且庭院基底相对整洁,在庭院内种植1~2棵小乔木如桂花,并主要通过盆栽的方式在院内种植观赏花卉;栽植果树蔬菜与栽植藤蔓果蔬的庭院植物景观保持其实用性,院内植物具有食用或出售的价值,这类庭院主人大多为老人,保留了传统的务农习惯,也在一定程度上延续着当地的农耕脉络。

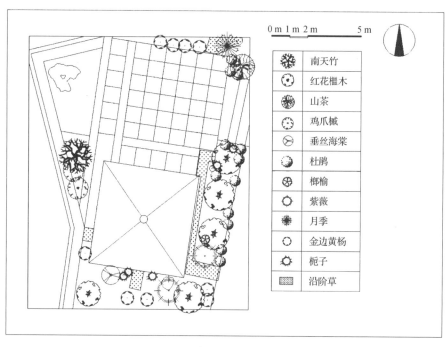

图 3-8 样地庭院植物景观实测平面图

图片来源:作者自绘

图例:
南天竹
红花檵木
山茶
鸡爪槭
垂丝海棠
杜鹃
榔榆
紫薇
月季
金边黄杨
栀子
沿阶草

0 m 1 m 2 m　　5 m

图 3-9 部分庭院现状现状

图片来源:作者自摄

③ 水岸植物景观

生活场景内的水岸植物景观选择孙家村的一处水塘(图3-10)。该水塘景观较为完整,相较于其他水塘更具设计内容与景观价值,同时水塘是周围人家洗涤、灌溉等取之不尽的源泉,完全保留着供村民使用的功能。水塘一角设立一木质景亭,围绕景亭种植一棵桃树以及呈三角形种植的石榴树,通过将三丛植物组合,组成了整个水岸景观的主景,其体量与高度在整个水岸景观中得到突出,与周边低矮环境形成对比。在景亭靠水一侧以及景亭相对的水岸一侧各有一处供村民日常盥洗的水埠头,当有村民在水埠头上进行盥洗时,便为整个水岸景观注入了一丝生活与质朴的气息。在水塘周围零散种植了三两棵橘子树,株高约2 m,与景亭的主景相呼应,植物景观最下层地被皆为蔬菜,如白菜、黄豆、辣椒、紫苏等。总的来说,在整个水岸植物景观中的植物景观搭配模式包括桃树+石榴+紫薇+橘树再搭配季节性作物(图3-11)。

图3-10 样地水岸植物景观现状
图片来源:作者自摄

总体来说,村内的水岸植物景观多为人工改造,驳岸经改造梳理,绿化受人为影响度高。由于多数大型乔木种植不多,常用柳树、枫杨、楝树等乡土树种孤植,种植密度稀疏,视野通透。部分特殊节点附近的水岸会注重景观效果,如路口处、厕所旁,结合水生花卉,如千屈菜、美人蕉、再力花等。临近村民庭院的水岸景观的植物主体基本由果树及蔬菜组成,水岸植物景观经济食用型多于景观观赏型,这些植物在乡村生活场景中兼具观赏性和实用性,展现了乡村植物景观在植物选择方面区别于城市植物景观的特质,同时也为乡村延续了传统的农耕记忆,增添了乡野生活的农家趣味(图3-12)。

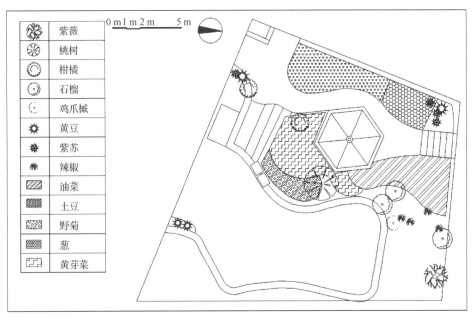

紫薇	
桃树	
柑橘	
石榴	
鸡爪槭	
黄豆	
紫苏	
辣椒	
油菜	
土豆	
野菊	
葱	
黄芽菜	

图 3-11 样地水岸植物景观实测平面图

图片来源:作者自绘

图 3-12 部分水岸植物现状

图片来源:作者自摄

④ 公共游憩空间植物景观

在孙家村、王家村和建国村交界处是整个佘村社区最具历史底蕴的明清古建群,包括潘氏住宅与潘氏宗祠,近年来吸引着源源不断的游客前来游赏。整个建筑具有徽派建筑风格,虽然规模不大,但是内部雕刻精美,每进门楼上均有砖雕石刻,门额上镌刻楷书砖雕"天赐纯嘏""福禄申之"等,整组建筑始建于清顺治年间,后改造多次。现存的古建群的外环境是由东南大学设计研究院设计改造(图3-13),整体采用折线构图,与古建的形式相呼应,在靠近九龙埂广场梯田景观一侧通过设计台地将古建的人工气息与梯田的自然气息进行过渡(图3-14)。沿着折线台地,贴近古建围墙一侧间种着早园竹、木芙蓉和蜡梅。最高层台地种植着若干棵乔木如银杏,株高约为5~6 m,衬托古建体量的同时,银杏活化石的形象也与古建群悠久的历史相呼应。为丰富景观效果搭配有乔木如桃树、榉树、国槐、鸡爪槭。随着台地逐渐下降靠近梯田,植物景观也逐渐转变为乡野风自然式种植,植物种类多为草本植物如蒲苇、再力花、野菊、酢浆草等,点缀种植少量果树。植物形态与梯田所种经济作物接近,植物景观的结构层次随着台地的下降逐渐从乔—草—地被过渡为较为自然的草—地被搭配。植物的搭配模式总结包括银杏+榉树+鸡爪槭+南天竹+早园竹+波斯菊、国槐+蜡梅+鸡爪槭+沿阶草、早园竹+桂花+苹果树+南天竹+金鸡菊等。

图3-13　样地广场植物景观现状

图片来源:作者自摄

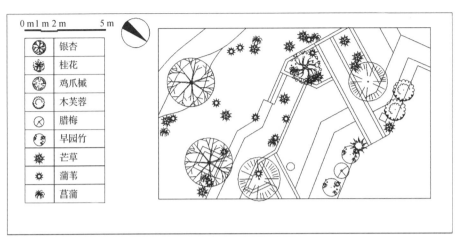

银杏	
桂花	
鸡爪槭	
木芙蓉	
腊梅	
早园竹	
芒草	
蒲苇	
菖蒲	

图 3 - 14 样地广场植物景观实测平面图

图片来源:作者自绘

余村九龙渠公园(图 3 - 15)场地内分布着的沟渠承担着周边居住区雨季泄洪的责任。设计者根据景观需求对部分沟渠的驳岸进行了不同处理,根据泄洪口的分布将现有渠道分为旱渠和水渠,旱渠设计缓坡,水渠设置挡水坝,平时储存景观水。在植物选择方面,大多数选择乡土植物,在水渠的原有挡水坝的植物景观处理上,用格宾笼作为护坡挡墙,形成阶梯式存水段,石缝中种植芦苇、芒草、斑茅草等护堤草;在其自然驳岸处则种植芦苇、芒草、再力花、狗尾草等植物。旱渠的植物景观处理是设置缓坡,以块石铺垫沟底,种满野草,作为草渠,旱时作为草坡。在植物种类搭配上,选择菖蒲、再力花、芦苇、斑茅草等。除了对驳岸的处理,为丰富九龙渠的景观效果,在场地上设置了休憩亭、廊、树木,增强了整个游园的领域感和场所感(图 3 - 16),其中植物景观的搭配主要为乔—草组合,

图 3 - 15 九龙渠植物景观现状

图片来源:作者自摄

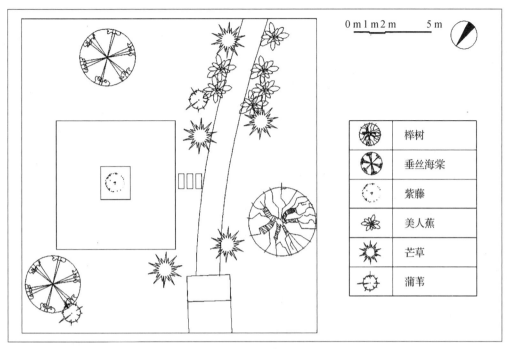

图例	名称
	榉树
	垂丝海棠
	紫藤
	美人蕉
	芒草
	蒲苇

图 3-16　九龙渠植物景观实测平面图

图片来源:作者自绘

乔木包括垂柳、榉树、栾树等,近处看树形姿态各异,远处看构图灵动。上层乔木组成的植物景观随着九龙渠划分的如岛屿般的地形起伏绵延,层次丰富多样。下层搭配多年生草本如蒲苇、菖蒲进行点缀,剩余的大片空地常根据季节进行一年生草本植物的种植,如粉黛乱子草,在开花时节会形成花海景观,具有较高的景观价值,能够吸引大批游客前来观赏。

总体来说,从植物功能组成看,观赏型植物种类相较于风水型、生态型、经济食用型植物来说在公共游憩空间植物景观中占比最重。在植物季相变化上以落叶植物为主,点缀常绿植物,在保持古建外环境景观效果的同时,充分考虑与其周边的乡村原生景观及生产性景观的协调,保证了人工与自然的协调性(图 3-17)。同时,草本植物季节性的栽植使得九龙渠公园的植物景观具有丰富的季相变化,春夏秋三季皆有景可览,有花可赏。对比其他生活场景植物景观类型,公共游憩空间的植物景观具有最高的观赏价值,且都位于交通便利、人流量大的位置节点,因此其也成为带动村落发展的经济增长点,景观和经济效益比较明显,增进了当地居民与场地的亲密性,也让村民更容易接受对于村落现状的改造。植物景观的变迁对村民的影响潜移默化地丰富着村民场所记忆的内容,促进村民与场所关系的改善,加深着村民对地方的依恋与认可程度。

图 3-17　其他游憩空间现状植物

图片来源:作者自摄

⑤ 道路绿化植物景观

选择连接入村公路的主干道上的某一段(图 3-18),道路绿化用地毗邻的外侧用地性质多变,有用作生产用地种植蔬菜瓜果或紧靠水塘,也有紧贴民居庭院。根据所靠近的用地性质不同,道路植物景观的运用也各有差别(图 3-19)。而在样地的东南侧道路绿地就是以香樟＋海棠＋鸭跖草的配植模式并点缀以置石。样地的东北侧靠近生产农业用地,地块里种植着瓜果蔬菜,而该段的道路绿化用地空间相对减少,在宽度约 1.5 m的带状种植池内将低矮的红花檵木球与贴梗海棠间种,并未种植乔木的原因一方面在于绿化用地空间不足,另一方面是避免景观植物冠幅过大遮蔽经济作物影响其生长。样地西南面靠近池塘,仅有一棵黄杨球与公告牌形成组景,其余空间空出让视线畅通。样地西北侧紧靠庭院,绿化种植面积有限,被村民种植了蔬菜如葱、白菜等。一段路程因为临近的四种不同类型用地以及自身绿化面积的区别而形成四种截然不同的植物景观配植,既融入了一定的景观元素,又符合村落居民的生活习惯,保留了村落特色的人文内涵,延续了村落的传统和记忆。

图 3 - 18　样地道路植物景观现状

图片来源:作者自摄

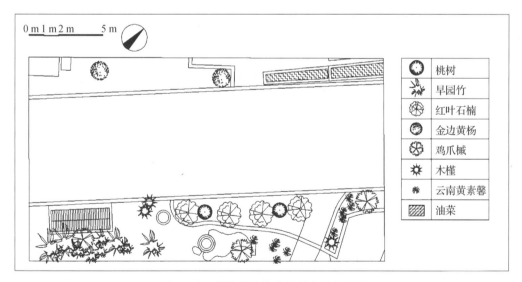

图 3 - 19　样地道路植物景观实测平面图

图片来源:作者自绘

图例:

	桃树
	早园竹
	红叶石楠
	金边黄杨
	鸡爪槭
	木槿
	云南黄素馨
	油菜

　　总体来说,传统村落道路是连接村落与外界环境的景观廊道。根据道路功能区别,主路承载较大的车流量,同时也是村落的文化与景观对外展示的窗口,是村落地域特色的表现载体。这部分植物景观的营造层次较为丰富,行道树长势较好,如在较为开阔、道

路绿化用地空间相对充足且其周围无临靠其他类型用地时,其植物景观结构层次会比较丰富,上层为乔木如榉树、垂柳、栾树、香樟等,中层和下层会选择海棠、碧桃、桃树这类观花植物以及红叶石楠、红花檵木等常绿灌木进行镶嵌,部分会在底层用沿阶草、酢浆草、鸭跖草或野菊、波斯菊等景观成效快的植物类型等作为地被覆盖。而在村落内部道路,由于道路宽度及绿化空间有限,且往往毗邻村民生活空间,因此在道路两旁往往只种植低矮灌木或蔬菜,并在道路交汇处或重要节点位置以一醒目的大乔木孤植或组团式的配植模式呈现,这样的布局更符合村民聚集的习惯,也延续了村民记忆中的生活道路的植物景观形式(图3-20)。

图3-20 其他道路植物景观现状

图片来源:作者自摄

(2)生态场景植物景观

① 水库

佘村社区周围的水系主要是佘村水库,水库周围保留了部分自然生境,这部分植物组成多为乡土树种。乔木包括构树、枫杨、栾树、朴树、楝树,树种丰富,长势良好,草本植物包括芒草、芦苇、扁穗莎草等。而部分位置如靠近村落入口并且靠近入村道路的位置,其滨水绿地会经过一定程度的人工改造。人工改造后的滨水绿地植物景观由于靠近入村道路,会与道路绿化种植模式相结合,大乔木引种柳树,同时会种植乡土树种如榆树、楝树、枫杨等,沿路等距离排布规则式种植。而在靠近水边缓坡驳岸的位置,会采用自然式种植,构成乔冠草的植物景观层次,如垂柳+枫杨+桂花+红叶石楠+芒草+芦苇的植物景观配植模式,同时由于水库沿线的驳岸为土质自然驳岸,因此驳岸有条件留出空间展现草坪,空旷草坪与自然式种植的植物的搭配组成了具有一定疏密变化节奏的植物景观,在稀疏处视野保持通透,可将近处的水库风光以及远处对岸的山色尽览。沿岸的植物种类中落叶植物比常绿植物多,落叶植物种类多也意味着植物景观在时间序列上的变化相对丰富(图 3-21)。

图 3-21 佘村水库边部分植物景观

图片来源:作者自摄

② 风水林

风水林是人们从风水角度出发,主要栽植在村落周围与风水相关的区域,为代表收成丰盈、人丁兴旺等村民美好心愿的人工种植或天然生长的林木。按照种植的方位不同可将风水林划分为 4 类,包括水口林、龙座林、垫脚林、宅基林。本研究中,佘村外围的风水林位于村落后山山脚的人工种植的成片林地,与村落构成一个生态系统,应属龙座林。据村民口述,其作用一方面是保佑当地村民平安、长寿、人丁兴旺、吉祥顺遂,另一方面具有保持水土、涵养水源、防止自然灾害等作用,也为野生鸟兽提供了栖息地,因此在生态发展方面也具有一定意义。该村风水林主要为落叶阔叶林,从群落结构可大致分为乔木+草本的结构,树种以杨树为主,少部分群落乔木层种类较多,乔木可再细分为上下两层(图 3-22)。上层乔木以杨树林为主,树林组成主要为意杨和加杨两种。中层少有灌木为构树,草本植物多为野生草本,因该风水林主要为人造林,群落物种丰富度并不高,但其承载着不同时期的历史基因,具有一定的历史文化价值,是研究场所记忆的一个途径。

图 3 - 22　佘村风水林植物景观

图片来源:作者自摄

（3）生产场景植物景观

① 农田

佘村社区的农田主要分布在各自然村的居住区外围,这些村落外围的农田是当地村民从事生产活动的主要场所,占地面积广,是构成传统村落植物景观的重要组成部分,菜地、果园等也是农田景观的主要存在形式。由于土地承包制度的推进,曾经许多农田已经被政府或企业承包商收购,如今现存的许多菜地及果园为近些年重新分配所得。在这些现存的生产性景观的营建过程中,生产性景观分布较散乱,缺乏景观方面的打理。由于农业生产活动的改变,历史遗留问题导致各类经济类植物种植区域混乱,低矮的蔬菜与少量苗木常交错出现,使得景观效果较为破碎(图 3 - 23)。

② 苗圃

生产场景的部分区域的植物景观的形成来源于苗圃培育,规模不大,常由村民个体自发种植,因此分布位置较为散乱,常与农田交错存在。苗圃中包括对乔木、灌木和果树的培育,苗木以香樟、红叶石楠、广玉兰为主,同时还会种植部分果树如桃、杏、李等。由于大型农田的集中流转,大型的苗圃在佘村社区比较少见;而由于市场对苗木需求的变化,导致了许多曾经的苗圃失去了其经济价值而逐渐与自然生境融合(图 3 - 24)。

图 3 - 23　佘村农田现状植物

图片来源:作者自摄

图 3 - 24　佘村周边苗圃现状

图片来源:作者自摄

2. 调查结果分析

(1) 植物种类分析

调查统计后，根据踏勘记录，本次调研的四个传统村落植物统计如下。在调查范围内共有植物 46 科 70 属 76 种，其中乔木共有 22 科 37 属 41 种，灌木植物共有 9 科 11 属 12 种，草本植物有 13 科 20 属 20 种，藤本植物有 1 科 1 属 1 种，竹类有 1 科 1 属 2 种，其中乔木比例相对较重。

根据植物种类调查结果，乔木是构成佘村植物景观的最重要组成部分，其种类占比为 53.95%，常见的乔木种类有银杏科的银杏、蔷薇科的桃、李、杏、樱花等，木犀科的女贞、桂花树，榆科的榆树、朴树、榉树等，无患子科的栾树、无患子，豆科的槐树，胡桃科的枫杨，木兰科的玉兰、广玉兰等；灌木共 12 种，占比约 15.79%，包括蔷薇科的石楠、红叶石楠、海棠，金缕梅科的红花檵木，海桐科的海桐，卫矛科的金边黄杨以及杜鹃花科的杜鹃等。草本植物在所有植物种类中占比第二，比例达到 26.32%，占据村落植物景观的重要地位，是植物景观层次中下层景观的重要组成部分。传统村落公共空间较为常见的园林用草本植物包括菊科的野菊、波斯菊等菊类，百合科的沿阶草等，禾本科的芦苇、粉黛乱子草等等，这些草本植物运用场景多样，广泛种植于各类植物景观类型中，包括村口集散处、庭院周边、水岸、道路沿线、公共游憩空间周围以及游园内。除了景观功能外，许多草本植物兼作经济作物、药用植物等。

竹类植物以禾本科种类为首，总计 2 种，占比 2.63%，其中刚竹常见于村落外围的防护林中，早园竹主要见于宅前屋后以及部分游园内。藤本为云南黄馨，见于建筑立面垂直绿化或部分庭院自发搭建架构种植。

根据四个村落对比分析图可知，将四个村落按照植物种类数量由高到低排序为王家村、孙家村、李家村和建国村。其中，植物种类最丰富的王家村共 61 种，拥有全调研范围内 80.26% 的植物种类，种类最缺乏的建国村共 31 种，比例为 40.79%。首先，值得注意的是王家村乔木种类数量大幅领先于其他三个村落。调查发现，在四个村子中，王家村虽然改造力度较大，但对现存的自然生境留存度较高，尤其是保留了许多原有树种，且王家村在公共广场、小游园、庭院、房前屋后和道路两侧种植了许多新的具有较高观赏性的乔木，增添了植物的形态与色彩丰富度。其次，由图可见，草本植物是四个村子中出现频率较高的植物大类，在各村的生活场景、生态场景和生产场景中都广泛分布，且在每个场景中扮演的角色各有偏重，例如：在生活场景的庭院植物景观中，草本植物作为花灌木的配景；水岸植物景观中草本植物烘托景观氛围；而在游园和广场上，如在九龙渠公园和九龙埝广场中，草本植物如十字花科油菜或禾本科的粉黛乱子草则成为观赏的植物景观的主体，并且成为每年为村子吸引大量游客带来经济收入的重要保障。最后，竹类和藤本类植物相对运用较少，可见在该地乡村植物景观中，竹类与垂直绿化的应用场景并不丰富。

（2）常绿落叶组成分析

根据调研结果可得四个村落中常绿植物共 10 科 14 属 15 种,落叶植物种类共计 22 科 35 属 38 种(表 3 - 1)。落叶植物比例大于常绿植物,可得村落植物从常绿落叶植物结构来看,夏季有树荫可遮挡,冬季有绿可赏,而荫庇程度不会过高而显得过于阴冷。在乔木植物种类中,常绿与落叶植物比例约为 1∶3,落叶树种丰富度远高于常绿树种,这种植物组成比较符合南京季风气候特征,在春秋季节植物色彩及季相变化比较明显,在冬季随着落叶植物叶片的掉落能为阴冷的环境尽可能保留阳光照射。在灌木种类中,常绿与落叶比例约为 1∶2,这反映出在村落的植物景观中,中层的灌木组成的植物景观在四季都能保证足够的绿量,且落叶与常绿比例比较均衡,季相变化比较明显,不会过于闭塞。

表 3 - 1　四个村落植物常绿与落叶组成统计表

植物生活型		科	占比/%	属	占比/%	种	占比/%
乔木	常绿	7	29.17	10	26.32	11	26.83
	落叶	17	70.83	28	73.68	30	73.17
	合计	24	100	38	100	41	100
灌木	常绿	4	40.00	4	33.33	4	33.33
	落叶	6	60.00	8	66.67	8	66.67
	合计	10	100	12	100	12	100
常绿植物合计		10	31.25	14	28.57	15	28.30
落叶植物合计		22	68.75	35	71.43	38	71.70

表格来源:作者自制

将四个村落中所有的常绿乔木、落叶乔木、常绿灌木、落叶灌木四者的植物种类进行比较,可知落叶乔木是传统村落的植物景观最为重要的组成部分。根据实地调查结果,四个村落中王家村的落叶乔木种类最多,在经过一系列更新改造后,村落植物景观的季相变化最为丰富,景观效果最佳,尤其是在生活场景与生态场景中景观效果最为丰富;建国村由于本身的绿化空间非常局促,可供进行植物景观改造的空间有限,而组成其主要植物景观的类型为庭院植物景观,因此在植物选择上选择空间不大,因此其在常绿与落叶植物的搭配上便排在了最后,在植物景观的季相变化上就相对缺乏。

（3）乡土性分析

乡土树种是指自然生长或是长期引种驯化能够适应当地环境的树种。原生乡土树种仅指本地区自然生长的能够表达乡村意境、乡土文化属性并具有乡野气息的原生树种[179]。虽然某些外来植物的景观效果会优于乡土植物,但乡土植物在生长适宜性、抗旱性、抗寒性、抗病虫害等抗逆性方面具有其他大部分外来物种不可比拟的优势。盲目引进外来植物可能会带来意想不到的生态危害，危及当地原生植物及其生境，而乡土植物经过长期的自然演化，在维持当地自然生态的稳定性方面也有着重要的作用，是其中不可或缺的一部分。经过实地调研发现，四个村落种植的从国外引入的植物种类共计 21 种，约占调查村落植物种类总数的 27.63%。属于国内生长，但并不属于调研村落附近的原生植物的植物有 23 种，约占所有植物种类的 30.26%。乡土植物种类数量为 32 种，占比为 42.11%。整体植物景观的组成以乡土植物为主，在更新改造比较频繁的王家村以及佘村社区公共游览片区如九龙埂广场和九龙渠公园以及部分村落内的小型公共空间，为提升景观效果引种了较多村落环境之外的植物种类，但大部分为国内或省内常见植物，因此植物景观的生长适宜性以及抗逆性都比较高。但植物景观的乡土性仍有待加强，在乡村地区，乡土植物比例应尽量提高到整体植物比例的 70%以上，这样才能维系村落地域性植物景观，保持村落植物群落的稳定性，并且延续村民心中对村落的场所记忆。

（4）观赏性分析

植物景观的观赏性在效果呈现上各有侧重，例如：桃、樱适合观花，营造春日氛围；红枫、鸡爪槭适合观叶，能使层林尽染；雪松、油松、龙柏等适合观形，傲立寒风，独具气运。经过实地调研发现，从观赏特性角度出发，如表 3－2 所示，整体来看，在五种观赏类别当中，观花植物种类最为丰富，占所有种类的 34.41%。其中乔木包括白玉兰、桂花、日本樱花、西府海棠、紫荆、石楠、紫叶李、碧桃、桃、梨、杏、垂丝海棠；灌木包括杜鹃、贴梗海棠、蔷薇、月季、金钟、红花檵木、夹竹桃、木槿；草本包括美人蕉、芭蕉、波斯菊、野菊、金鸡菊、再力花、牵牛、田旋花、酢浆草。观花植物种类相对来说比较丰富，观叶和观形的植物种类分列二三位，而观干的植物种类最少，仅占 6.45%。从这一组数据分析可知，由于开花

表 3－2　植物主要观赏部分统计表

植物类型	植物名称	主要观赏部分				
		观花	观果	观叶	观干	观形
乔木	白玉兰、桂花、日本樱花、西府海棠、紫荆、石楠	√				
	枇杷、柿树、石榴、枣		√			
	紫叶李、碧桃、桃、梨、杏、垂丝海棠	√	√			
	广玉兰、女贞、银杏、鸡爪槭、枫香			√		
	雪松、油松、塔柏、龙柏、垂柳、构树、桑、香樟					√
	榉树、水杉、棕榈			√		√
	无患子、栾树、枫杨		√	√		
	朴树、意大利杨、国槐、刺槐				√	√
	二球悬铃木			√	√	√
	板栗	√	√	√		√

（续表）

植物类型	植物名称	主要观赏部分				
		观花	观果	观叶	观干	观形
灌木	杜鹃、贴梗海棠、蔷薇、月季、金钟	✓				
	桃叶珊瑚、金叶女贞		✓		✓	
	红花檵木、夹竹桃	✓		✓		
	海桐					✓
	蜡梅		✓	✓		✓
	木槿	✓			✓	✓
竹类	早园竹、削竹					✓
草本	栀子、美人蕉、芭蕉、波斯菊、野菊、金鸡菊、再力花、牵牛、田旋花、酢浆草	✓				
藤本	云南黄素馨	✓				

表格来源:作者自制

植物多集中于春夏季节,所以佘村的植物景观观赏的最好时节多在春夏季节,此时不仅种类多样,而且观赏点覆盖乔灌草三类,层次丰富,视角全面;而观干植物的功能多发挥在冬季,但观干植物比例过小,因此佘村在冬季的观赏性从植物种类到植物景观层次都非常受限。

乔木具备最完全的观赏性质,涵盖了五种观赏类型在内,其中除去观花和观叶类型,其余三种观赏类型几乎都集中在乔木(图3-25)。灌木、草本相对于乔木而言在观赏类型上相差较大,这导致了在乔木、灌木、草本都分层存在的植物景观中,由灌木和草本组成的基调与背景相对单调,而在许多仅由灌木与草本组成的植物景观如村内道路或部分水岸植物景观,其观赏价值会受到很大限制。

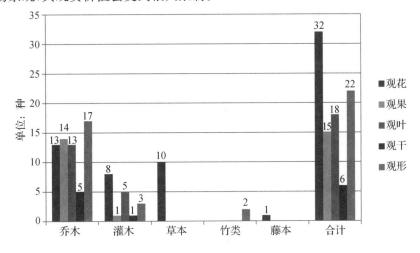

图3-25　观赏特性分析图

图片来源:作者自绘

3.2 基于场所记忆提取植物景观影响因素

目前许多对传统村落植物的研究以质性分析为主,在信息统计方面停留在单一的描述性统计,导致对现实的分析只能是简单总结,无法挖掘更详细的现象背后的内在逻辑。本节意在基于场所记忆,通过定性研究工具扎根理论,提取村民心中与传统村落植物景观相关的影响因素,为后续植物景观评价提供评价基础。基于场所记忆的植物景观评价具有非常规的特点,难以用一般方式调研,以往对村落植物景观的评价往往直接从成熟的理论资料中选取植物景观影响因素,但基于场所记忆的传统村落植物景观其影响因素需要从村民出发,从村民立场提取影响植物景观的因素。

扎根理论常用于测度场所记忆、集体记忆、文化记忆等现象的影响因素及形成机制[180],它使研究人员可以不受早期研究和他们自己的背景和兴趣的影响进入他们的研究,并且保证客观性[181]。因此本书将通过扎根理论提取基于场所记忆的南京传统村落植物景观的影响因素(图3-26)。

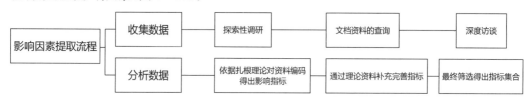

图3-26 影响因素提取流程

3.2.1 前期准备

1)确定研究主体

由于一个地区的物理封闭性,通常深刻融入地方的人和外乡人是有区别的[182]。一方面,许多研究揭示了对景观有特殊兴趣的群体之间的差异,如村民、土地所有者和其他人[183]。另一方面,各种社会经济和社会文化群体,如村落居民、专家和游客,对于某一特定环境也可能有各不相同的景观感知[184-186]。本文是基于场所记忆探究传统村落植物景观,因此选择对传统村落拥有场所记忆的当地村民作为调查人群。

2)探索性调研

通过文献分析、现场访谈和观察法,对佘村的党群服务中心、社区管理中心等服务与管理机构进行调研,了解对象村落的历史沿革和未来建设方向;对部分村民进行观察和寻访,这有助于对研究主体的潜在差异与研究方向有大致的了解,在此基础上提出研究的假设,能确保其不会脱离现实基础。

3.2.2 资料收集与样本抽取

采用随机抽样方法,研究人员在街上接近可能的受访者,询问他们是否愿意参与。这种抽样方法确保给定人群中的每个个体都有同等的被选中概率[187]。30 名被调查者包括店主、街头小贩以及上班族、务农人和学生(表 3 - 3)。之所以选择这种方法,是因为它允许受访者根据自己的选择在情境中定位自己,从而产生丰富的具有方向性的数据信息[188]。此外,在相当长的一段时间内多次访问这些地点,使研究人员能够熟悉居住和使用它们的人;同时,更容易获得信任,建立更准确的行为和使用模式。

表 3 - 3 访谈人员统计学信息

人口统计学变量	分类	人数
性别	男	15
	女	15
年龄	18～40 岁	5
	41～60 岁	12
	60 岁以上	13
社会分工	学生	2
	农民	12
	打工者	16

正式访谈主要以面谈形式进行,采用深度访谈法,访谈的问题采取开放式提问,给受访者一定的提示和自由发挥的空间,并将通过观察中获得的信息反馈到访谈问题和研究人员对这些问题的回答的分析中,通过提升问题与实际现状的相关性,使被调查者感到这个项目与他们的生活相关,以确保被调查者更好地参与进来[189]。在样本量及受访者类型需要补充时辅以电话访谈。访谈首先向村民表明研究目的,由"您记忆里印象比较深的村里或村子周边的植物景观在哪里"这个问题引导开始,尽可能挖掘村民的感受与见解,访谈在征得同意后进行录音。通过将录音文件转录成文本(近 13 000 字的转录稿)[190],为接下来软件分析做准备。

此外,在研究人员收集到的丰富的数据中,观察结果、用户的记忆和他们的陈述中提到的意见,这些信息除了能用作编码的原始资料外,还能使研究人员更全面地了解用户如何体验他们居住的环境。

3.2.3 逐级编码归纳影响因素

我们将访谈内容的转录文本导入质性分析软件 Nvivo 12 Plus 进行整理与分析。第一步是进行开放式编码,其中包含三个步骤:① 概念化,将原始访谈资料中的内容分解成为小短句或者是片段,通过对访谈逐句分析,剔除没有回答出实质性意义的内容,把保留下的句子提取编码要素并精练化语言,形成初步概念。② 概念分类,对概念进行分类和归纳,把同一类的概念合并起来,形成相同类别的概念丛。③ 类别化,对概念丛所能反映的内容进行提炼并命名[191]。将访谈结果整理成文本之后,根据村民的回答从而提取出一些概念并将概念进行归纳整理。例如对于"现在村子周围为了绿化,种的都是些便宜又长得快的树,像刺槐、杨树。""采石场那块,为了看上去不是秃的,大把大把地撒刺槐种子,长得快嘛,长出来有什么用,没得用。"等对话中我们可以提取出"生长快""价格低""无利用价值"等信息。具体操作是通过质性研究软件 Nvivo 12 Plus 对原始数据文档赋予标签,对标签进行初始概念提炼得到 21 个自由节点,再对以上节点进行总结归纳为 9 个类别。

第二步进行主轴编码,主轴编码是在开放式编码结果基础上理清各类别逻辑关系。对开放式编码得出的 9 个类别解读后发现其相互存在从属关系,因此对 9 个类别进行二次编码并反复归类,在 Nvivo 12 Plus 编码这 4 个主类别:生态功能、景观功能、社会功能、经济效益,得到各主类别及其所对应的独立类别(表 3 - 4)。

表 3 - 4 开放编码结果

主类别	提及人数(参考点)	类别	提及人数(参考点)	举例(文件序号)
景观功能	23(49)	植物生长与养护状况	15(22)	现在这些树的养护都是别人在养,是政府在养,完全就不用我们自己打理了,除非是自己的院子里面,自己种一些花草树木(2)
		植物色彩丰富度	12(18)	一大片什么无所谓,只要一大片就行,一大片油菜花,一大片菊花,好多人去拍照(28)
		植物学相变化	7(9)	我们这个植物其实一年四季还不一样啊,各有各的好看,春天嫩绿的啊,到了秋天可能会有黄的红的,也蛮好看的嘛,很多城里人秋天来拍银杏啊,还有的会站在红色的枫树边上拍照,这些都觉得蛮好看的,就是到了冬天太秃了,所以这个植物一年四季得有变化,变化了才好看(16)
生态功能	9(15)	植物对生境的适应能力	4(6)	你也不用花什么心思去养它,浇水,施肥,它自己就能够适应(10)
		绿化覆盖率	9(9)	主要是广场,九龙埂广场,九龙渠,还有进社区的那条路上,一大片的树太密(21)
社会功能	13(18)	绿地可达性	4(4)	有的时候可以坐在树底下休息一下,聊聊天(24)
		可停留度	11(14)	锻炼,聊天,可以让我们聚到一块儿,搞点儿什么活动的地方那就挺好的(25)
经济效益	11(19)	植物自身经济价值	9(11)	有点经济价值,那肯定对我们来说这比较实际,好不好看不太重要(1)
		养护成本	5(8)	有的时候花钱浇水、施肥什么的,面积大了时间久了肯定花钱还是挺多的(3)

第三步是选择性编码,选择性编码是在理清各类别从属关系的基础上,解读各层次类别内部的关联。经过选择性编码,发现这 4 个主类别是影响村民对传统村落植物景观满意度的重要指标。也就是说生态功能、景观功能、社会功能和经济效益是基于场所记忆的村民心中影响对植物景观评价的重要因素。

为确保研究的信度对研究进行理论饱和度检验,即判断抽取新样本所包含的信息能够提炼出新的类别和概念。通过对事先预留的 5 份访谈内容进行同样流程的扎根理论编码,发现没有产生新的范畴,结果显示理论模型已经是饱满的,采样可以停止(图 3 - 27)。

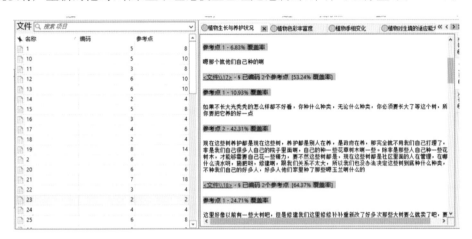

图 3 - 27　Nvivo 12 Plus 编码界面截图

本阶段通过扎根理论编码获取的线索有:① 确定了基于场所记忆的南京传统村落植物景观满意度评价体系的一级影响因素是景观功能、生态功能、社会功能和经济效益。② 部分景观功能的影响因素是:植物生长与养护状况、植物季相变化、植物色彩丰富度。③ 部分生态功能的影响因素是:植物对生境的适应能力、绿化覆盖率。④ 部分社会功能的影响因素是:可停留度、绿地可达性。⑤ 部分经济效益的影响因素是:养护成本、植物自身经济价值。

3.2.4　基于现存理论信息补充影响因素

本阶段根据现存村落植物景观相关理论资料进一步验证影响因素,一方面可以补充探索性调研的结果,另一方面可以对探索性调研的结果进行验证。

1）景观功能的影响因素补充

须增加植物形态丰富度、植物群落层次丰富度、人工与自然协调性。所谓景观功能在本文指代视觉及美学方面的功能。植物形态丰富度和植物群落层次丰富度在许多探讨植物景观的研究中都会涉及,在无论城市或是村落的许多场景的植物景观分析研究中都被纳入考虑,植物形态丰富度常意味着对植物的尺度感以及植物个体间的形态差异性的总体概括[121];而植物群落层次丰富度包括植物配植的合理程度和整体韵律感等[192]。在王云才对村落景观美景度的概括中提到人工与自然协调性,它是村落特有的考量指标,它其实是景观风格的自然和村落性、材料的乡土性、景观与背景的协调度、景观分布的集中程度以及景观在自然中的融合程度等等[193]。

通过对村落植物景观功能的研究探索,提取出植物形态丰富度、植物群落层次丰富度和人工与自然协调性作为景观功能的影响因素。

2)生态功能的影响因素补充

须增加植物群落物种丰富度、植物乡土性。生态功能的研究主要从村落植物群落入手[194]。植物群落是自然界的基本组成单元,是在一定的地段上,群居在一起的各个植物种群所构成的一种集合体。村落植物群落与完全自然的植物群落不同,其不仅是生态环境,还是村民生产资源的来源以及生活环境的一部分。植物群落物种丰富度是考量村落植物群落生态功能的一个重要指标,包括植物种间个体数量、出现频率、在群落中地位与作用等的综合考量,丰富度越高,一定程度上意味着植物群落稳定性越高[195]。植物乡土性在生态功能板块下主要指代生态地域性方面的特征,乡土植物经过长期的自然选择对环境具有较高的适应性和抗逆性。与普通的适宜性较高的外来植物相比,当发生不可逆自然灾害时,外来植物可能会受到死亡性灾害,而乡土植物往往能够存活下来。

通过对村落植物景观生态功能的研究探索,提取出植物群落物种丰富度和植物乡土性作为生态功能的影响因素。

3)社会功能的影响因素补充

须增加地域文化特色。地域文化是中国传统村落丰富文化内涵的重要体现,地理、经济、社会、政治等因素与地域文化的形成息息相关[196]。由于地方独特性的丧失和地区独特性的淡化,人与村落之间的情感纽带正在减弱。如果传统村庄失去了其独特的特征和活力,那么村落景观的可持续保护就失去了一个重要的基础,因为人们可能会不关心对这些景观的保护[183],保持与传统村落景观的紧密联系将非常困难[197-198]。研究表明,地域景观元素可能有助于维持人们对居住地的乡愁[199],其中植物景观更是其中重要的思乡元素[200],有些植物是与地方相关的传统节日的代表,如乌梅是典型的春节树种,桂花是中秋节的代表树种。在一定程度上,植物景观与传统节日的联系维系着场所记忆[201]。本文对于地域文化的界定,是指以空间上的地域划分为基础,历史发展为脉络,人类历史与自然资源相互交流、磨合中产生并积淀下来的一种地理区域性文化。古树文化、医药文化、饮食文化等都是村落植物景观的地域文化的一部分,蕴含地域文化的村落植物景观能反映出村落的传统价值观念、审美情趣等。

通过对村落植物景观社会功能的研究探索,提取出地域文化特色作为社会功能的影响因素。

4)经济效益的影响因素补充

须增加带动经济发展属性。《国家乡村振兴战略规划》中强调产业兴村的发展格局。花卉苗木产业就是村落形成一特、一品的优势产业,既能在适当规划后形成观赏旅游要素条件为村落旅游增加经济收入,又能直接作为地方特色农业产品向外出售,产生直接商品经济收入。例如:昆明建立了亚洲最大的花卉交易平台,提供了全国百分之八十的鲜切花,极大地带动了昆明村落花卉产业的发展;浏阳拥有中国花木之乡的美誉,通过向全国出售高质量的桂花、红叶石楠、罗汉松、红花檵木等,极大地带动了当地村落的经济发展。不光是园林植物,传统的经济作物在发挥本质功用的同时,也能为打造美丽村落添光增彩。如近些年培育出的彩叶水稻,不仅可以食用,成片种植还可形成"农田拼图"的新型大地景观;农业体验也成为村落经济业态里的热点,如采摘体验,它将参与性、娱乐性和科普性融合,已成为现代村落旅游和休闲农业的一大特色产业。农业采摘不光可以根据植物种类进行划分,还可以根据用户类型如儿童、情侣等进行专门化设计,可见其未来拥有足够的发展空间。

通过对经济效益的相关研究提取带动经济发展的属性作为经济效益的影响因素。

总结上述内容,通过查阅理论资料获得景观功能的影响因素:植物形态丰富度、植物群落层次丰富度和人工与自然协调性;生态功能的影响因素:植物群落物种丰富度和植物乡土性;社会功能的影响因素:地域文化特色;经济效益的影响因素:带动经济发展属性。

3.2.5 确立基于场所记忆的南京传统村落植物景观影响因素集

本部分确立的基于场所记忆的南京传统村落植物景观影响因素将运用在后续植物景观评价中作为评价指标,这里用"指标"代替"影响因素"。

1)指标确认的原则

指标的最终确定一定要在符合下列原则的前提下提出:

一是科学性原则。科学性原则应符合以下内容:指标设置要能够全面覆盖目标层特性;指标的设置要方便评价主体辨析和理解;同级指标间含义无重复、冲突或从属关系;评估对象的特征能明确被指标反映。二是目的性原则。客观描述评估对象的特征及结构以及构成要素,针对评估任务的要求,架构更高层次的评估准则。三是实用性原则。指标体系符合行业基本认知并方便评价主体理解,指标的概念说明需要简洁准确,且指标的分值区别需要明确,方便后续展开评述与分析。

2)指标的筛选和确认

将访谈内容经过扎根理论分析初步归纳了相关影响因素,通过理论资料查询推导对影响因素进行了进一步的确认。虽然经过以上两个步骤后获取的影响因素足够全面,但其中部分指标存在内容重复和内容层级不对等的关系,因此对这些探索性调研中得到的指标运用德尔菲法邀请5位来自本专业或相关行业的专家对其进行打分和筛选,并结合访谈就专家的意见进一步整合,对所有指标进行筛选,保留有价值的指标,剔除内容重复或有从属关系的指标,精简指标名称,筛选后获得14个影响因素,即最终确定的基于场所记忆的南京传统村落植物景观满意度影响因素体系。基于场所记忆的南京传统村落植物景观满意度影响因素体系包括两个指标层：一级指标层是景观功能、生态功能、社会功能和经济效益。二级指标层下设14项指标，其中景观功能4项指标、生态功能4项指标、社会功能3项指标、经济效益3项指标。

3）指标的解释

针对南京传统村落植物景观提出的景观功能指标，景观功能包括植物生长与养护状况、植物季相与色彩丰富度、植物形态与层次丰富度和人工与自然协调性4个影响因素（表3-5）。

表3-5 景观功能相关指标解释

指标名称	释义
植物生长与养护状况	植物的长势是否符合预期、物理特征是否达标、植物生长所需营养是否供应充足、病虫害防治是否到位等情况
植物季相与色彩丰富度	群落外貌随季节更替出现的周期性变化称为植物的季相变化，季相变化往往伴随着植物的色彩变化，色彩通过树叶、花朵、果实、枝条等部分展现，它是渲染景观色彩的重要手段，并且直接影响着环境的气氛和情感。本研究考察包括植物季相及色彩变化的丰富度、协调度和四季有景的持续时间长度
植物形态及层次丰富度	包括植物的体量与姿态及构成的植物群落的层次。植物群落层次通常指植物群落结构中的垂直结构，群落的垂直结构具有分层性，往往包括乔木层、灌木层、草本层、地被层、层外植物、地下根系层，层次的形成与植物的生活型有关，良好的植物形态与层次感是植物景观美感的重要因素之一
人工与自然协调性	包括植物景观的色彩与形态特征和周围环境的协调，植物景观种类和材料的乡村感，空间营造的适宜性、与背景的融合度等等

针对南京传统村落植物景观提出的生态功能指标，生态功能包括植物对生境的适应能力、绿化覆盖率、植物群落物种丰富度和植物乡土性4个影响因素（表3-6）。

表3-6 生态功能相关指标解释

指标名称	释义
植物对生境的适应能力	正确的植物选择应是充分考虑了栽种的自然环境因素而做出的决定，需要综合考虑植物的抗寒性、耐高温、耐盐碱、耐贫瘠、抗污染、抗病虫害、耐水湿、耐干旱等适应能力，当适应能力不足以支撑某种植物在此环境生长而出现长势萎靡甚至死亡的情况，则说明该植物不具备对生境的适应能力
绿化覆盖率	生活空间内各类绿地面积占总生活空间用地面积的比例，绿化覆盖率的程度决定了村落生活空间的绿色基调
植物群落物种丰富度	是包括种间个体数量、植物物种出现频率、某种植物在群落的地位和作用的总称，物种越丰富一定程度意味着植物群落越稳定
植物乡土性	单一植物及过多的栽植就会影响当地的生态特性及生态平衡，尤其是引进外来树种，所以尽量选择当地适植的乡土植物品种，这样能增加植物群落稳定性，符合生态原则

针对南京传统村落植物景观提出的社会功能指标,社会功能包括可停留度、绿地可达性、地域文化特色3个影响因素(表3-7)。

表3-7 社会功能相关指标解释

指标名称	释义
可停留度	促使公众停留、休憩、娱乐的吸引力,往往意味着植物的围合程度、荫庇覆盖程度以及良好的公众参与性
绿地可达性	公众到达公共绿地的便捷程度,如村内或村周边的乡野公园、植物专类园的可达性,可达性是促成利用率的重要因素之一
地域文化特色	植物景观所蕴含的当地的农耕文化、乡土文化及当地历史文化内涵的丰富程度,以及其区别于其他地区的地域性特征,包括其植物材料、营造手法、乡土意境的地域性,或是古树名木体现的厚重历史感等

针对南京传统村落植物景观提出的经济效益指标,经济效益包括养护成本、植物自身经济价值、带动经济发展属性3个影响因素(表3-8)。

表3-8 经济效益相关指标解释

指标名称	释义
养护成本	健康稳定的植物景观可以大大节省后期养护费用,而有时不恰当的种植行为如反季节的种植往往使得养护成本增加,过高的养护成本不利于植物景观的长期存在
植物自身经济价值	指通过买卖生产性景观中种植的经济作物所带来的经济收入,以及许多种植于庭院的果树其果实也具备一定经济价值
带动经济发展属性	带动经济发展属性主要指在当前休闲农业和村落旅游业发展的当下,除了经济作物之外的,在新型业态带动下具备创收功能的植物景观属性。如:通过营造大地景观吸引游客、通过开展采摘等农业体验为村落创收、通过培育景观植物并对外出售带动村落经济发展

3.3 基于场所记忆的南京传统村落植物景观评价及分析

3.3.1 确立基于场所记忆的南京传统村落植物景观评价流程

本书将通过建立AHP-TOPSIS评价体系从定量角度对传统村落的植物景观的研究做出一些尝试,具体研究目的是基于场所记忆了解村民对传统村落植物景观的偏好并通过对比四个村落植物景观得出现状存在的不足以及改进的方向。

本章节研究流程分为两个阶段,第一阶段是设置满意度问卷并发放,这一阶段首先根据前文归纳的评价指标,选定AHP-TOPSIS评价方法,根据评价方法设置问卷问题。

第二阶段是运用 AHP-TOPSIS 开展评价，首先通过层次分析法（Analytic Hierarchy Process，简称 AHP）确定准则层指标层权重，通过逼近理想解排序法（Technique for Order Preference by Similarity to an Ideal Solution，简称 TOPSIS）对 4 个村落之间的植物景观满意度进行对比并排名，直观表现出记忆角度的感知差异，并对相关的评价指标进行罗列并分析不满意原因，总结存在的问题。

3.3.2　评价问卷的设计及数据采集

本评价的数据采集方式通过问卷调查开展，调查之初应对问卷进行设计（附录 10）。本调查拟建立标准结构问卷，答题方式采用李克特量表的形式。问卷分别从生态功能、景观功能、社会功能、经济效益四个一级指标及其下属的 14 个指标设置 14 个问题。将问题中的选项设为五级评价量表，分别是：很满意、满意、一般、不满意、很不满意，并从 5～1 对选项赋值。受访者结合对目标村落植物景观的感受及看法对问卷中的问题做出选择。另外，问卷设置时会设置基本的人口统计学问题对性别、年龄进行采集，将各类型主体差异与不同评价打分情况匹配，以此确定不同类型研究主体是否会带来评价意见的显著不同，并探寻导致差异化评价的原因。问卷设计完毕后，研究者随机对村民发放 200 份问卷，为方便村民理解问题，研究者将随时对问题做出解释。回收 191 份，剔除无效问卷 22 份，有效问卷回收率 88%。

3.3.3　层次分析法（AHP）确定评价指标权重

层次分析法（AHP）是一种定量分析方法，可对人们的主观判断做出量化表达[202]，它运用数学运算确定影响评价对象的各指标权重，从而提供决策所需的参考依据[203]。

评价体系沿用根据前文整理得到的 4 个一级指标和 14 个二级指标，并赋予英文符号标识，形成符合层次分析法运用规范的体系框架（表 3-9）。

表 3-9　评价指标体系及编号

目标层 A	准则层 B	因子层 C
基于场所记忆的传统村落植物景观评价	景观功能 B1	植物生长与养护状况 C1
		植物季相及色彩丰富度 C2
		植物景观层次及形态丰富度 C4
		人工与自然协调性 C6
	生态功能 B2	植物对生境的适应能力 C7
		绿化覆盖率 C8
		植物群落物种丰富度 C9
		植物乡土性 C10

目标层 A	准则层 B	因子层 C
基于场所记忆的传统村落植物景观评价	社会功能 B3	可停留度 C11
		绿地可达性 C12
		地域文化特色 C13
	经济效应 B4	养护成本 C14
		植物自身经济价值 C15
		带动经济发展属性 C16

1）准则层判别矩阵构建及权重的求解

通过专家咨询法问卷调查，选取本领域 8 位专家，采用 9 分制的计分标准，分别对指标的重要程度进行打分（所有打分均为整数），然后对打分结果再进行内部的讨论和归纳，得到两两判别矩阵如表 3-10 所示。

表 3-10　准则层判别矩阵

	景观功能 B1	生态功能 B2	社会功能 B3	经济效应 B4
景观功能 B1	1	1/2	3	4
生态功能 B2	2	1	4	5
社会功能 B3	1/3	1/4	1	2
经济效应 B4	1/4	1/5	1/2	1

首先计算出判断矩阵的最大特征值 $\lambda_{max}=4.0484$。然后进行一致性检验，需要计算一致性指标 CI：

$$CI=\frac{\lambda_{max}-n}{n-1}=\frac{4.0484-4}{4-1}=0.0161$$

平均随机一致性指标 $RI=0.9$。随机一致性比率：

$$CR=CI=\frac{0.0161}{RI}=\frac{0.0161}{0.9}=0.0179<0.10$$

由于 CR 小于 0.1，因此可以认为判断矩阵的构造是合理的，因此我们计算出指标的权重见表 3-11。

表 3-11　准则层权重

准则层	权重
景观功能 B1	0.3056
生态功能 B2	0.4918
社会功能 B3	0.1248
经济效应 B4	0.0778

依照表3-11可得,在准则层中生态功能层次评价要素的权重为0.4918,景观功能层次评价要素的权重为0.3056,社会功能层次评价要素的权重为0.1248,经济效应评价要素的权重为0.0778。生态功能层次的权重在四者之中最高,景观功能层次次之,经济效应排第三,社会功能层次最低,可以得出生态功能层次评价要素对传统村落植物景观的影响最大。

2)指标层的判别矩阵构建及权重求解

景观功能包含的各大因素权重,本次采取层次分析的办法求算出因素权重,建立判别矩阵 $S=(u_{ij})_{p \times p}$,见表3-12。

表3-12 景观功能指标层判别矩阵

	植物生长与养护状况 C1	植物季相及色彩丰富度 C2	植物景观层次及形态丰富度 C4	人工与自然协调性 C6
植物生长与养护状况 C1	1	3	5	2
植物季相及色彩丰富度 C2	1/3	1	2	1/2
植物景观层次及形态丰富度 C4	1/5	1/2	1	1/3
人工与自然协调性 C6	1/2	2	3	1

首先计算出判别矩阵的最大特征值 $\lambda_{max}=4.0145$。然后进行一致性检验,需要计算一致性指标 CI:

$$CI=\frac{\lambda_{max}-n}{n-1}=\frac{4.0145-4}{4-1}=0.0048$$

平均随机一致性指标 $RI=0.9$。随机一致性比率:

$$CR=\frac{CI}{RI}=\frac{0.0048}{0.9}=0.0053<0.10$$

CR 小于0.1,因此可以认为判别矩阵的构造是合理的,因此我们计算出指标的权重见表3-13。

表3-13 景观功能指标层权重

指标层	权重
植物生长与养护状况 C1	0.4829
植物季相及色彩丰富度 C2	0.1570
植物景观层次及形态丰富度 C4	0.0882
人工与自然协调性 C6	0.2720

由表3-13可知,在景观功能准则层下属的各指标层中:植物生长与养护状况所占权重为0.4829,为4项中得分最高;人工与自然协调性排在第二位,所占权重为0.2720;之后是植物季相及色彩丰富度,权重为0.1570;植物景观层次及形态丰富度排最后,权重为0.0882。本次采取层次分析的办法求算出生态功能各大因素权重。

建立判别矩阵 $S=(u_{ij})_{p \times p}$，见表 3 - 14。

表 3 - 14 生态功能指标层判别矩阵

	植物对生境的适应能力 C7	绿化覆盖率 C8	植物群落物种丰富度 C9	植物乡土性 C10
植物对生境的适应能力 C7	1	2	1/3	1/2
绿化覆盖率 C8	1/2	1	1/4	1/3
植物群落物种丰富度 C9	3	4	1	2
植物乡土性 C10	2	3	1/2	1

首先计算出判别矩阵的最大特征值 $\lambda_{max}=4.031\,0$。然后进行一致性检验，需要计算一致性指标 CI：

$$CI=\frac{\lambda_{max}-n}{n-1}=\frac{4.031\,0-4}{4-1}=0.010\,3$$

平均随机一致性指标 $RI=0.9$。随机一致性比率：

$$CR=\frac{CI}{RI}=\frac{0.010\,3}{0.9}=0.011\,4<0.10$$

由于 CR 小于 0.1，因此可以认为判别矩阵的构造是合理的，因此我们计算出指标的权重见表 3 - 15。

表 3 - 15 生态功能指标层权重

指标层	权重
植物对生境的适应能力 C7	0.160 1
绿化覆盖率 C8	0.095 4
植物群落物种丰富度 C9	0.467 3
植物乡土性 C10	0.277 2

由表 3 - 15 可知：在生态功能准则层下属的各指标层中，植物群落物种丰富度所占权重为 0.467 3，为四项中得分最高；植物乡土性排在第二位，所占权重为 0.277 2；排在第三的是植物对生境的适应能力，权重为 0.160 1；而绿化覆盖率在四项中排在最后，权重为 0.095 4。本次采取层次分析的办法求算出社会功能各大因素权重。建立判别矩阵 $S=(u_{ij})_{p \times p}$，见表 3 - 16。

表 3 - 16 社会功能指标层判别矩阵

	可停留度 C11	绿地可达性 C12	地域文化特色 C13
可停留度 C11	1	2	1/3
绿地可达性 C12	1/2	1	1/4
地域文化特色 C13	3	4	1

首先计算出判别矩阵的最大特征值 $\lambda_{\max}=3.018\,3$。然后进行一致性检验,需要计算一致性指标 CI:

$$CI=\frac{\lambda_{\max}-n}{n-1}=\frac{3.018\,3-3}{3-1}=0.009\,2$$

平均随机一致性指标 $RI=0.58$。随机一致性比率:

$$CR=\frac{CI}{RI}=\frac{0.009\,2}{0.58}=0.015\,9<0.10$$

由于 CR 小于 0.1,因此可以认为判别矩阵的构造是合理的,因此我们计算出指标的权重见表 3-17。

表 3-17 社会功能指标层权重

指标层	权重
可停留度 C11	0.238 5
绿地可达性 C12	0.136 5
地域文化特色 C13	0.625 0

由表 3-17 可知:在社会功能准则层下属的各指标层中,地域文化特色所占权重为 0.625 0,为三项中得分最高;可停留度排在第二位,所占权重为 0.238 5;排在最后的是绿地可达性,权重为 0.136 5。

经济效应各大因素权重,本次采取层次分析的办法求算出经济效应各大因素权重。建立判别矩阵 $S=(u_{ij})_{p\times p}$,见表 3-18。

表 3-18 经济效应指标层判别矩阵

	养护成本 C14	植物自身经济价值 C15	带动经济发展属性 C16
养护成本 C14	1	1/2	1/3
植物自身经济价值 C15	2	1	1
带动经济发展属性 C16	3	1	1

首先计算出判别矩阵的最大特征值 $\lambda_{\max}=3.018\,3$。然后进行一致性检验,需要计算一致性指标 CI:

$$CI=\frac{\lambda_{\max}-n}{n-1}=\frac{3.018\,3-3}{3-1}=0.009\,2$$

平均随机一致性指标 $RI=0.58$。随机一致性比率:

$$CR=\frac{CI}{RI}=\frac{0.009\,2}{0.58}=0.015\,9<0.10$$

由于 CR 小于 0.1,因此可以认为判别矩阵的构造是合理的,因此我们计算出指标的权重见表 3-19。

表 3-19　经济效应指标层权重

指标层	权重
养护成本 C14	0.169 2
植物自身经济价值 C15	0.387 4
带动经济发展属性 C16	0.443 4

由表 3-19 可知:在经济效应准则层下属的各指标层中,带动经济发展属性所占权重为 0.443 4,为三项中得分最高;植物自身经济价值排在第二位,所占权重为 0.387 4;排在最后的为养护成本,权重为 0.169 2。

3）各层分布及权重

指标集整体权重见表 3-20。

表 3-20　指标集整体权重

目标层	准则层	权重	指标层	权重	综合权重
基于场所记忆的南京传统村落植物景观评价	景观功能 B1	0.305 6	植物生长与养护状况 C1	0.482 9	0.147 574
			植物季相及色彩丰富度 C2	0.157	0.047 979
			植物景观层次及形态丰富度 C4	0.088 2	0.026 954
			人工与自然协调性 C6	0.272	0.083 123
	生态功能 B2	0.491 8	植物对生境的适应能力 C7	0.160 1	0.078 737
			绿化覆盖率 C8	0.095 4	0.046 918
			植物群落物种丰富度 C9	0.467 3	0.229 818
			植物乡土性 C10	0.277 2	0.136 327
	社会功能 B3	0.124 8	可停留度 C11	0.238 5	0.029 765
			绿地可达性 C12	0.136 5	0.017 035
			地域文化特色 C13	0.625	0.078
	经济效应 B4	0.077 8	养护成本 C14	0.169 2	0.013 164
			植物自身经济价值 C15	0.387 4	0.030 14
			带动经济发展属性 C16	0.443 4	0.034 497

3.3.4　逼近理想解排序法（TOPSIS）评价

TOPSIS(Technique for Order Preference by Similarity to an Ideal Solution)逼近理想解排序法是由 C. L. Hwang 和 K. Yoon 于 1981 年首次提出,TOPSIS 法是根据有限个评价对象与理想化目标的接近程度进行排序的方法,是系统项目中有限措施多目的决策剖析中的一类决策办法,其依托于一个多因素决策问题的最优解与负最优解去排布顺序,是一类依照相对逼近程度高低来衡量被评判目标的对指标系统评判的办法,常在景观质量评价中被运用,是一种非常有效的多目标决策分析方法[134-137]。

所谓理想解是一设想的最优的解(方案),而负理想解是一设想的最劣的解(方案)。通过将现实方案与正负理想解对比,若方案最接近理想解且最远离负理想解,则该方案在备选方案中最佳。本研究中通过把各个村落植物景观的正理想解与负理想解对比,若某个村落的综合得分既远离负理想解同时又最接近正理想解,则判定该村落为最理想解,即植物景观质量最优(表3-21)。

表 3-21 各指标理想解

	正理想解	负理想解
植物生长与养护状况	0.018 208	0
植物季相与色彩变化	0.006 702	0
植物形态与层次丰富度	0.003 366	0
人工与自然协调性	0.013 551	0
植物对生境适应能力	0.013 553	0
绿化覆盖率	0.005 859	0
植物物种丰富度	0.039 413	0
植物乡土性	0.018 289	0
可停留度	0.004 782	0
绿地可达性	0.002 429	0
地域文化特色	0.009 257	0
养护成本	0.002 031	0
植物自身经济价值	0.004 16	0
带动经济发展属性	0.005 889	0

1) 数据的标准化处理

由于每个指标单位和量纲不同,所以当指标为正向指标时,其标准化公式为:

$$x'_{ij} = \frac{x_{ij} - x_j^{min}}{x_j^{max} - x_j^{min}} \tag{3-1}$$

当指标为负向指标时,其标准化公式为:

$$x'_{ij} = \frac{x_j^{max} - x_{ij}}{x_j^{max} - x_j^{min}} \tag{3-2}$$

其中,x_j^{max} 表示第 j 个指标的最大值,x_{ij} 表示原始数据中第 i 个样本第 j 个指标的数据,x'_{ij} 代表标准化数据中第 i 个样本第 j 个指标的数据。

2) 指标数据的向量规范化处理

对进行处理后的数据进行向量规范化处理,向量规范化均用下式进行变换:

$$b_{ij} = \frac{x'_{ij}}{\sqrt{\sum_{i=1}^{m} x'^2_{ij}}} \tag{3-3}$$

其中,b_{ij} 代表规范化数据中第 i 个样本第 j 个指标的数据。

它的最大特点是,规范化后,各方案的同一属性值的平方和为 1,因此常用于计算各方案与某种虚拟方案(如理想解点或负理想解点)的欧式距离的场合,然后权重乘以规范化矩阵得到加权规范化矩阵。

$$c_{ij} = \omega_j b_{ij} \tag{3-4}$$

其中,ω_j 代表第 j 个指标的权重,c_{ij} 代表加权规范化数据中第 i 个样本第 j 个指标的数据。

3) 确定正理想解 C^* 和负理想解 C^0

设正理想解 C^* 的第 j 个属性值为 c_j^*,负理想解 C^0 的第 j 个属性值为 c_j^0,则

$$正理想解 \quad c_i^* = \max c_{ij} \quad j=1,2,\cdots,n \tag{3-5}$$

$$负理想解 \quad c_j^0 = \min c_{ij} \quad j=1,2,\cdots,n \tag{3-6}$$

4) 运算每个计划距离最优点与最差点的欧式距离

依照欧式距离,每个计划方案 i 距离最优点与最差点的距离 d_i^*、d_i^0 的计算公式分别为:

$$d_i^* = \left[\sum_{j=1}^{n} (c_{ij} - \max\{c_{ij}\})^2 \right]^{1/2} \tag{3-7}$$

$$d_i^0 = \left[\sum_{j=1}^{n} (c_{ij} - \min\{c_{ij}\})^2 \right]^{1/2} \tag{3-8}$$

依次运用表达式(3-7)、式(3-8)求算每个方案到最优解的距离 d^* 与最差解的距离 d_i^0,接着对各个村落 i 依次运算系统评估系数 C 值,

$$C_i = \frac{d_i^0}{d_i^*}$$

3.3.5 评价结果分析

1) 根据 AHP-TOPSIS 评价结果分析

(1) 景观功能层面分析

如表 3-22 所示,在景观功能层面,由数据可知排名由高到低依次是王家村、孙家村、李家村和建国村。王家村的理想解相对接近度远高于其他三村,这也说明基于场所记忆,在村民心中王家村植物景观的视觉、美学效果最佳。而这也与村落景观改造的目的相符,王家村是佘村内植物景观改造程度最高的村落。

王家村作为最先得到政府扶持进行环境更新改造的村落,其季相及色彩丰富度、层次与形态丰富度都明显优于其他村,丰富的植物种类与经过设计的植物配植都保证了其景观效果呈现(图 3-28)。村口的交通岛景观给人的耳目一新的视觉效果、佘村水库沿岸

表 3-22　各村景观功能理想解欧式距离及相对接近度

B1	到正理想解的距离	到负理想解的距离	相对接近度
建国村	0.013 982	0.012 176	0.463 411
李家村	0.012 933	0.012 072	0.482 733
孙家村	0.011 668	0.013 225	0.530 899
王家村	0.009 934	0.015 228	0.603 945

图 3-28　王家村植物景观层次丰富

图片来源:作者自摄

的草本植物与大乔木的搭配种植营造出的诗意田园风景、入村道路两侧夹道种植的水杉与柳树以及部分庭院里村民自发修剪的绿植,都表现出优于其他村落的养护状况。同时王家村也是整个佘村社区的门面,占据着进入佘村社区入口的位置,因此其植物养护也受到最全面的照顾,而政府主导的设计改造尚未涉及李家村,其房前屋后及道路周边的植物景观绿化养护管理不足,造成植物的营养不良以及其生长态势萎靡,影响了景观效果。

建国村在景观功能层面得分最低。其本身绿化空间局促,周边被其他村落环绕,自然基底最为薄弱,因此从视觉上看其人工气息最重;且其生活空间中有限的绿化空间仅以灌木球式的红叶石楠、红花檵木等城市常用灌木散乱组合,总体对小尺度植物景观设计随意,导致与周边乡土建筑格格不入(图 3-29)。建国村内植物景观大多局限在庭院内,景观效果被围墙隔绝,而公共绿地面积在所有村中最少,因此其在季相及色彩丰富度以及群落层次丰富度上几乎不能为外人所见。相比之下,李家村和孙家村保留了足够的原生植物群落,植物景观空间相对充足,且背靠青龙山与黄龙山等自然环境基底,这些资源促使两村景观质量优于建国村。

图 3-29　建国村植物景观局促

图片来源：作者自摄

在村民将记忆中的植物景观与现状对比时,从调研中发现居民对现状植物景观的美观层面的感受大多数表述包括"整洁""大气""漂亮"等积极正面的词汇。"我觉得没有破坏,要发展肯定是要建设新的。"(村民11)在调研中发现大多数村民并未觉得目前的植物景观的变化破坏了原有植物景观,并认同对村落景观进行改造是必然趋势,相对于记忆中原来的传统村落植物景观,现状植物景观同样可以接受。"我们这里比以前的风景好多了,政府改造把墙刷了,种了各种各样的植物,看是挺好看,跟以前比肯定没有退步。再怎么样这里也是住了几十年的地方,我觉得挺好看。"深刻的场所记忆促生强烈的地方自豪感,他们将植物景观视为生活环境而非景观,这促使村民对任何时期的传统村落植物景观都能产生认同[138],也因此四个村落在景观层面的得分几乎与村落受改造程度相对应。

（2）生态功能层面分析

如表3-23所示,在生态功能层面,由数据可知排名由高到低依次是王家村、孙家村、李家村和建国村。

表 3-23　各村生态功能理想解欧式距离及相对接近度

B2	到正理想解的距离	到负理想解的距离	相对接近度
建国村	0.035 356	0.015 276	0.305 466
李家村	0.030 817	0.019 327	0.387 317
孙家村	0.026 438	0.021 342	0.447 593
王家村	0.024 401	0.024 113	0.491 776

根据层次分析法得出的权重,植物物种丰富度在生态功能层面权重最高,对在生态功能得分最低的建国村结合现状分析,发现其在植物物种丰富度上条件最差:相比其他位于佘村外围的三村被黄龙山等自然山体环绕,周边自然形成的植物群落多为落叶阔叶

林,植物物种丰富度较高。建国村由于处在佘村社区中心,与其他三村相比明显缺乏自然林地的基底,且自身公共绿地面积也是四个村中最少的,许多其他种类的植物只能在庭院内得见,对村落整体的植物群落物种丰富度贡献非常有限,这同时也导致其绿化覆盖率较低(图3-30)。相比之下生态功能得分稍高于建国村的李家村,虽然植物种类并未得到类似王家村、孙家村的植物引种,但其在植物生境适应性与植物乡土性方面条件较好,使用频率较高的乡土树种包括桃树、杏

图3-30 建国村自然基底贫乏

图片来源:作者自摄

树、枫杨、香樟、银杏、桂花等。这些植物多为长时间在村内及周边生长而成,经时间沉淀,在村落内的生长适应能力好。孙家村与王家村(图3-31、图3-32)进行了植物景观改造,在植物群落丰富度上领先于其他村落,且引种植物多在国内或省内已经长期适应,因此在生境适应性方面也较优,并且除建国村外的其他三村,绿化覆盖率几乎差不多,从而最终呈现出如表3-23显示的得分状况。

图3-31 孙家村周边自然基底　　图3-32 王家村周边林地

图片来源:作者自摄

"你看下,西北边那座山以前是采石场,光秃秃的,现在种满了刺槐,因为刺槐长得快,一方面是看上去比光秃秃的当然好看些,另外种树能够固土,要不然那山可能滑坡,很危险。"(村民12)经过调查发现,许多村民认同:植物景观中生态功能比较突出的类型如风水林及一些防护绿地等对环境保护和人类生存非常重要,与过去相比,现在的风水林或防护林面积在有关部门的促进下有步骤地恢复。这一结果与Quinn等人[204]的观点一致,该观点探讨了村民与景观的联系以及他们对自然环境对农业和人类福祉的重要性的看法。这种看法可能与植物景观的生态功能直接或间接提供的生态系统和社会服务

有关[205]。值得注意的是，虽然高的绿化覆盖率对环境生态有较大积极影响[206]，但对于村落居民，较高的绿化覆盖率并不一定受村民喜爱，"在那些树长得特别茂密的地方啊，一片绿，有的时候人就不好过去了啊，还会有些动物在里面，像蛇啊猫啊。"（村民7）对于这些地方，一般来说绿化覆盖率越高，在一定范围内乔木层的密度就越高，带来过高的郁闭度，这可能带给人未知的危险，且围合出的空间过于封闭，这些因素阻碍了居民对其空间尤其是林下空间的使用

图 3 - 33 部分空间郁闭度过高
图片来源：作者自摄

（图 3 - 33），所以在乡村自然状态植被覆盖充足的情况下，绿化覆盖率过高在村民心中并不一定是村落人居环境的积极因素。

（3）社会功能层面分析

如表 3 - 24 所示，在社会功能层次方面，建国村和王家村得分最高。"最能代表我们这历史的啊，很多啊，有九十九间半的潘家住宅和宗祠，明代的，其他地方找不到咯，村里还有口古井，历史也很长了。"（村民15）"古树其实比较少了，现在看到的这些大树其实是后来种的，以前的大树很多都在搞生产的那段时间砍掉了，你要说年头很长的古树，应该是很难找到。"（村民18）建国村拥有历史文化底蕴厚重的潘氏古建群，其周边的植物景观与古建交相辉映、相互衬托，结合周边梯田景观，构筑了丰富的层次，整体的景观效果以古建为中心达到文化层面的升华（图 3 - 34）。对村民的调查发现，村民对体现传统村落的历史文化底蕴的景观，主要认可的是如旧宅、宗祠、古井等硬质景观（图 3 - 35），而由于记忆中对古树名木的缺失，村民对现状相对独立的植物景观的代表地域的历史文化价值认可度相对偏低，对附属于具有历史价值的硬质景观周边的植物景观认可度较高，虽然这些植物景观本身可能并不具有较长的历史或地域文化背景。"现在这块儿九龙埂广场肯定最受欢迎，以前没搞旅游的时候这里就是田，没啥特别的用处。后来改成了广场，春天会种油菜花，挺好看的。"（村民11）"很多外地来的游客最常待的地方就是这里的九龙埂广场，地方大，他们觉得风景也好，公交车也刚好送到这儿，所以来的人多，我们很多卖些菜啊也就在这儿摆摊。"（村民2）从植物绿地可达性与可停留度来看，得分较高的建国村和王家村因为存在有便民的广场绿地如九龙埂广场、九龙渠公园、梨花谷、樱花谷等等，每个活动空间大多与主干道相连，人车都能通行，位置处在人流交汇处周边或是人流量较大的要道两侧，场地内多层级步行系统也比较完善，人流顺通，人们可参与的活动范围较大，且为方便公共绿地内部停留及活动进行的硬质铺装质量良好，维护到位，其周边植物景观的营造疏密得当，植物与小品的组合划分出若干私密空间与开敞空间，使得场

地的可停留度得到提升。得分最低的李家村虽然也不乏许多镶嵌在村内的公共绿地，但居民反映部分小游园和健身场地植物景观无法提供良好的遮阴效果（图3-36），功能性差，舒适感较低，也有部分场地植物景观体量过大，栽植位置不合适，采光差，饱受居民诟病，甚至部分植物高度过高、长势过密，妨碍了居民住房的采光通风（图3-37），引起住户强烈不满。对比得分结果，一些缺乏周全考虑，未充分考虑用户需求的经过设计的植物景观更新改造甚至不及居民自发打造的植物景观空间，从功能性、开敞性、郁闭度等考量

表3-24 各村社会功能理想解欧式距离及相对接近度

B3	到正理想解的距离	到负理想解的距离	相对接近度
建国村	0.004 953	0.007 037	0.576 667
李家村	0.006 244	0.004 788	0.432 366
孙家村	0.005 858	0.005 174	0.465 987
王家村	0.003 909	0.007 559	0.655 726

图3-34 潘氏宗祠植物景观

图3-35 潘氏住宅植物景观

图片来源：作者自摄

图3-36 场地缺乏植物遮阴

图3-37 植物阻碍住房采光

图片来源：作者自摄

都欠妥,导致李家村的植物景观在社会功能层面得分最低。总体看来,调研村落的绿地可达性和可停留度较高的地点主要是村落为游客重点打造的景点附近,而在针对村民的日常植物景观上其可达性和可停留度还有待提高。

(4)经济效应层面分析

如表3-25所示,从经济效益看,王家村和建国村得分较高,因两村依托植物景观打造品牌引领特色旅游项目,为两村的收入带来利好,植物景观带动经济发展属性相比其他两村优势明显。如九龙埂广场上的模拟梯田景观随四季种植不同植物如油菜花、水稻等,吸引游客观光打卡,九龙渠游园打造粉黛乱子草花海(图3-38),入村路沿线打造樱花谷、梨花谷等植物专类园,辐射和拉动了人气,相应地提升了佘村景观的市场知名度,推动乡村向着更好更美方向发展,进而增加了当地居民收入。具体举例来说,梨花谷内梨树品种丰富,有水晶梨、黄花梨、丰水梨、黄金梨等,树下还种有野花,大花金鸡菊、百日草、波斯菊,这些植物既可涵养水土,有利生态,又有较高的观赏价值,春季吸引游客前来观赏,秋季当梨花谷的梨成熟之后又可开展采摘活动或对外销售,进行二次创收,经济效益显著。从植物自身的经济价值来看,目前村落内的果树及经济作物的产品并非村民的重要收入来源,个体户维护的苗圃也因需求变化失去市场。植物养护成本方面,除去庭院内居民自己栽培的植物,其余植物景观维护均由社区承担。

表3-25　各村经济效益理想解欧式距离及相对接近度

B4	到正理想解的距离	到负理想解的距离	相对接近度
建国村	0.004 209	0.003 674	0.467 477
李家村	0.005 35	0.002 935	0.354 766
孙家村	0.004 447	0.003 379	0.432 764
王家村	0.003 766	0.004 075	0.517 431

图3-38　花海吸引游客　　　　　图3-39　古树吸引游客

图片来源:作者自摄

"这些你们看见的植物都是公家在管理,用不着我们出钱,树是他们选的,修剪浇水施肥都是他们在管。"(村民 6)"好好改造肯定还是好的,以前我们这儿有很多采石场采砂场,后来政府不准搞了,就在原来的那些地方种树、种植物,漂亮了就是景点了,外地人来这儿玩,我们也能多点收入"。(村民 13)"村子南边有樱花谷、梨花谷,以前就是一大片乱糟糟的树林,没啥看的,后来都种上樱花、梨花,好看又能赚钱,蛮好。"(村民 17)当地村民普遍对植物景观提升带来的经济效益表示认可,植物景观的经济效益正向促进着村民对村落的场所依恋与认同,以新的方式延续着场所记忆。但目前植物景观经济效益主要由村落重点打造的大型景点带动,依附大型景点的村落得到的经济利益明显(图 3 - 39);而村落内相对分散的资源如闲置苗圃和宅间宅旁绿地未能发挥作用(图 3 - 40、图 3 - 41)。未来的改造设计不应该仅仅停留在对大型景点的打造,也要深入村落的内部,挖掘其现存植物景观资源,带动经济的发展;同时,也提高人居环境的整体质量。

图 3 - 40　宅旁生产景观　　　　　　　图 3 - 41　生产景观参差

图片来源:作者自摄

2)不同性别和年龄的居民对植物景观偏好分析

通过对村民反馈的人口统计学信息与植物景观满意程度的分析,发现年龄是属于单一社会阶层(如村民)的植物景观感知研究的重要变量。年轻人对现状与改造前的植物景观偏好无明显差异,偏好过去村落植物景观的人数与偏好现状植物景观的人数相对平均;而相对年长的村民对现在的具有一定功利性的植物景观表现出更多的认同。不同年龄组的受访者代表不同的一代人,他们经历了不同的景观变化阶段,因此,可能对景观变化有不同的看法。对环境的感知因年龄而异,这可能是智慧、经验、在景观管理中的作用和对该场所的归属感不同的结果[207]。这些因素受到每一代人以前的经验、知识、目标、价值观和需求的影响[208]。

与预期相反,在这项研究中没有发现显著的性别差异,因此这一变量在受访村民的偏好感知和景观动态中不起重要作用。这一结果得到了其他研究的支持,这些研究涉及农村景观的视觉感知[209]、个人与自然的联系以及村民对适应气候变化的感知[210]。这些结果表明,需要进行教育和开展环境管理的活动,同时应考虑到景观的生态功能和社会功能,让村民更好地适应景观变化的过程,为环境保护和可持续性以及人类福祉做出贡献。

3.4 基于场所记忆的南京传统村落植物景观营造建议

3.4.1 传统村落植物景观偏好形成原因分析

通过前文对调研中的谈话内容与景观评价结果的综合分析,了解到场所记忆与传统村落植物景观的联系——场所记忆促进当地村民对场所、对地方的情感依恋,促进对环境及其植物景观的认同,潜移默化地影响着居民对其周边生活环境的感知与其对景观的偏好,也因此成了景观可持续发展的驱动力。在本次研究中,我们总结出了场所记忆影响植物景观偏好的原因。

总体来说,我们发现将记忆中植物景观与发展旅游改造过后的植物景观相比,传统村落的居民对村落内现状植物景观的接受程度较高,并未因为怀旧和深刻的场所记忆而产生对过去环境优于现状的想法。他们表达的内容强调了传统村落植物景观的重要性,例如村民认同成片的花海带来的视觉享受,也认可植物景观带来的村落环境的提升,也认为对于潘氏古建群及其周边植物景观的修复和设计改造是对记忆的补救,即使它可能并不算还原。他们还提到,他们渴望参与未来的研究,以表达他们的记忆、感受、需求和愿景。这种对现状植物景观的认同可能来自村民由场所记忆引发的对地方的依恋:相关研究表明村民通过表达对村落环境的见解,间接反映村民对于传统村落景观建设的责任感和对土生土长的传统村落的强烈依恋、认同和参与感[211];并且个人往往倾向于与环境质量好的地方有更强的情感联系,比如自然元素和好的景观设计[212];同时,村落居民对乡村景观的依恋和他们对规划设计政策的支持程度之间有很强的正相关性,这种关系有利于促进乡村的维护与发展[213]。

依据 Stedman 的相关研究结果,在长期居住的村民群体中,社会关系往往影响场所记忆,进而影响对景观的偏好。例如佘村植物景观在许多村民看来是源自政府的福利,因此对当前的经过改造的植物景观产生积极的感受与评价;而部分村民因为历史遗留问题如收购地皮的价格不满意以及对政府扶持的居住环境改造资金不足,而引发对改造后的植物景观的评价比较负面。因此社会关系在本研究中是对场所记忆影响比较深刻的因素,村民对植物景观的变化持开放态度,部分原因是其所处的社会关系并未产生负面变化导致。

居民对现代化的认同也带来了村民对改造后植物景观的认同。现代化的规划带来了村落植物景观的改变,伴随着景观的变化,现代的产业形式也进入村民生活,村民的收入结构也因此发生改变。现代性元素被村民视为是进步和发展的体现[214],现代性的植物景观元素带来的变迁拓展着村民对村落形象边界的概念[215]，村民将新兴的植物景观内化从而产生对它的认可。

游客的反馈也会是促进村民对植物景观认同的要素之一。当地村民通过反向凝视[216]各地前来参观的游客，获得一种栖居于此的自豪感，由于地方原有记忆衍生的地方依恋在这种行为作用下产生了作为景观乡村的新的身份认同，并对余村社区产生了强烈的地方认同[217]。在这种情况下，村民将传统村落植物景观理解为生活环境而不是风景，因此对植物景观的评价也在一定程度上依靠日常生活经验的判断[218]。

3.4.2 传统村落植物景观营造原则

结合园林美学、景观生态学、乡村旅游、人居环境等相关理论针对现状问题本研究提出村落植物景观的营造需要遵循的一些原则。

1）乡土性原则

乡土植物包括经过自然演替的天然植被以及经过人工长期培养的植物两部分，它生命力强、养护成本低，与村民的日常生活息息相关。它与人工栽培的经济作物是塑造传统村落植物景观的关键要素，能促进当地植物群落的稳定性，又能延续传统村落风貌，展现乡土特色与地方活力。

2）观赏性原则

植物的观赏特性是重要的村落景观评价因素。美观的植物景观能够给人带来视觉享受，层次丰富的植物景观与天空、地形、水体、建筑等交错融合，共同组成传统村落的空间画卷，高大的乔木支撑整体框架，框架中穿插搭配尺度宜人且形态丰富的小型植物，在最下层填充质感细腻和色彩丰富的草本植物，为人们提供着丰富的视觉体验。

3）文化性原则

植物在长期的景观应用中常被寄予特定的思想意识，并随着时间和历史的演进逐渐成为地域文化的有机载体之一。中国地域辽阔，不同地域的文化内涵多种多样，总结起来乡村植物常在宗教、风水、民俗文化和婚嫁文化等方面起着重要的作用。如许多村落中的古树名木往往被村民赋予特殊的文化意义。因此，因地制宜营造体现地域文化、符合民俗习惯的植物景观非常重要。

4）经济性原则

由于乡村植物景观的养护程度远低于城市植物景观，从低养护成本方面考虑，宜选择对环境具有高适应性的乡土植物；结合经济效益综合考虑，现状村落内栽植经济作物的面积有限，应结合居民自家房前屋后等空间，产景结合，选用果树中具有一定观赏价值的种类，经济效益与视觉美观并重，同时能突出乡村特有的林果风光。

3.4.3 南京传统村落植物景观营造

结合收集到的村民回答与本研究设计的植物景观评价，对基于场所记忆的传统村落

植物景观偏好形成的原因进行总结分析,在传统村落植物景观营造原则的指导下,主要提出以下优化策略:

1) 优化植物种类和结构

目前的佘村社区还处于人居环境改造提升的中期阶段,因此植物景观的提升改造还有很大空间。通过前文基于场所记忆对传统村落植物景观进行评价,我们了解到在生态功能、景观功能、社会功能和经济效益中,生态功能所占权重最高,在整个传统村落植物景观中占有重要地位。目前佘村社区中的四个村落在植物群落结构、物种丰富度和植物乡土性上还有较大的提升空间。(1) 逐步将不适宜本地环境气候、生长状态不佳或可能引发环境次生灾害的植物类型进行替换,如九龙渠内引进种植的棕榈科植物并不适宜在当地成活。根据调研结果可以在以乡土植物为主的植物中进行筛选,并且适当补充一些性状较优适应性强的植物种类。(2) 尽量降低在重要公共空间节点、道路植物景观应用城市园林常见植物的频率,丰富植物群落物种种类并提升植物景观差异度。(3) 针对目前村落观赏期单一,冬季观赏性较低的问题,可适当在重要节点增加观干类型植物或常绿植物,注重层次的丰富度和季相变化的丰富性。从植物群落物种丰富度、植物乡土性、植物季相丰富度三方面综合考量,做出如下植物种类推荐(表 3-26)。

表 3-26 推荐应用的植物名录

植物类型	名称
乔木	榉树、香樟、乌桕、枫香、水杉、无患子、枫杨、垂柳、刺槐、玉兰、合欢、银杏
灌木	蜡梅、山茶、茶梅、木芙蓉、丝兰、紫薇、木槿、八仙花、栀子、棣棠、海棠、杜鹃、结香、紫荆、桂花、碧桃、鸡爪槭、石榴
草本	酢浆草、角堇、矮牵牛、波斯菊、马鞭草、金鸡菊、野菊、百日草、菖蒲、美人蕉、蜀葵、芦苇、蒲苇、芒、花叶芦竹、大吴风草
藤本	紫藤、络石、凌霄、爬山虎、云南黄素馨

2) 回溯乡愁,提升庭院植物景观

在过去的传统村落中,许多庭院周围会种植柿、桃等果树,这些树与场所记忆联系在一起,能够引发乡愁。Relph 认为,当我们在一个场所经历了一些有意义的事,与场所相对应的身份就会产生,最初的"冰冷的物质空间"将被转化为一个承载情感和意义的场所[219]。同样,Stedman 指出,个人经验是将"空间转化为场所"的要素。目前的研究支持这样的观点,即人们可能会对一个熟悉风景的地方产生与想家相关的情绪反应[182,220]。这些场景可以唤起人们对美好生活的回忆和渴望[220-221]。

结合目前村落内植物景观种植空间有限的现状,建议因地制宜,突出"田园""生活"的观赏意向,充分利用乡村庭院空间打造植物景观,因为庭院是村民每天接触最多的植物景观类型,是乡村人居环境的重要组成部分,是对村民植物景观偏好影响最直接的景观载体。(1) 结合上述的熟悉场景唤起人们对美好生活记忆的理论,营造可以传承场所记忆的植物景观,进一步提高村民的身份认同,有利于推动村落植物景观的可持续发展。如在居民的庭院中可种植象征"玉堂春富贵"的玉兰、海棠、迎春、牡丹,也可种植一对桂花树寓意"双桂留芳"或"双桂当庭",也可在庭院种植桃树、石榴树,寓意多子多福,同时具有实用性。

(2)可将部分庭院做开放式设计,去除围墙的物理阻隔,或将垂直绿化与围墙结合,将庭院的植物景观资源融入村落风貌中,因地制宜营造出具有传统村落特色的景观效果。笔者在调研常见的庭院植物景观基础上进行优化,得出如表3-27所示的植物配植模式以供参考。

表3-27　庭院植物配植模式参考

序号	配植模式	序号	配植模式
1	玉兰—紫薇+栀子—金钟花+野菊	5	银杏—海棠+海桐—野豌豆
2	桂花+海棠—山茶+栀子——一年蓬	6	蜡梅+海棠—杜鹃—蜀葵—酢浆草
3	枇杷+玉兰—月季+南天竹—紫茉莉	7	鸡爪槭+桂花—山茶+云南黄素馨—二月兰
4	桃+石榴—栀子+牡丹—杜鹃—沿阶草	8	朴树—紫薇+木槿—杜鹃+牵牛花

3) 依托村庄资源与产业发展,打造特色植物景观

目前村落内体现地域文化特色的植物景观主要是依托于明清古建、古井等具有历史价值的硬质景观的附属植物景观。村落内零散分布的破碎的生产性用地其实具有浓厚的村落地域特色,由于土地政策的变迁以及村落经济发展形式的变化,曾经在佘村社区常见的生产性景观如农田、果树林等显得越发难得一见,或是在景观提升改造设计过程中被刻意隐藏起来。生产性景观是乡村景观区别于城市景观的最鲜明的特征,要对果树景观、农作物景观投入更多的研究与关注,加强植物景观与人的互动性(图3-42)。在未来传统村落植物景观的营造上,大部分都是与政府牵头的某些项目开发同步进行,如果能够利用好这些开发项目,在传统村落的植物景观应用方面,完全可以打造出自身的特色。

图3-42　利用村庄资源打造植物景观思路列举

图片来源:作者自制

(1)建议将植物景观营造与当地文旅开发项目相结合,在遵循原有植物景观特色的基础上,推动特色多元产业的发展。例如现存的九龙埂广场,利用原场地的地形地貌,解决其农业灌溉系统被破坏的问题,并恢复其作为佘村社区历史活动中心的作用,恢复农

业生产活动,根据现代化需求赋予其新的社区活动功能,结合文化活动和旅游发展。(2)充分利用房前屋后绿地,以及现存的部分生产用地,在这些地块种植蔬菜等经济作物与具有观赏性的果树相搭配,形成花果飘香的氛围,将生产与植物景观结合,打造自然、田园、乡土的景观氛围。(3)部分保留下来的种植果树的苗圃可趁着佘村社区开发乡村旅游的机会,与农家乐等农村经济业态结合,开辟成水果采摘的农业体验区,以新的方式为村民带来持续的经济价值,从而提升居民身份认同,利于植物景观的可持续发展。

4)改善植物景观营造舒适性

目前村落内分布着许多公共空间如小广场、小街旁空地等都一定程度地存在植物景观的点缀,但有的空间由于植物郁闭度太高或缺乏遮阴条件,可停留度较低,卫生不易于管理而利用率很低;部分宅旁绿地的植物种类选择不当,因生长过高遮挡住房视野,或栽植距离房屋过近而影响房屋结构。(1)建议在对传统村落植物景观进行营造的过程中,可重点关注重要节点如部分广场、健身场地、街旁绿地、街道分叉口等居民使用频率较高的公共空间,通过合理配植常绿和落叶植物、丰富季相色彩变化等方式营造舒适轻松的景观氛围。(2)对于宅旁绿地的植物景观,由于许多村落房屋间距小,房屋周边空间有限,因此不一定要种植乔木,可种植低矮的灌木草本,使植物不至于影响房屋基础,也不至于遮挡房屋采光及通风。(3)村落内道路除去主干道,许多支路宽度有限,因此在未来景观提升过程中不一定要成列种植行道树,可在道路绿化空间充足的节点将乔木、灌木、藤本、草本等组团式栽植,这样既符合村落现状,也更能保证景观质量,形成不同于城市植物景观的搭配。

5)适量增加养护成本较低的植物景观

据调研发现,目前部分植物景观经过改造后,景观效果比较突出,但维护方式较精细,管理成本较高。因此建议增加养护成本较低的植物景观。(1)结合村民对植物景观生态功能的认同,可在植物景观设计之前,对场地原有植物资源进行仔细勘测,尽量从原有植物资源中选择种类进行景观营造,选择抗逆性强、适应性强、易维护的植物种类,这样既节省初期的购买与运输成本,也能节省未来的养护管理成本,同时因为乡土植物对环境有适应性,可随着未来村落规模和布局的变化而灵活布置,不用担心导致当地生境受到负面影响。(2)尽量保留原有乔木,并在补充绿化密度时选择整形及修剪需求低的植物。整体目标为营造具有完整群落结构、状态稳定、后期管理需求低的植物景观,这样的营造模式也可以传递给村民,让有植物景观营造需求的村民更易于接触到植物景观维护的技能,让村民自发成为传统村落植物景观的营造参与者。(3)同时,积极探索本地的原生植物资源也有利于改良目前的村落周边的风水林和防护林的林分结构,在较低的引种成本以及较低的生态环境次生灾害的风险下,提升现存风水林与防护林的植物物种丰富度,从而打造牢固的生态防护功能墙,为村落未来的可持续发展保驾护航。

4 ▶ 乡村植物种植空间量化描述方法研究

乡村聚落作为我国最为主要的聚居地类型之一，其由乡村植物与乡村空间元素共同组合所形成的多种空间结构蕴含着极其重要的研究价值，更是多项乡村聚落研究能得以开展的基石。同时，乡村植物所具有的种植空间特征又能够在很大程度上体现出乡村整体的风貌特征[29]。目前，对于乡村植物景观以及空间格局的研究相对城市而言数量尚较少，研究手段也较为单一[222]。本章研究为乡村植物种植空间引入了新的客观量化描述方法，并结合实例加以实验与应用，希望能够达到以下目的：

（1）拓展对于乡村植物研究的深度与广度，探究乡村植物种植空间与乡村内部空间元素之间存在的内在逻辑联系。

（2）为乡村植物种植空间研究提供新的量化描述方法，引入新的易于实践的技术手段，填补部分现有研究在技术手段上遭遇的空缺，为相关研究人员与学者开展进一步深入研究提供底层技术支持，并演示具体实验操作方式。

（3）从苏南地区选取具有代表性的传统村落作为示范与实践检验的对象，提取、整理、揭示所选区域的植物空间特征与村落空间特征，描述它们之间存在的空间逻辑联系，并在得到实验数据的基础上进行可视化图形演示与文字评价描述。

4.1 乡村植物种植空间要素及植物典型空间指标

乡村植物种植空间量化描述由两组变量共同构成，其中一组变量为乡村环境因子，即不同乡村景观空间中的乡村植物种植空间要素；另外一组变量为植物空间形态因子，即乡村植物典型空间指标。

4.1.1 乡村植物种植空间要素

1) 乡村植物种植空间划分及其界定

（1）乡村植物种植空间划分

乡村的景观是由人类不同类型的社会文化活动、劳作生产活动以及日常居住生活与自然景观之间发生长期的相互作用，碰撞、交织、融合而自然形成的和谐有序健康的复合空间形态。传统村落与乡村之中各处的空间形态格局由于产生条件具有较大差异，功能与特征分布都不均匀。因此，通过分析总结乡村之中各区域的空间特征，就可以对构成乡村整体景观空间风貌的空间要素加以区别、划分和归类。

根据现有文献资料，已有学者对乡村空间分类进行了研究。孙贝贝根据乡村绿地景观的差异，将乡村空间划分为宅间绿地空间、道路林带空间、滨水绿地空间、广场游园空间以及村口空间[222]；方荣根据植物景观类型，将对应的乡村景观划分为围村空间、村口空间、道路空间、公共游憩空间、水岸空间以及庭院空间[24]；裴进文根据乡村空间的肌理关系，将乡村空间分为街巷空间、庭院空间、村口空间、广场公共活动空间、庙宇、涝池、河渠等[33]。

本章研究结合我国乡村植物的种植空间分布特点，依据苏南地区乡村中常见的具有代表性的景观空间所体现出的不同特征，将以苏南地区传统村落为典型地域代表的乡村植物种植空间由外向内划分为村口种植空间、路侧种植空间、庭院种植空间、宅旁种植空间、集散活动场地与小广场种植空间、线性滨水种植空间、外围开敞种植空间以及山地种植空间八大类型，并依据各类空间中植物的种植情况，提出了每种空间中对应的乡村植物种植空间要素。

（2）乡村植物种植空间界定

通常，植物空间大致由乔木、灌木以及草本花卉构建而成。本研究考虑到乡村植物中小灌木及草本植物的更替、演变速度较快，更迭周期较短，具有不可忽视的天然性、随机性以及变异性，对乡村空间格局以及空间要素耦合关系的影响相对较小，故而主要选取以大、中、小型乔木为主要构成要素的乡村空间作为主体研究对象。

2) 村口种植空间

村口，即沟通乡村内部空间与外部环境的开口与廊道，是展现乡村整体风貌格局的门面，也是向外进行交通联系的重要交流节点。在长期发展的过程中，各个乡村的村口景观虽然不尽相同，但是又具有一些约定俗成的共性。首先，村口作为一个乡村的代表性门户场所，它承载了多数人对于乡村的认同与归属感，具有很强烈的象征意义，因此景观的塑造往往更具有形式感，能体现出当地的地方文化和地域特色。其次，村口不仅仅是与外界衔接的纽扣，也是对内的交流沟通场所，因此同时具有入口与集散场地的属性[223]。再次，村口具有地标的形式功能，因此大多具有十分明显的地理标志物，或为亭廊建筑,或为参天大树,或为石碑牌坊等,它们往往承载了乡村居民对于归属地浓浓的精神寄托。

综上,本研究对村口种植空间(图4-1)的乡村植物提出以下空间指标:

(1)标志物距离(EMD),指的是所测植株与村口标志景观之间的直线距离。EMD值可显示出村口标志物对村口空间乡村植物的聚合情况。

(2)边界距离(BD),指的是所测植株与村口空间边界或边界的切线之间的垂直最小距离。BD值可标示出植物在村口空间中的位置分布情况。

(3)入口距离(ED),指的是所测植株与村口空间同村外空间交界线中点之间的直线距离。ED值可显示村口空间中的植物距离主要入口的远近程度。

(4)相邻建筑高度(ABH),指的是由所测植株向距离最近的建筑物基底作垂线,垂线与建筑交点处的上方建筑高度。ABH值可揭示村口空间中的植物与村口建筑物之间的空间关系。

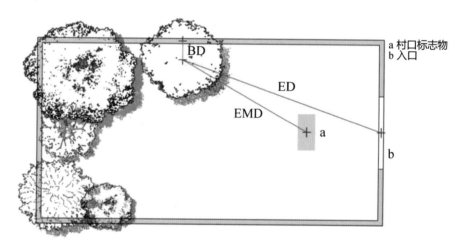

a 村口标志物
b 入口

图4-1 村口种植空间

图片来源:作者自绘

3)路侧种植空间

道路是沟通串联不同空间、满足通行的硬质路面,也是构成景观的重要空间元素。在乡村中,道路大致可划分出三种尺度:一是村庄外围足以满足多数车辆通行的道路;二是乡村内部构成行人交通轴线的道路;三是位于建筑夹缝中的街巷小道。依据乡村植物种植空间的角度来考量,第三种道路通常不具备种植中大型树木的空间,因此本章所研究讨论的主要是前两类乡村道路。

乡村道路在乡村空间中占据了重要的地位,它犹如乡村的毛细血管一般,串联沟通着乡村景观空间的每一处角落[224],是乡村景观风貌的重要粘合剂,也是勾勒出乡村景观格局以及风貌特征的骨架[224]。通过查阅现有文献资料可以发现,现阶段关于乡村道路以及乡村道路景观的研究层出不穷,然而大多数相关研究的研究中心依然是道路本身的景观评价,而忽略了植物空间,没有对植物与道路空间之间的空间结构关系做出进一步的梳理[225]。

综上,本研究对路侧种植空间(图4-2)的乡村植物提出以下空间指标:

(1) 路宽(RW),指的是由所测植株基底部位向道路作一条垂线,测量垂线与道路交点处的道路实际宽度。RW值可体现被测植株与道路宽度之间的空间关系。

(2) 边界距离(BD),指的是所测植物到道路路面边界之间的直线距离。BD值可显示路侧植物与道路边界的离散程度。

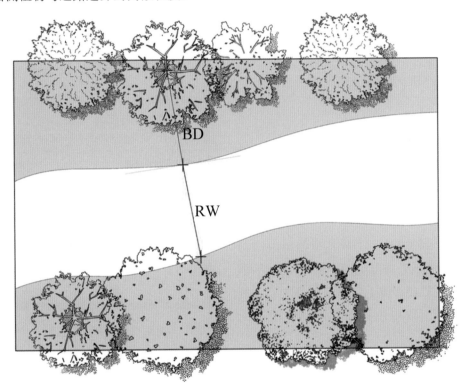

图4-2　路侧种植空间

图片来源:作者自绘

4) 庭院种植空间

庭院是由庭、院、墙、植物共同组成的景观,是乡村空间的重要组成部分,也是乡村中与村民日常生活联系最为紧密的人居环境场所。庭院空间在乡村中往往体现出很强的弹性特征,大多随着住宅空间的变化而不尽相同[226]。在乡村中,庭院空间主要指的是前后左右四周都被建筑空间或围墙围合而成的私人空间场所[227],其朝向、大小、规模形式、长宽比例均有讲究,同时也会受到建筑格局的制约。

庭院植物的种植格局大多具有很强的主观意愿性,其空间规模与空间形式往往能够从侧面印证乡村整体风貌特征与乡村地域特色,能够反映出不同文化不同地域之间的差异,因而是研究乡村整体空间格局的重要元素。

同时,经过实地调查研究发现,江南地区特别是苏南地区的庭院种植空间组分常常会受到个体生产活动的干预,庭院中多见种植枇杷、石榴等经济果树,且种植种类的成分会依据庭院所有者的个人喜好以及地方生产特色的不同而产生较明显的居于区域共性之中的差异性。因此,在诸多乡村植物种植空间类型中,庭院种植空间的空间特征具有更显著的特异性以及地域专一性。

综上,本研究对庭院种植空间(图 4-3)的乡村植物提出以下空间指标:

(1)边界距离(BD),指的是所测植株到庭院空间边界之间的直线距离。BD 值可判断庭院空间中的植物与庭院边界之间的位置关系。

(2)相邻建筑高度(ABH),指的是由所测植株向距离最近的建筑物基底作垂线,垂线与建筑交点处的上方建筑高度。ABH 值可揭示乡村庭院植物与建筑体量之间的空间关系。

(3)相邻墙高(AHW),指的是由所测植株向距离最近的庭院墙体基底作垂线,垂线与墙体交点处的上方墙高。AHW 值可显示庭院植物与边界围合墙体间的空间关系。

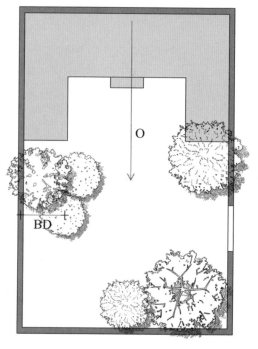

图 4-3 庭院种植空间

图片来源:作者自绘

(4)朝向(O),指的是所测植物所处庭院的朝向,以正北方为 0°起算,按顺时针方向递增,正东为 90°,正南为 180°,正西为 270°。O 值可用于辅助判断庭院朝向与庭院植物之间的空间关系。

(5)庭院面积(CA),指的是所测植物所处庭院的面积。CA 值主要用于分析庭院空间规模与庭院植物形态间的关系。

5)宅旁种植空间

本研究中指出的宅旁种植空间,主要指的是位于住宅建筑旁侧,或称作房前屋后空间的植物种植地带。由于宅房种植空间紧邻着村民的住宅,因此与乡村居民的日常生活息息相关[228],植物种植主要是为了满足村民的日常游憩、遮阴纳凉以及生产活动。因此,宅旁种植空间的植物空间特征可以反映乡村居民的审美情趣以及生活习惯和生产特征,是乡村人居空间中最重要的环境组分之一。此外,宅旁种植空间中的植物空间特征还在很大程度上取决于住宅的形式以及空间体量,因此宅旁植物还可以体现出乡村住宅的空间特征,同时这两者间的组合关系也具有很高的研究价值。由于宅旁种植空间往往居于庭院私密空间与外界公共空间之间,因此有串联沟通私人空间与公共空间的职能,具有过渡空间的属性,其空间格局会直接对乡村景观风貌的内外衔接产生一定程度上的空间干预。

综上,本研究对宅旁种植空间(图4-4)的乡村植物提出以下空间指标:

(1)相邻建筑距离(ABD),指的是所测植株到最近建筑基底之间的直线距离。ABD值可显示出宅旁空间中的植物分布情况以及与建筑的远近关系。

(2)相邻建筑高度(ABH),指的是由所测植株向距离最近的建筑物基底作垂线,垂线与建筑交点处的上方建筑高度。ABH值可体现宅旁空间中的植物与住宅高度间的空间关系。

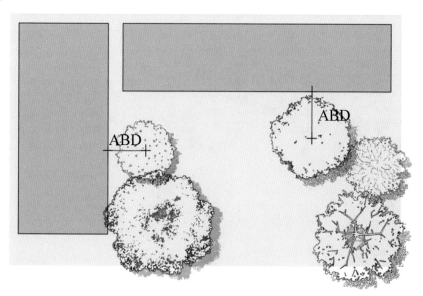

图4-4 宅旁种植空间

图片来源:作者自绘

6)集散活动场地与小广场种植空间

集散场地与小广场是乡村公共空间中的重要活动场所,在国内乡村空间中大多位于村口附近或道路的交叉口以及住宅建筑围合而成的空地[223],其空间格局往往与村民的活动形式以及活动种类、活动特征密切相关。通过查阅现有的研究文献,可以总结出乡村中的集散空间以及广场空间具有以下几种较为明显的特征:一是常常利用高大的树木或标志性建筑、构筑物来强化空间的场所属性以及景观标识性、可识别性;二是乡村广场在同类型公共空间中往往具有更强的文化气息以及乡村艺术氛围,对应种植的树木也更加具有特色,其中不乏用于点景的古树名木,它们之间的关系在一定程度上是相伴相生的;三是广场空间中的植物具有相对更高的观赏价值,其空间格局往往经过细致的编排与打造;四是乡村集散场地与广场的空间常由植物加以划分,同一场地内可以由数棵空间体量不同的树木围合或分割成不同的小空间,有的小空间更偏私密,有的则相对开敞。由此可知,植物种植空间对于集散场地及小广场的空间格局塑造具有举足轻重的作用。

综上,本研究对集散活动场地与小广场种植空间(图4-5)的乡村植物提出以下空间指标:

(1) 边界比值(BDR),以所测植株为中心,分别测量其与相对两侧空间边界的距离,并求较大值与较小值之比,记为 A;再测该植株距另外两侧边界的距离,求较大值与较小值之比,记为 B。对 A 与 B 取平均值,即得到 BDR。BDR 值可用于揭示广场空间中的植物分布情况,通常 BDR 值越大则被测植株的空间位置表现为更接近于空间边界。

(2) 面积(A),指的是所测植株所处活动场地或广场的面积,主要用于分析活动场地和广场的空间规模与庭院植物形态间的关系。

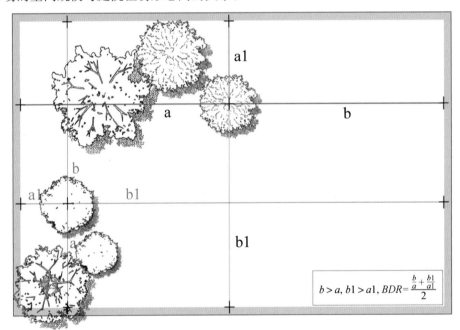

$$b > a, b1 > a1, BDR = \frac{\frac{b}{a} + \frac{b1}{a1}}{2}$$

图 4-5 小广场种植空间

图片来源:作者自绘

7) 线性滨水种植空间

水作为中国古典园林四大主要空间构成要素之一,对人具有天然的吸引力[229],在乡村景观空间中也占据着重要地位。乡村中的水景元素大体上可归纳为两种划分方式:一是从构造类型上可分为自然水体与人工水体,二是从空间形态上可分为大面积宽阔水域以及狭长型线性水体[230]。在多数乡村空间中,狭长型的线性水域地带要更加普遍,这其中既有自然式的小型河道,也有人工开掘引水的水渠。无论是何种类型的乡村水体,其滨水地带大多都有植物空间的存在。滨水植物除了在维持水岸生物多样性、减缓雨洪期径流流速、巩固水土等方面所具有的生态功能以及工程功能外[231]，在乡村水岸空间塑造上亦可体现出重要价值。滨水种植空间的形态结构不仅与乡村居民的亲水性游憩活动有一定关联，同时对乡村景观风貌的总体特征也具有宏观与微观上的影响。

综上，本研究对线性滨水种植空间（图 4 - 6）的乡村植物提出以下空间指标：

（1）近岸距离（WD），指的是所测植株与相邻水岸间的直线距离。WD 值可显示出滨水种植空间中的植物距离水体的远近以及在岸边的离散程度。

（2）水体宽度（WW），指的是由所测植株向其相邻水体的岸线或岸线的切线做一条垂线，该垂线与水岸的交点到对侧岸线的直线距离。WW 值可用于分析滨水植物与水体的空间体量之间的关系。

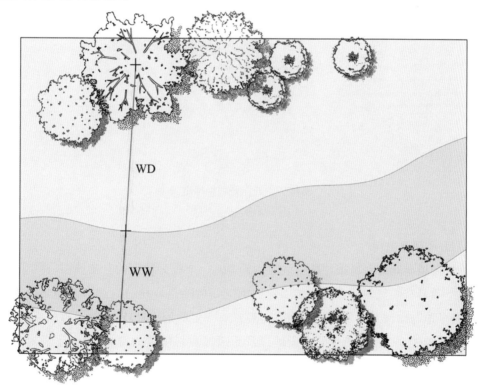

图 4 - 6　线性滨水种植空间
图片来源：作者自绘

8）外围开敞种植空间

外围开敞种植空间属于村旁林带的一部分，多位于村庄边界，是村庄与未开发的自然环境地带（水体、林地、山地以及丘陵地等）、村庄外围交通干道相衔接的绿色地块，也包括了部分外围闲置地、建设预留绿地以及人工营造的开敞空间，属于半开放型的人工环境与自然环境相交织的过渡地带[14]。外围开敞空间在景观中属于虚实结合的半开放空间,通常一面为较密闭的林带或建筑,具有一定的边界围合感,另一面则为无遮挡的开敞空间,从视觉心理上给观察者带来一种视线不受阻碍的一览无遗之感[232]。

综上,本研究对外围开敞种植空间(图4-7)的乡村植物提出以下空间指标:

边界距离(BD),指的是所测植株到开阔地边界之间的直线距离。BD值可说明开敞空间中的植物与空间边界间的关系。

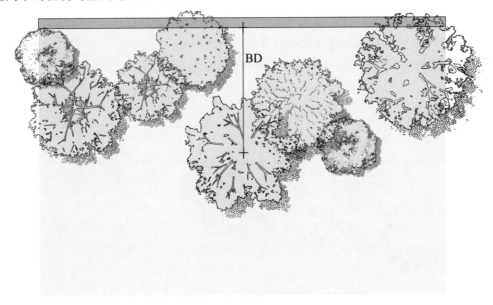

图4-7 外围开敞种植空间

图片来源:作者自绘

9)山地种植空间

山地种植空间是乡村植物种植空间体系中的一个较为特殊的分支类型,其空间格局较上述空间具有明显的独立特征。山地种植空间指的是乡村与自然山体相交接的山麓地带,是平地与山坡之间的过渡空间[233],通常有一定的地形坡度,总体上以缓坡、中坡为主,陡坡地较少。山地种植空间在山地以及丘陵地乡村中较为常见,且由于乡村大多择地势平坦之处而建,故山地空间较多位于乡村边界地域,大多受乡村生活性干涉较少,多与村落公共空间相分离,自然氛围较为浓重。山地种植空间中种植的植物不仅仅可以起到健全乡村植物景观格局的作用,更是保持水土、维持坡地结构稳定性的重要防护性林带成分。山地种植空间的地面坡度大多遵循自然特征,高处陡低处缓,不同坡度对于植物空间的格局特征有较显著的影响。做好山坡地植物种植空间的量化描述有利于坡地工程稳定性的评估,在景观评价上同样也属于完善乡村整体景观风貌的重要环节。

综上,本研究对山地种植空间的乡村植物提出以下空间指标:

坡度(i),指的是所测植株基底处的地面坡度。i值可体现地形与山地植物空间形态间的关系。

4.1.2 乡村植物典型空间指标

第二组变量为植物的空间指标因子,通过测量单株植物与植物群体而获得。在乡村景观风貌构成中,植物景观空间占据了不可忽视的地位。首先,由于乡村通常与城市空间有一定的分隔,因而其风貌环境受到城市建设以及城市开发的影响较小,景观更偏向于自然生态格局,因此植物占比较高;其次,乡村空间与生产活动密不可分,乡村居民习惯于在房前屋后栽植一定数量的植物用于生产以及日常游憩、遮阴纳凉,更是进一步增加了乡村中的绿色空间数量;再次,各个地区的乡村都具有其自身独特的文化艺术内涵,其中相当一部分传统乡村文化就表现在植物景观的空间格局上。因此,研究乡村植物的空间特征以及科学的植物空间量化描述方法至关重要。

根据现有研究文献,已有学者对景观空间中的植物空间类型做了划分研究。杜佳月等人依据 Norman K. Booth 的空间划分方法,将植物空间依据空间形态划分为开敞型、半开敞型、覆盖型、垂直型以及封闭型植物空间,认为树木在空间中具有垂直面要素、顶平面要素以及地平面要素等等[19],总结出树木的高度、分枝高度、冠幅等数据均会对环境整体的空间形态产生较明显的影响。据此,本研究对乡村植物种植空间中的植物提取了以下几条指标:胸径、枝下高、树高、冠幅、株距比以及最大树高。

为了使所选择的植物个体具有易于提取分析的空间特征,能够具有一定的空间代表性与稳定性,因而在本研究的研究对象选取上,乡村植物样本主要选择树高超过 3 m、胸径超过 10 cm 的植物个体,以乔木以及具有乔木特征的大灌木为主,对中小型灌木、幼木、草本花卉植物不做测量统计,最大程度上还原乡村景观空间中的主要空间特征以及重要植物形态,从空间格局的角度探讨,排除树种差异,降低新栽种的、生长时间较短的新苗以及次生更新小苗对研究描述模型的干扰,提高本研究量化描述方法的稳定性以及可靠性。对于部分最低分枝高度小于 1.3 m 的小乔木,本研究采用植株分枝点下的数值代替传统胸径值以体现其生长特征。

1) 依据单株植物提取的空间特征

(1) 胸径(DBH)

即胸高直径,在林学上所指的是树木干部距离树根基部近似于普通成年人胸部高度部位的横切直径,一般情况下默认胸径取值高度为基部向上 1.3 m 处。传统林业测胸径的方式为使用胸径尺测量,本研究采用便携电子设备 dTOF LiDAR 精确扫描测量,具有精度高速度快可生成三维图像并导出数据表格的优势。在林学上,胸径是树木最重要的林分结构之一,也是用于描述树木生长状况以及演替结构的重要指标。若以景观环境中视觉影响因子的角度来考量,胸径高度接近人视野范围的中心,其特征会在第一时间被肉眼捕捉,结合环境空间指标可作为主要的空间描述因子之一。

（2）枝下高（UBH）

枝下高指的是树木（通常以乔木以及大灌木为主）从地面根基部起算，至第一（最低）分枝点的高度。枝下高可以反映植物的生长状况以及成型条件，不同枝下高的树木在园林中的运用方式均不相同，这是由于枝下高的区别往往会致使植株引发的审美活动具有差异。相应的，枝下高在构建园林种植空间形态特征方面也具有重要意义。首先，枝下高决定了林下空间的纵向高度，确定了林下的通过性。由于树木枝下干部的空间形态通常较为紧密内聚，而从分枝点为起始点，随着高度的增加，树形会趋向于发散，空间格局则由纵向延伸转为横向延展，由垂直覆盖转为平面覆盖。同时，由于树枝分叉向四周扩散，因此枝下高的数值就决定了林下可利用空间的大小。当枝下高较低时，人与车辆均无法通过，空间不可通行。其次，枝下高的数值决定了种植区域的视线通透度。当枝下高较高时，视线通透，空间给观察者以宽敞开阔之感，景观发散性强，有视觉张力，环境显得深远、开阔。相反，当枝下高较低时，种植空间会体现出较为明显的垂直面分割感，环境空间会显得较为闭塞，视线无法通过。因此，枝下高可以直接影响种植空间的实用性以及心理感受的塑造，是极为重要的种植空间描述指标。

（3）树高（H）

树高即株高，指的是植株由地面根茎基部至主梢顶部或生长顶端的高度，是树木在垂直方向上所能达到的最大高度。树高在植物种植空间的构成中具有重要作用。首先，其数值决定了植物空间在垂直方向上能达到的切割面积，体现了植物对于空间的分隔能力。其次，树高在一定程度上能够影响空间的整体基调。通常，在场所空间形式不变的前提下，较高的树木会使空间氛围显得更加活跃，体现出景观格局的生命力以及向上的动势，有点景、对比以及突出景观营造空间重心的作用。而较低的树高会使景观空间高度更加协调，具有竖向上的统一与一致性。同时，树高的数值还可以印证树木的生长状况，结合枝下高与胸径等基础数据还可以用于研究树木的生长模型。

（4）冠幅（CW）

冠幅指的是树木树冠在多个方向所测得直径的平均值，表示树冠的覆盖度与长势，是乡村植物种植空间中构成平面覆盖空间的主要空间因子。通常植物空间的通透度、可进入性由枝下高的数值决定，而遮阴面积与盖度等横向空间指标则取决于冠幅的数值。冠幅越大则植株可通过空间在竖向上的投影更趋向于底宽大于高的矩形，同时可提供的遮蔽阴影面积也更为宽广；而冠幅较低会使得植株在竖向上表现得更加挺拔，使空间形象得到突显与特化。

单体植物空间指标如图4-8所示。

图 4-8 单体植物空间指标

图片来源:作者自绘

2) 依据植物群体提取的空间特征

下述的植物种植空间特征指标是由多株植物的空间关系所共同构建的,主要用于阐释植物的群体分布特征以及在一定范围内的中观空间表象。

(1) 株距比(PSR)(图 4-9)

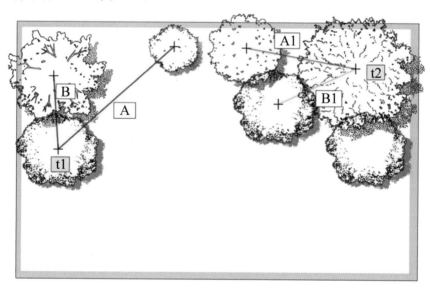

图 4-9 株距比值

图片来源:作者自绘

由被测植株与相邻植株的空间关系构成。测量被测植株至其最远相邻植株 a 的距离,记为 A,再测量距其最近相邻植株 b 的距离记为 B,A/B 的值即为 PSR 值。被测植株与 a 植株的连线上向两侧各拓宽 1/2 倍冠幅值范围内不应有第 3 株植物,否则 a 植株应另选。

PSR 值在乡村植物种植空间中可以很好地说明植物种植的离散与聚合程度。一般情况下,当 PSR 值越趋近于 1,则该植物种植空间在空间构成上就越接近于均质分布;当 PSR 值大于 2 时,该种植空间就越能够显现出植物组团的独立特征,且 PSR 值越大则该处植物的空间离散情况就越显著。

(2)最大树高(MH)

即该研究空间内植株高度的最大值,用于体现趋近于极端情况下植株的竖向空间特征与总体种植空间之间的关联性。

4.2 乡村植物种植空间量化描述模型的构建

4.2.1 量化描述方法与模型的构建思路

1)乡村植物种植空间量化描述方法

本文研究的乡村植物种植空间量化描述方法旨在探究一种对乡村植物的中观、微观空间形态以及分布格局做出基于量化数据画像的描述方法,力求排除主观因素对描述结果可能产生的干扰,使描述模型更加科学、可靠。

乡村植物种植空间量化描述主要包含下述环节:

(1)空间指标的分类提取。乡村植物种植空间可在乡村大环境中分别提取出两大类指标。第一类是依据乡村景观空间的元素类型进行区分,依次提取出村口种植空间、路侧种植空间、庭院种植空间、宅旁种植空间、集散活动场地及小广场种植空间、线性滨水种植空间、外围开阔地种植空间以及山地种植空间,并依据每一类空间元素的类型以及各自的内在空间特征进行空间指标的提取。第二类是乡村种植空间中植物自有的空间特征,包括胸径、枝下高、树高、冠幅以及株距比值等。这两类空间指标完全通过数据实测得到,不会受到研究者以及测量者的主观因素影响,是构成后续量化描述数学模型的重要因子。

(2)拟定研究范围,选取描述对象。进行乡村植物种植空间量化描述的前提是确定描述的主体及存在植物种植空间的乡村,具体可依据研究的需要择优而定。值得注意的是,选取的乡村中植物景观占据乡村整体景观风貌的构成比例越高,则描述的效果会相应的越好,因为样本的数据量会直接影响后期曲线回归的效果以及可靠性。

（3）实地勘察，选取样地。在查阅相关历史资料、现阶段文献资料以及当地地方志的基础上，对研究区域进行实地调研考察。应当依据所选乡村的地域特色以及自身的景观空间特征，选择乡村植物较多以及具有代表性的区域作为采样区域。根据研究需求，每一类景观元素类型对应的样地数量应当能够保证在后续的数据提取中获得足量的样本数，在前期调研过程中就应当考虑到研究中后期的数据需求量。同时，每一种类型的空间景观样地在所选地域中应当做到均衡选取、覆盖广泛，避免由于漏测、误测或重复测量导致的后续研究工作量的无意义增加。进行扫描时要同时做好场景图片拍摄以及地图定位，以方便后期的数据整理。

（4）使用恰当的设备进行空间数据捕获。进行空间信息数据采集的设备多种多样，本研究采用 LiDAR 设备代替传统的机械式测量手段。根据不同类型空间特征的自体形态结构差异选择对应的激光雷达设备进行空间的扫描与点云数据的获取。对于大样本量以及需要较精确计量数值的胸径、枝下高等数据，主要采用便携式电子设备所搭载的 dTOF 激光雷达完成精确扫描以及三维模型的构建工作；对于植株高度、建筑高度以及水体宽度等数值较大、测距较远以及对精度要求相对较低的空间指标，可以使用手持式三维激光扫描仪进行三维空间数据捕获，提高测绘的效率，降低各方面成本。需要注意的是，雨、雪、浓雾以及环境气溶胶等负面因素会影响部分激光雷达设备的正常工作，导致点云数据中出现较多噪点而增加后期数据处理难度，应加以规避。

（5）数据处理与筛选。选取合适的设备与软件，例如 GeoSLAM Hub，对激光雷达扫描得到的原始待处理文件进行解码编译并输出可供查看、编辑的三维空间点云数据（Point Cloud Data）。在点云分析平台上对点云数据进行处理，并提取出本研究所需要的乡村植物种植空间要素以及乡村植物典型指标，并将这些数据依次分类归纳，输入到 Excel 表格当中。导入的数据依据乡村植物种植空间要素以及乡村植物典型指标，分别构成研究实验所需的自变量 x 以及因变量 y。当一组类型的空间数据自变量与因变量均较多时，首先应考虑做数据的相关性初筛，利用 Prism 等软件平台分析各组变量与因变量之间的相关性，排除相关性过低或函数特征不显著、未达到检验标准的数据，以提高描述模型的理论价值。

（6）输出可视化结果。将通过上述环节得到的空间指标数据输入数据统计分析平台进行统计分析，得到能够描述两组数据变量之间关系的函数表达式并相应地输出可视化的图表。

（7）依据空间指标分类得出对应的模型集。理论上同一组乡村植物种植空间中的任意两组变量均可生成一个拟合模型，应当依据乡村空间要素与植物空间指标形成两两对应的关系，按照乡村植物种植空间的乡村景观空间类型进行分类，归纳构建出合理的模型集。

（8）分析解读量化模型。各组乡村植物种植空间模型集中的函数模型均能描述对应各自变量的空间类型。依据函数模型，可以对各组变量间存在的相互空间关系进行合理解读,归纳出所研究乡村的各类型植物种植空间的空间特征以及潜在的空间对位关系,最终完成量化描述。描述的结果以及实验得出的空间指标数据可以在后续研究以及同类型乡村空间研究中作为基础数据以及前置性资料支撑研究的进一步推进。

2) 量化描述模型构建

依据乡村植物种植空间要素以及乡村植物典型指标对实验测得的数据进行划分,可以得到多个数据组。对每组数据进行变量整合与对位分析,可以生成各自的拟合函数模型与可视化图表。最终可以构建出:村口种植空间量化描述模型集、路侧种植空间量化描述模型集、庭院种植空间量化描述模型集、宅旁种植空间量化描述模型集、集散活动场地及小广场种植空间量化描述模型集、线性滨水种植空间量化描述模型集、外围开阔地种植空间量化描述模型集以及山地种植空间量化描述模型集。

4.2.2 点云数据的采集与预处理

1) 预调研与实地勘察

在采集数据之前应当先对所选研究范围进行资料的收集与整理,初步了解研究地域的空间格局特征以及地方文化特点,把握大致的乡村景观风貌形态。由于不同乡村的风貌格局都不尽相同,因此乡村植物的分布形式也具有较大区别,所以在实地调研之前先进行预调研可以帮助把握实地测绘的侧重点。依据现有资料以及卫星遥感图片,按照乡村植物种植空间要素的分类特点大致描绘出预想的样地分布图,在实地调研时即可依据此图的定位快速寻找目标样地展开扫描工作(图4-10)。

图4-10 陆巷村扫描点分布

图片来源:作者自绘

在充分掌握了研究地域的空间特点以及植物空间分布之后,即可进行实地调研。

2) 分类选定样地

实地调研时，需要按照乡村植物种植空间要素分类的逻辑，依次对各个类型的乡村植物景观空间进行定点确认。在调研过程中，应当实时打开 GPS 定位，在地图中做好标记并拍摄详尽的现场照片，避免数据处理归类时出现不必要的混乱。本研究在实地调查过程中采用手机地图软件两步路(Outdoor)进行样地的定位标记以及调研轨迹记录(图 4-11)。

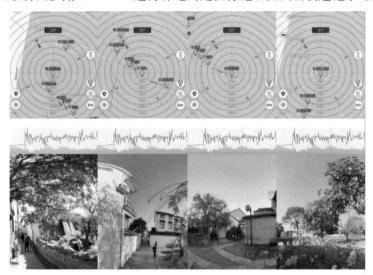

图 4-11　调研选点与实景照片

图片来源：作者自绘

3) 空间数据采集

在进行乡村植物种植空间扫描时，需要注意扫描的节奏以及路径的规划。对于狭长型线性空间与大面积块状空间的扫描路径选择应当具有差异，具体依据现场环境而定。激光雷达设备与乡村植物之间的运行关系应当是缓慢环绕，避免多次重复扫描。激光雷达扫描仪在工作的时候，激光激发装置会向待测物体表面持续发射激光束并记录反射光信息。在这个过程中，激光信号受到环境气溶胶或是雨、雾以及干扰信号的影响，会致使生成的点云数据环绕中心物体而存在一些难以避免的噪声或噪点。单次扫描产生的近表面噪点对扫描的结果精度影响很小，如果持续性反复扫描同一物体，则会导致噪点数大量增加，噪点信号呈卫星状环绕于目标物体周围，给数据的处理带来麻烦，增加了工作量。同时，在进行扫描工作时应尽量避开人流与车辆，以免产生更多的线性流动的噪声。

此外，使用手持式三维扫描仪进行场景测绘工作时，要注意地面的标点，扫描仪开始工作与电机停转结束扫描时应处于同一空间坐标以方便其内部计算单元完成点云信息的记录与整合。如果停测点与起测点距离较远，可能会致使点云数据发生空间偏差，如出现此类状况应当重新测量(图 4-12)。

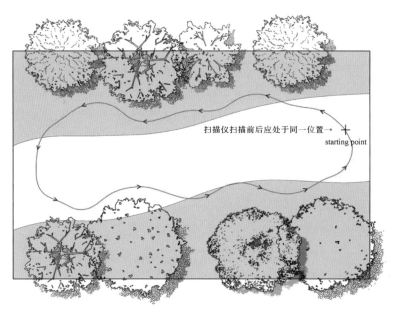

扫描仪扫描前后应处于同一位置→
starting point

图 4-12 扫描仪扫描路径

图片来源:作者自绘

4)点云数据预处理

使用便携式电子设备搭载的 dTOF 激光雷达扫描得到的数据可以直接从软件内导出使用,而通过手持式三维激光扫描仪得到的空间数据则需要经过适当处理方可测出相应的数据。CloudCompare 用户界面如图 4-13 所示。

图 4-13 CloudCompare 用户界面

图片来源:作者自绘

(1)数据导出与解码。手持式三维激光扫描仪内置数据存储单元,当伺服电机开始工作运转即开始空间数据的自动记录。在数据导出之前,新录入的数据都会存储于内置的储存模块中,如存储空间已满,则新的数据将接替最早的数据,依次循环以保证总有储存空间记录新的数据。因此,在连续扫描一段时间后,应当及时导出手持式扫描仪内部记录的数据,避免数据丢失。通过手持式三维扫描仪获取的数据直接导出后为 geoslam 格式文件,需要再将其批量输入 GeoSLAM Hub 软件中进行解码,最后输出的文件应为 ply、laz、pcd 等可以直接被通用点云软件所查看、编辑的格式。

(2) 点云数据优化,主要针对手持式扫描仪,包括点云数据的范围优化以及点云数据的降噪(图 4 - 14)。手持式三维激光扫描仪的有效测绘范围约为 30 m,但是通常记录进点云文件的值要远超 30 m。为了在测量的过程中不受冗余无关点云数据的干扰,应当首先手动查验数据空间范围,将无关的多余数据以及无效数据进行切割并剔除。此外,点云数据采集受到空间环境干扰以及测量设备自身的精度限制,往往具有一些较为分散的无关数据以及非实体数据散落环绕在测量目标的周围空间中,这些点就是噪声或噪点。少量的噪点对数据的提取影响甚微,但是可能会对测量的操作产生干扰,间接影响数据精度。已知有两种方式可以有效去除点云噪点,提高数据的精度,方便后期测量:一是手动剔除,对于空间中符合噪点特征的无效点可以通过手动数据分割的方式予以切割剔除,剔除效果会受到研究者熟练程度以及对空间数据把握能力的影响;二是通过软件识别剔除,使用 LIDAR360 等软件,可以智能识别噪声并予以去除[127,130]。在 CloudCompare 中,可以使用 Statistical Outlier Removal Filter 以及 Noise Filter 实现基于统计滤波以及低通滤波的降噪效果。SOR 滤波主要是用于剔除离群点,即对当前的点云数据进行分析统计,判断每一个点是否落在标准范围之内,如被判定为离群点或误差点,则将其删去。低通滤波则是在一定范围内预先设定一个阈值,通过算法捕获并剔除离散的点。为了使降噪达到最佳的效果,在进行滤波时往往要经过多轮参数的调试,才能够使模型既删去噪点,又不至于失真。同时,还可以设置 Remove Isolated Points,将空间中孤立存在的噪点删除,保留精确的密集数据。

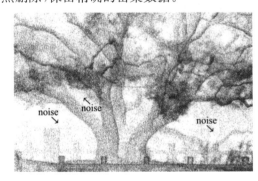

(a) 降噪前   (b) 降噪后

图 4 - 14　降噪

图片来源:作者自绘

4.2.3 关键性指标的获取

1）软件内实现数据采集

通过点云数据获取环境空间信息与植物空间指标的方式有两种：第一种方法是使用自动化软件分析测得，例如使用 LiDAR360 等软件[127]，可以实现通过软件内预先设定的算法对点云数据进行机器学习与分析，智能化识别、分割并提取出单木的空间信息，如高度、冠幅、胸径等；第二种方法是对优化过后的点云模型进行手动分割并测量研究所需的关键指标。第一种方法测量效率较高，成本低，但是测量精度稍低，单木分割可能会出现偏差，而且无法同时测出所有的环境空间信息；第二种方法操作时间较长但是精度高，且可以在测量植物指标的同时测量环境空间信息，数据一致性强。本研究选取人工测量的研究方式。

通过扫描设备得到的三维点云空间数据信息经过解码与优化预处理后，即可在相应的软件内进行数据的采集，本研究选用 CloudCompare 作为点云信息处理平台。

（1）场景分割

由于乡村植物种植空间中包含的元素通常较为复杂，仅仅排除外围无关数据的干扰尚不足以提高测量效率，因此还需要对模型进行第二次分割（图 4 - 15）。依据本研究对乡村植物种植空间的指标分类，可以在测量植物单体与空间环境关系时对单株植物与对应的空间进行小范围的切分，同时隐去其他待测空间。这样可以极大地排除无关数据对测量工作的干扰，同时也有利于测量时对各组数据进行对应的编号与归纳。

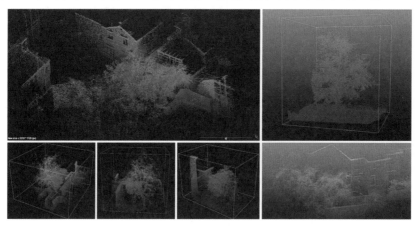

图 4 - 15　点云数据分割

图片来源：作者自绘

（2）数据提取

分割提取出的植物单体与空间环境即可在 CloudCompare 中使用选点工具得到空间坐标并测量距离。通常多数指标都可以直接测得，但是胸径需要至少两次测量。这是由于林木的主干横截面通常不为正圆形，其相对两侧的径值往往具有一定的差异。因此，首先需要将树木主干从根基部向上 1.3 m 处截断,接着分别测出 x、y 方向的径值并取平均值,这样得到的胸径值较为精确(图 4－16)。同时也可以使用便携设备的 dTOF 雷达测量值作为测量的参考依据。

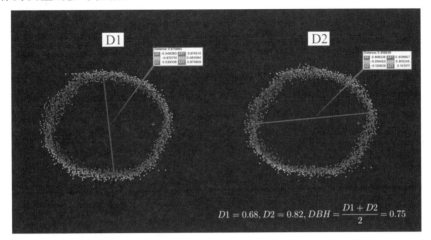

$$D1 = 0.68, D2 = 0.82, DBH = \frac{D1 + D2}{2} = 0.75$$

图 4－16　胸径测量方法

图片来源:作者自绘

2)数据整理与归类

最终测得的乡村植物种植空间量化数据可以按照乡村植物种植空间要素以及乡村植物关键性指标进行归纳,并组建成为自变量 x 与因变量 y(表 4－1)。

表 4－1　乡村植物种植空间量化描述指标

乡村植物种植空间类型	自变量(x)	因变量(y)
村口种植空间	标志物距离(EMD)、边界距离(BD)、入口距离(ED)、相邻建筑高度(ABH)	胸径(DBH)、枝下高(UBH)、树高(H)、冠幅(CW)、株距比(PSR)
路侧种植空间	路宽(RW)、边界距离(BD)	胸径(DBH)、枝下高(UBH)、树高(H)、冠幅(CW)、株距比(PSR)
庭院种植空间	边界距离(BD)、相邻建筑高度(ABH)、相邻墙高(AWH)、朝向(O)、庭院面积(CA)	胸径(DBH)、枝下高(UBH)、树高(H)、冠幅(CW)、株距比(PSR)
宅旁种植空间	相邻建筑距离(ABD)、相邻建筑高度(ABH)	胸径(DBH)、枝下高(UBH)、树高(H)、冠幅(CW)、株距比(PSR)
集散场地及小广场种植空间	边界比值(BDR)、面积(A)	胸径(DBH)、枝下高(UBH)、树高(H)、冠幅(CW)、株距比(PSR)、最大树高(MH)
线性滨水种植空间	近岸距离(WD)、水体宽度(WW)	胸径(DBH)、枝下高(UBH)、树高(H)、冠幅(CW)、株距比(PSR)

乡村植物种植空间类型	自变量（x）	因变量（y）
外围开阔地种植空间	边界距离（BD）	胸径（DBH）、枝下高（UBH）、树高（H）、冠幅（CW）、株距比（PSR）
山地种植空间	坡度（i）	胸径（DBH）、枝下高（UBH）、树高（H）、冠幅（CW）、株距比（PSR）

4.2.4 数据处理结果分析及可视化

经由测量点云数据得到的乡村植物种植空间量化描述指标需要经过统计学计算与验算方可生成最终的拟合函数模型集以及可视化的图表。由上节研究内容已知，种植空间量化描述指标数据构成了数十组不同类型的变量，而这些变量中有一部分可能存在相关性较低的现象，或数据不符合正态分布，不足以用选定的函数模型来加以描述，故而在计算之前还需要对部分可能存在问题的变量进行筛选，选择出相关性较高的变量进行函数模型的拟合计算，使得到的描述模型具有更高的描述价值。

1）相关性判断

对数据进行相关强度筛选之前需要先判断变量之间的相关性类型与关联趋势，可以通过经由 SPSS 生成的数据散点图（图 4-17）来判断各组变量之间的对位关系以及数据分布情况。在本研究中，乡村植物种植空间各变量之间的相关趋势大多无法用简单线性关系加以描述，散点分布也大多不符合线性分布关系，因而本研究采用兼容非线性的相关系数检验方式来进行数据的筛选，并使用曲线估算的办法来拟合出更加精确的回归曲线，提高量化描述的描述精度。

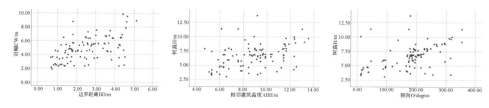

图 4-17 散点图

图片来源：作者自绘

2）数据筛选与分析

本研究使用 GraphPad Prism 作为变量相关性检验工具，在得到待选变量组之后，选择以构建矩阵的方式将所有变量数据导入 Prism 中，进行相关系数矩阵（correlation matrix）分析。常用的相关性分析方法包括了 Pearson 相关系数以及 Spearman 相关系数：Spearman 相关系数用于揭示两组变量之间的关联程度，判断变量是否属于单调相关,亦称作等级相关(rank correlation);Pearson 相关系数则是用于分析两个变量之间的线性相关程度,取值界于−1至1之间,其数值的绝对值越接近1则相关性就越显著。由于本研究中的变量组样本大多为非线性关系,故而本文主要选择用 Spearman 相关系数来检验样本相关性,其样本相关系数表达式为:

$$\rho = \frac{\sum_i (x_i - \bar{x})(y_i - \bar{y})}{\sqrt{\sum_i (x_i - \bar{x})^2 \sum_i (y_i - \bar{y})^2}} \qquad (4-1)$$

其中：ρ ——斯皮尔曼的相关系数,取值范围是[−1,1]。当 ρ 为正时,表示两个变量之间存在正向的单调关系;当 ρ 为负时,表示两个变量之间存在反向的单调关系;当 ρ 接近 0 时,表示两个变量之间的单调关系很弱或者不存在。

　　i ——数据中的观测点的索引。

x_i 和 y_i ——分别是两个变量的观测值。

$\bar{x}$ 和 $\bar{y}$ ——分别是变量 x 和 y 的均值。

　　上述公式计算的是两个变量之间的协方差与它们各自标准差的乘积之比。这个比值,即斯皮尔曼的 ρ,是两个变量单调关系的一个度量。

　　数据导入 Prism 并运算后,计算机会即时生成一个相关系数矩阵,依据这个矩阵就可以得到相关系数 HeatMap,此处以苏南传统村落庭院种植空间实测数据(样本量 100)为例。依据图中数据进行对应分析,将乡村植物种植空间要素与乡村植物空间指标进行交叉比对,可以发现 CW-BD、H-ABH、H-O 的相关系数均高于其他组别的变量,CW-BD相关系数超过了 0.5,达到中等显著相关水平,因此选择这三组变量进行后续的曲线估算实验(图 4−18、图 4−19)。

图 4−18　GraphPad Prism 用户界面

图片来源:作者自绘

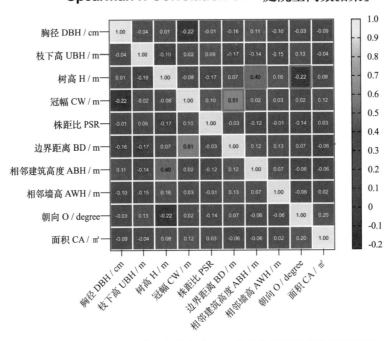

图 4‑19　庭院种植空间中乡村空间指标与植物空间指标相关系数热图

图片来源:作者自绘

3）数据处理与可视化结果输出

依据相关系数分析结果,将相关性较高的变量组数据导入 SPSS 中进行回归分析。本研究选择的回归分析方法为曲线估算(曲线拟合),通过数理统计的方式,可以找到非线性关系的两个或多个变量之间存在的相关性以及内在逻辑。在计算分析之前,应当勾选全部曲线类型,以便找出拟合度最优的函数曲线。数据进行运算后会同步生成检验表格、曲线参数摘要表格以及拟合曲线图形,为了挑选最佳曲线,应当以模型摘要和参数估算表格中的数据作为判断依据。通常,检验评价曲线的拟合度,需要以 R Square 值以及 Sig. 值作为主要参考指标,R Square 为决定系数或拟合优度,可以直接体现出拟合模型所能阐释的样本量,取值区间在 0 至 1 之间,数值越高拟合度越好。Sig. 值为显著性系数,当 Sig. ≤0.05 时,表示回归方程具有统计学意义。据此,即可挑选出最优的拟合模型单独导出,并依据参数表所提供的参数,结合 SPSS 函数表达式求得拟合函数方程。此处以庭院种植空间的 CW-BD 模型为例,可以看到三次函数曲线(Cubic)具有最高 R Square 值,即三次函数曲线表现出了最佳拟合优度,因此选择 Cubic 曲线作为 CW-BD 描述曲线模型,根据表中参数可求出以冠幅 CW 为因变量 y、以边界距离 BD 为自变量 x 的表达式为:

$$y = -0.89 + 6.12x - 2.12x^2 + 0.25x^3$$

依据函数描述模型可知,苏南地区传统村落庭院空间中,树木冠幅以 2.5 m 至 6 m 居多,多数庭院树木与边界的距离在 1 m 至 3 m 之间,且大多环绕庭院空间分布,距离庭院围墙越远则庭院树木的冠幅有愈发增大的趋势,边界植物树冠伸出院墙对庭院外部空间的覆盖程度较弱,多数树冠下层遮阴空间位于庭院近中部(图 4 - 20、图 4 - 21)。

Model Summary and Parameter Estimates

Dependent Variable: 冠幅 CW / m

	Model Summary					Parameter Estimates			
Equation	R Square	F	df1	df2	Sig.	Constant	b1	b2	b3
Linear	0.269	36.460	1	99	0.000	2.924	0.766		
Logarithmic	0.283	39.042	1	99	0.000	3.432	1.779		
Inverse	0.265	35.652	1	99	0.000	6.412	-2.999		
Quadratic	0.274	18.474	2	98	0.000	2.375	1.268	-0.092	
Cubic	0.317	15.032	3	97	0.000	-0.891	6.116	-2.116	0.248
Compound	0.247	32.455	1	99	0.000	3.047	1.171		
Power	0.286	39.655	1	99	0.000	3.334	0.386		
S	0.293	41.026	1	99	0.000	1.865	-0.680		
Growth	0.247	32.455	1	99	0.000	1.114	0.158		
Exponential	0.247	32.455	1	99	0.000	3.047	0.158		
Logistic	0.247	32.455	1	99	0.000	0.328	0.854		

The independent variable is 边界距离 BD / m.

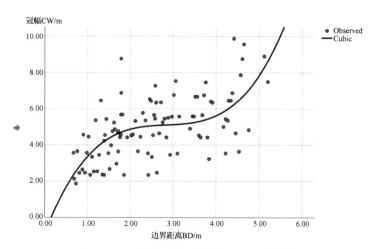

图 4 - 20 计算得到 11 个冠幅与边界距离的量化描述函数

图片来源:作者自绘

图 4 - 21 冠幅与边界距离的拟合函数曲线

图片来源:作者自绘

4）组建乡村植物种植空间量化描述模型集

根据乡村植物种植空间划分出的 8 个类别,分别将各组变量按照上述方式进行优化、筛选并进行曲线估算,由此可以得到 8 个乡村空间类型的拟合函数模型。将这些函数模型集中归纳在一起就构成了乡村植物种植空间量化描述模型集,通过这些模型,可以发现潜藏于乡村植物种植空间与乡村景观空间要素之间的空间逻辑,能够直观地看出各组变量间的关系,对乡村植物种植空间与外围环境的融合关系做出科学合理的判断以及客观、定量的描述。

4.3 苏南传统村落植物种植空间量化描述

4.3.1 前期准备

1）研究区域概况与苏南传统村落选取依据

（1）研究区域概况

本研究以苏南地区传统村落作为检验、应用乡村植物种植空间量化描述方法的实践研究区域。江苏省,简称为苏,为中华人民共和国国土东部的沿海省份,省会定为南京。江苏省地势平坦,水系发达,是亚热带向暖温带过渡区域,一年内四季分明、气候温和,省界处于北纬 $30°45'\sim35°20'$ 与东经 $116°18'\sim121°57'$ 之间,地理区位处于长江淮河下游,北部交接于山东,东部濒临黄海,西部紧靠安徽,南部连通浙江与上海,是全国经济与文化中心区域之一。

苏南指的是江苏省南部片区,其概念与苏中以及苏北相对应。根据 2001 年江苏省统计局公布的江苏统计年鉴,苏南地区包括苏州、无锡、常州、镇江以及南京五市,总面积达到 27 872 km²,占据了江苏省超过 27% 的土地面积,是江苏省经济最为发达的片区,也是中国最为发达以及现代化建设最为完备的区域之一[19]。苏南地区属太湖平原,地势多平坦,南京镇江等地偶有丘陵起伏。苏南地区水系发达,河道纵横且有大量的湖泊。中国古村落景观具有的意象包括山水意象、人文意象以及生态意象等,这些意象在苏南传统村落中均能找到具体的表达,苏南地区的村落景观风貌以及乡村景观的多样性在我国村落中皆占据着重要的地位。此外,苏南地区气候温和,土地肥沃,雨水充沛,十分有利于植物生长,植物景观在构成苏南传统村落景观风貌方面发挥着举足轻重的作用,因此苏南地区也十分适宜作为本研究提出的乡村植物种植空间量化描述方法的实践研究区域。

（2）苏南传统村落选取依据

为使研究村落具有典型性与代表性、能够体现出苏南地区传统村落的景观风貌特征,本研究从苏南地区共选取了 5 处传统村落作为苏南传统村落的模式村,选取依据包括:

① 需已纳入中国传统村落名录。

② 需具备苏南地区传统村落的典型景观特征与文化内涵。

③ 需具有较为完整的乡村景观格局且未遭受过度开发与破坏。

④ 地理空间格局应丰富多样,山、水、林、建筑等空间要素应能够体现出多样性。

⑤ 资源特质差异性小,应包含完整的乡村景观空间构成要素。

⑥ 乡村植物景观资源应充足,植物种植空间需清晰可辨。

最终,本文选定苏南地区的东村古村、植里古村、莫厘村、陆巷古村以及杨湾村作为苏南地区传统村落植物种植空间量化描述研究的代表性实践区域。

2) 研究区域传统村落概况

本研究从苏南地区的传统村落中筛选出了部分具有一定苏南区域特色与代表性的村落作为实践区域,研究中对这些传统村落做了较细致的调研以及空间数据的采集、分析。

(1) 东村古村

东村古村(图 4-22)是江苏省苏州市吴中区金庭镇下辖的村落,已列入中国传统村落名录,同时也是中国历史文化名村、苏州市第一批控制保护古村落、第一批江苏传统村落。东村古村位于太湖西山岛之西麓,山水风貌十分优美,由于商山四皓之一东园公(庚秉)曾经隐居在此地故而得名东园村,后改为东村,形成至今已有 2000 多年的历史。村中历史遗存建筑、植物、水系等历史遗产保存情况较好,保有功能、外观均较为完整的明清时期住宅、巷道、祠堂、寺庙、商铺、古井以及桥梁等共计 20 余处,是风貌格局精致的江南小村落。由于交通线路不发达导致的交通闭塞的影响,东村古村受到外界开发、干预程度相应较小,因此其乡村整体风貌格局较为完整,没有受到明显的破坏,具有很高的历史人文研究价值,其景观空间风貌在苏南乡村乃至整个江南乡村中都具有一定的代表性。

图 4-22 东村古村概况及扫描点分布

图片来源:作者自绘

（2）植里古村

植里古村（图4-23）位于江苏省苏州市太湖西山岛金庭镇，属于东村行政村下的自然村，具有浓厚的历史人文底蕴。植里古村以一条158 m长的古道、一棵枝繁叶茂的古樟树以及其旁侧的重建于康熙四十一年的宋代永丰桥而闻名，此三者历史均在300年以上，凝聚着植里古村的精神文化内涵。植里古村整体形成于南宋末年，其后虽历经多次修补与改建，但是整体的风貌格局依然继承了最初的大致样貌，村落环境古色古香，同时村内水网十分发达，整个乡村体现出一种浓郁的小桥流水人家式的江南水乡氛围。植里古村除了建筑历史遗产丰富之外，历史植物资源也同样丰富，树龄百年以上的古树名木随处可见，植物与古建筑相互映衬，被誉为苏州最美的乡村之一。

图4-23 植里古村概况及扫描点分布

图片来源:作者自绘

（3）莫厘村

莫厘村（图4-24）位于江苏省苏州市吴中区太湖东山镇北部，被列为中国传统村落以及国家森林乡村。莫厘村的历史演变始于2500多年前，最早的记录可追溯至春秋战国时期。乡村南与渡桥村相接，东面与北面被太湖所环绕，水资源丰富，总面积达到了7.5 km²，具有良好的乡村景观风貌。莫厘村现留存有大量的古建筑、古街道、古住宅以及古井古树等历史遗产，具有凝德堂等全国重点文物保护单位以及众多省市级文物保护单位，整体乡村景观风貌格局保存有较为完好的原真性，同时体现出了人与乡村环境和谐共生的良好人居环境。

（4）陆巷古村

陆巷古村（图4-25）属江苏省传统村落，位于江苏省苏州市东山镇，毗邻莫厘村与碧螺峰，西面被太湖所环绕，整体乡村格局体现出背山面湖的江南水乡风貌特征。莫厘村形

图 4-24 莫厘村概况及扫描点分布

图片来源:作者自绘

图 4-25 陆巷古村概况及扫描点分布

图片来源:作者自绘

成于南宋,现有遗留保存下来的明清古建筑 30 多处,被誉为太湖之第一古村。陆巷古村中除了如王鏊之三元牌楼等古建筑遗存外,还有众多保存状况良好的古典园林、小花园与文人府邸等,文化底蕴深厚,艺术格调高雅,其人文景观风貌造诣在江南古村落中占据着重要地位,有着极高的研究价值。

(5) 杨湾村

杨湾村(图 4-26)属中国历史文化名村以及中国传统村落,位于江苏省苏州市吴中区东山镇,被太湖所环绕,乡村由 12 个自然村构成,总面积达到了 11.86 km²。杨湾村由于交通网络在一定程度上受到太湖以及后山的阻隔,故而受现代化开发活动的影响较小,村落因此得以保留了一些景观风貌格局的原真性。从整体乡村景观空间来看,杨湾村深刻践行了绿水青山的理念,环境优美,植被覆盖度高,植物种植空间在乡村整体风貌空间中占有较大比重,十分适合作为本研究的空间数据采样对象。

图 4 - 26　杨湾村概况及扫描点分布

图片来源:作者自绘

4.3.2　苏南传统村落三维空间信息采集

1)采样选点依据

(1)采样区域

本研究依据乡村景观风貌特征与乡村植物种植空间特点,以东村古村、植里古村、莫厘村、陆巷村、杨湾村为研究代表区域进行植物种植空间数据采集。根据研究提出的乡村植物种植空间量化描述方法,以乡村空间要素与植物种植空间特征为提取目标,分别对上述传统村落的村口种植空间、路侧种植空间、庭院种植空间、宅旁种植空间、集散活动与广场种植空间、线性滨水种植空间、外围开阔地种植空间以及山地种植空间进行环境空间数据采集与分析。

(2)选点依据

主要以乡村空间要素与植物种植空间指标的耦合关系作为判断、选择扫描点的依据。所选择的扫描点空间成分与环境构成应明晰,植物空间体量应当符合研究提出的量化描述方法之需要,且乡村环境要素与植物空间特征能够在一定范围内构成咬合关系。此外,研究选择的扫描点应符合安全性与可到达性的需要,为了保障数据的精确无误,乡村植物以及乡村空间要素的外围不能有阻碍激光扫描仪正常工作的无法跨越或穿透的实体屏障。

最终,本次研究共实际选定乡村植物种植空间数据采样地 125 处。

2）扫描设备的应用

本研究主要以手持式三维激光扫描仪以及便携式电子设备搭载的 dTOF 激光雷达作为空间点云数据提取的主要设备。其中手持式三维激光扫描仪主要用于测量远距离目标，通常是针对场景中乡村空间要素的扫描；而便携式电子设备搭载的 dTOF 激光雷达主要用于树木胸径的扫描与提取，特别是在树木密度高、样本基数大的场景中可以快速导出群体数据表格，极大地提高了扫描工作的效率。

3）数据现场查验与增补

通过研究实践发现，在某些特殊情况下，经由扫描仪获取的空间数据可能存在着数据损坏或其他无法使用的状况，其中大部分是由于扫描仪在工作结束后没有合理放置到起始位置而导致的仪器运算出错。为了避免干扰工作进度，防止数据样本量损失，本次研究中每间隔 25 至 50 次场景扫描即进行一次数据的导出与检查，如发现有数据损坏或漏测的情况，即可立即根据地图定位点进行补测工作。

4.3.3　点云数据的修饰处理与变量提取

1）点云数据预处理

通过实地调研与空间数据测量所得到的三维点云数据在正式提取指标之前应当首先进行修饰与预处理，包括：

（1）数据解码，手持式三维激光扫描仪测绘的数据需要使用配套软件解码后才能查看与编辑。

（2）点云降噪，使用 CloudCompare 对雷达点云数据进行滤波与降噪，提升后期测量的精度与效率。

（3）点云分割，依据研究划分出的 8 个乡村植物景观空间类型所对应的植物种植空间要素与植物空间指标，对点云数据进行适当的分割，将乡村植物与周围具有测量意义的空间环境从整体复杂场景中分离出来，以便单独测量构建乡村植物种植空间量化描述模型所需要的各项指标。

2）乡村植物种植空间量化描述变量数据的提取

对经过处理优化与场景分割的点云数据进行空间变量的测量与提取，结合便携电子设备内置软件 ForestScanner 导出的林木信息表中的数据信息，共同构成乡村植物种植空间量化描述变量组。本研究共获得 825 个样本数据，构成 8 个乡村植物种植空间类型共 69 组变量（筛选后）。

4.3.4　苏南传统村落植物种植空间量化描述模型构建与评价

乡村植物种植空间的量化描述以量化描述模型为分析基础，包括各类空间下的曲线模型集以及与之对应的拟合函数模型集。本研究旨在通过对实地调研所测得的数据进行归纳演绎,构建出8组乡村植物种植空间量化描述模型集来对苏南地区传统村落的乡村植物空间格局进行客观、定量的描述与分析,验证本研究所提出的量化描述方法之可行性以及本方法论的实践效果。

1) 村口种植空间

经过实地测绘以及对测绘数据进行演绎归纳与计算,综合数理统计原理与景观特征,本研究从100条样本数据中生成苏南地区传统村落村口种植空间植物空间量化描述曲线模型20条,拟合函数20个(图4-27、表4-2)。

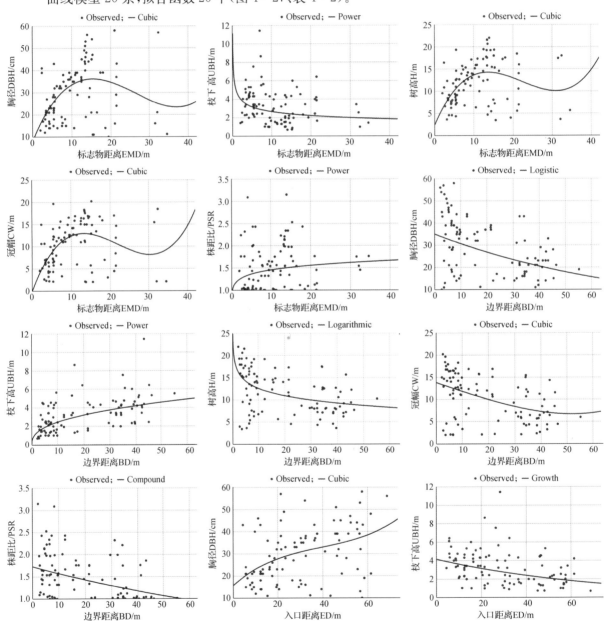

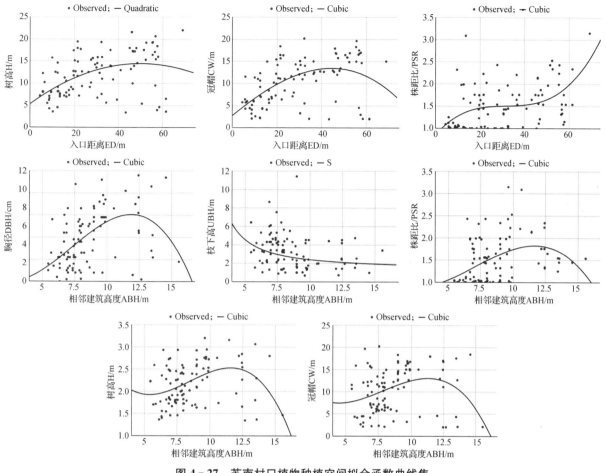

图4-27 苏南村口植物种植空间拟合函数曲线集

图片来源:作者自绘

表4-2 苏南村口植物种植空间拟合函数模型集

乡村植物关键指标(y)	乡村植物种植空间要素(x)	拟合函数	R Square	Sig.
胸径 DBH/cm	标志物距离 EMD/m	$y=8.11+4.25x-0.2x^2+0.002x^3$	0.22	<0.05
枝下高 UBH/m	标志物距离 EMD/m	$y=4.86x^{-0.26}$	0.18	<0.05
树高 H/m	标志物距离 EMD/m	$y=2.35+2.05x-0.11x^2+0.002x^3$	0.25	<0.05
冠幅 CW/m	标志物距离 EMD/m	$y=-0.17+2.33x-0.13x^3+0.002x^3$	0.23	<0.05
株距比 PSR	标志物距离 EMD/m	$y=1.16x^{0.1}$	0.14	<0.05
胸径 DBH/cm	边界距离 BD/m	$y=\dfrac{1}{0.03^x}$	0.26	<0.05
枝下高 UBH/m	边界距离 BD/m	$y=1.01x^{0.39}$	0.36	<0.05
树高 H/m	边界距离 BD/m	$y=18.18-2.42\ln x$	0.21	<0.05
冠幅 CW/m	边界距离 BD/m	$y=13.8-0.2x-0.0002x^2+2.67\mathrm{e}-0.5x^3$	0.25	<0.05

（续表）

乡村植物关键指标（y）	乡村植物种植空间要素（x）	拟合函数	R Square	Sig.
株距比 PSR	边界距离 BD/m	$y=1.73\times0.99^{x}$	0.21	<0.05
胸径 DBH/cm	入口距离 ED/m	$y=15.78+0.87x-0.02x^{2}+0.000\ 1x^{3}$	0.19	<0.05
枝下高 UBH/m	入口距离 ED/m	$y=e^{1.43-0.014x}$	0.17	<0.05
树高 H/m	入口距离 ED/m	$y=5.34+0.37x-0.004x^{2}$	0.23	<0.05
冠幅 CW/m	入口距离 ED/m	$y=2.78+0.42x-0.003x^{2}-3.2e-0.5x^{3}$	0.28	<0.05
株距比 PSR	入口距离 ED/m	$y=0.85+0.06x-0.002x^{2}+1.95e-0.5x^{3}$	0.20	<0.05
胸径 DBH/cm	相邻建筑高度 ABH/m	$y=17.68-6.56x+1.58x^{2}-0.07x^{3}$	0.27	<0.05
枝下高 UBH/m	相邻建筑高度 ABH/m	$y=e^{0.23+\frac{6.43}{x}}$	0.16	<0.05
树高 H/m	相邻建筑高度 ABH/m	$y=30.79-9.48x+1.29x^{2}-0.05x^{3}$	0.19	<0.05
冠幅 CW/m	相邻建筑高度 ABH/m	$y=17.86-5.39x+0.84x^{2}-0.04x^{3}$	0.10	<0.05
株距比 PSR	相邻建筑高度 ABH/m	$y=1.12-0.21x+0.05x^{2}-0.002x^{3}$	0.16	<0.05

表格来源：作者自制

　　根据拟合检验参数可知，所得到的描述模型显著性系数值均小于 0.05，具有统计学意义。其中 UBH-BD、CW-ED 模型的拟合优度最好，模型的量化描述效果最佳。

　　通过分析苏南传统村落村口植物种植空间量化描述拟合曲线与拟合函数模型，可以发现，村口植物距离村口标志物越远，其胸径与树高、冠幅的数值则均表现出一定的上升趋势，总体体现出大体量树木与标志物之间存在一定的空间相斥性。村口树木高度峰值主要集中于 15~20 m 之间，对应的与村口标志物间的距离为 10~20 m。同时树木枝下高的数值随着与村口标志物距离的上升而缓慢下降，标志物 10 m 范围内的树木枝下高大多超过 4 m，具有足够的活动空间；10 m 外的植物相对来说枝下高较低，体现出一定的空间围合感。栽植地距村口标志物较远的植物具有离散度更高的特征，更容易具备植物组团的属性。而靠近村口标志物的植物分布得更为均匀，有一定的空间仪式感。

　　在村口种植空间中，较为高大的树木大多靠近边界，树高超过 20 m 的树木大多处于空间边界 10 m 附近。对应的，空间边界附近栽植树木的冠幅亦相对较大，树荫宽阔的大树较多出现在距离边界 10 m 范围之内。村口空间中植物呈组团式的分布情况多位于村口的边缘地带，空间中心的植物株距比接近 1，更趋向于均匀分布。村口边界入口处的树木枝下高大多超过 4 m，不会阻碍入口视线。

　　村口空间中，建筑高度数值接近 7.5 m 时，栽植的树木枝下高大多超过 4 m，具有可供活动的林下空间，同时树木高度与冠幅均接近 10 m，能提供良好的树荫。建筑高度超过 10 m 时，树木枝下高与株距比的水平均较低，林下空间的可进入性与活动性也相应的更低,空间的视觉属性超过可进入的活动属性(图 4 - 28)。

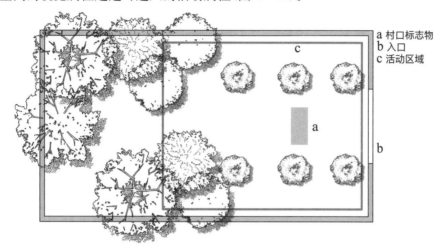

a 村口标志物
b 入口
c 活动区域

图 4 - 28 典型村口种植空间示意图

图片来源:作者自绘

2) 路侧种植空间

通过实地测绘以及对测绘数据进行演绎归纳与计算,综合数理统计原理与景观特征,本研究最终从 100 条样本数据中生成苏南地区传统村落路侧种植空间的植物空间量化描述曲线模型 10 条以及拟合函数 10 个(图 4 - 29、表 4 - 3)。

根据拟合检验参数可知,所得到的描述模型显著性系数值均小于 0.05,具有统计学意义。其中 DBH-BD、UBH-RW、UBH-BD 模型的拟合优度均在 50% 以上,模型的量化描述效果最佳。

通过苏南传统村落路侧植物种植空间量化描述拟合曲线与拟合函数模型可以看出,乡村道路宽度数值密集分布于 2~4 m 区间内。当乡村道路宽度超过 6 m 时,树木枝下高多大于 4 m,树高与冠幅大于 10 m,具有一定的行人与车辆通行能力,路侧树木的枝干不会遮挡行人与驾驶者的视线,还能提供较好的林荫。路宽在 8 m 时,路侧树木的高度与冠幅达到峰值,最大值为 12~15 m。乡村道路两侧植物种植大多为规则式种植,种植间距较均匀,株距比以 1 居多,多数不超过 2。此外,乡村道路两侧树木胸径值与道路宽度在群体水平上呈正相关,多数路侧树木胸径在 30 cm 左右。

乡村路侧植物栽植点越靠近道路则株距比越趋近于 1,体现出规则种植特征,相反离道路距离越远则株距比越高,表现为分散式组团种植。路侧树木距离道路边界 4~5 m 时,树高与冠幅接近极值 14 m,紧邻道路的树木高度处于 5~10 m 区间。道路边界 2 m 内树木枝下高不低于 1 m,多数不低于 2 m,总体上不影响行人通行(图 4 - 30)。

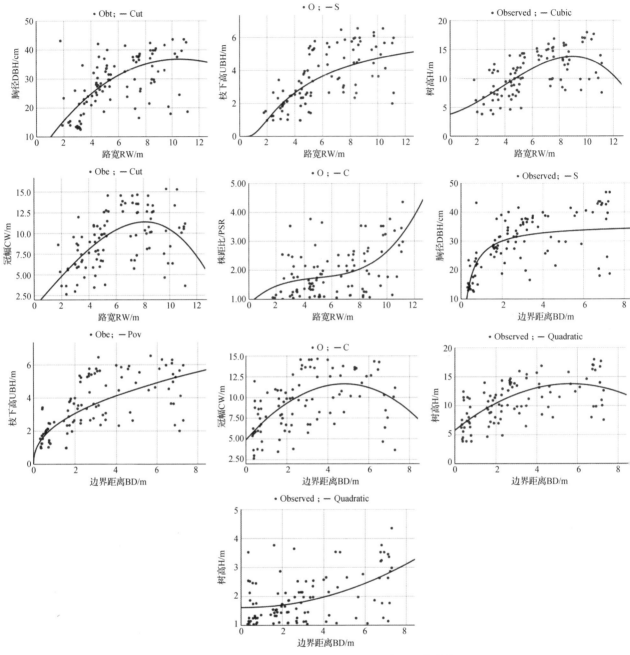

图4-29 苏南路侧乡村植物种植空间拟合函数曲线集

图片来源:作者自绘

表4-3 苏南路侧乡村植物种植空间拟合函数模型集

乡村植物关键指标(y)	乡村植物种植空间要素(x)	拟合函数	R Square	Sig.
胸径 DBH/cm	路宽 RW/m	$y=3.23+7.03x-0.43x^2+0.006x^3$	0.44	<0.05

（续表）

乡村植物关键指标（y）	乡村植物种植空间要素（x）	拟合函数	R Square	Sig.
枝下高 UBH/m	路宽 RW/m	$y=e^{1.94-\frac{3.87}{x}}$	0.54	<0.05
树高 H/m	路宽 RW/m	$y=3.86+0.7x+0.21x^2-0.02x^3$	0.43	<0.05
冠幅 CW/m	路宽 RW/m	$y=1.11+1.89x+0.003x^2-0.01x^3$	0.33	<0.05
株距比 PSR	路宽 RW/m	$y=0.84+0.44x-0.08x^2+0.005x^3$	0.28	<0.05
胸径 DBH/cm	边界距离 BD/m	$y=e^{3.58-\frac{0.35}{x}}$	0.56	<0.05
枝下高 UBH/m	边界距离 BD/m	$y=2.28x^{0.43}$	0.51	<0.05
树高 H/m	边界距离 BD/m	$y=5.76+2.84x-0.25x^2$	0.40	<0.05
冠幅 CW/m	边界距离 BD/m	$y=4.9+2.73x-0.26x^2-0.004x^3$	0.30	<0.05
株距比 PSR	边界距离 BD/m	$y=1.62-0.005x+0.024x^2$	0.24	<0.05

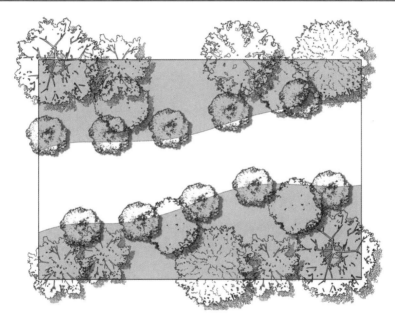

图 4 - 30　典型路侧乡村种植空间示意图

图片来源：作者自绘

3）庭院种植空间

通过实地测绘以及对测绘数据进行演绎归纳与计算，综合数理统计原理与景观特征，本研究最终从 100 条样本数据中提取生成苏南地区传统村落庭院种植空间的植物空间量化描述曲线模型 3 条以及拟合函数 3 个（图 4-31、表 4-4）。

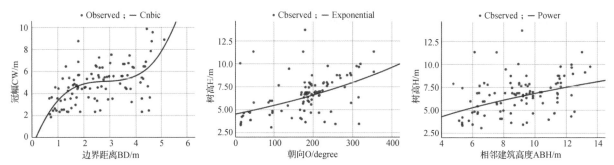

图 4-31 苏南庭院乡村植物种植空间拟合函数曲线集

图片来源:作者自绘

表 4-4 苏南庭院乡村植物种植空间拟合函数模型集

乡村植物关键指标(y)	乡村植物种植空间要素(x)	拟合函数	R Square	Sig.
冠幅 CW/m	边界距离 BD/m	$y = -0.89 + 6.11x - 2.12x^2 + 0.25x^3$	0.32	<0.05
树高 H/m	相邻建筑高度 ABH/m	$y = 2.14x^{0.51}$	0.17	<0.05
树高 H/m	朝向 O/degree	$y = 4.53e^{0.002x}$	0.24	<0.05

　　根据拟合检验参数可知,所得到的描述模型显著性系数值均小于 0.05,具有统计学意义。其中 CW-BD 模型的拟合优度最好,模型的量化描述效果最佳。

　　乡村庭院空间的营造主要取决于屋主人的生活方式以及审美喜好,受主观因素影响大,因而其在同一区域内也能够体现出较大的差异性。通过苏南传统村落庭院植物种植空间量化描述拟合曲线与拟合函数模型可以看出,苏南地区乡村庭院植物空间与庭院建筑高度、边界距离以及庭院朝向的空间耦合性最高。图 4-32 为典型庭院乡村种植空间示意图。

　　庭院植物的冠幅与边界距离在总体趋势上正相关。距离在 2 m 以内时,冠幅多低于 4 m,可见庭院植物树冠覆盖区域主要位于院内,探出院墙的部分较少。在实际调研中发现苏南乡村庭院植物多为石榴、柑橘等经济性植物,向内侧栽种可避免果实被随意采摘。苏南地区庭院朝向以南侧、西南侧最多,东西两侧次之,北侧最少,庭院植物在庭院

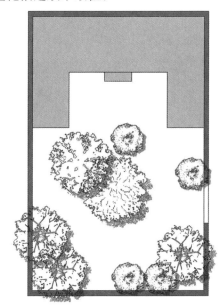

图 4-32 典型庭院乡村种植空间示意图

图片来源:作者自绘

朝向趋近于南侧时树高均值最大,主要集中在 7.5 m。庭院植物的高度与建筑高度呈显著正相关,且庭院植物的高度通常不超过相邻建筑高度。建筑高度为 6 m 时,庭院植物

高度取值大多低于建筑高度 1 m;建筑高度为 12 m 时,庭院植物高度拟合值仅为相邻建筑高度的 62.5%。

4）宅旁种植空间

通过实地测绘以及对测绘数据进行演绎归纳与计算,综合数理统计原理与景观特征,本研究最终从 100 条样本数据中生成苏南地区传统村落宅旁种植空间的植物空间量化描述曲线模型 10 条以及拟合函数 10 个(图 4-33、表 4-5)。

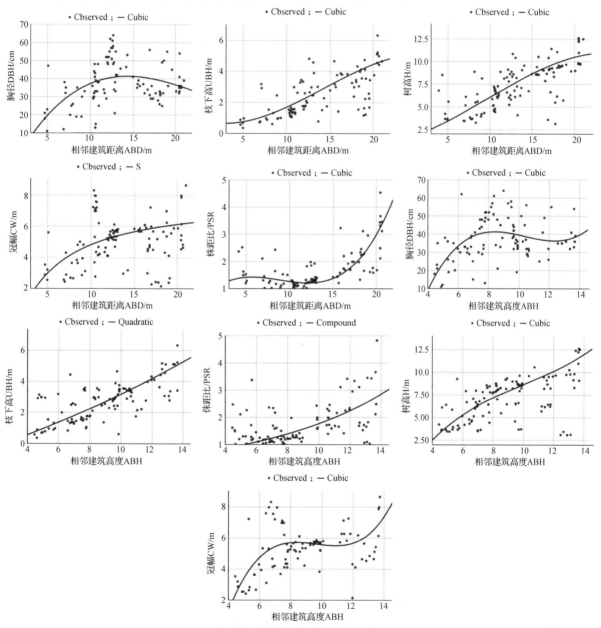

图 4-33 苏南宅旁乡村植物种植空间拟合函数曲线集

图片来源:作者自绘

表 4-5　苏南宅旁乡村植物种植空间拟合函数模型集

乡村植物关键指标(y)	乡村植物种植空间要素(x)	拟合函数	R Square	Sig.
胸径 DBH/cm	相邻建筑距离 ABD/m	$y=-16.06+9.33x-0.46x^2+0.006x^3$	0.20	<0.05
枝下高 UBH/m	相邻建筑距离 ABD/m	$y=0.91-0.18x+0.03x^2-0.000\,8x^3$	0.43	<0.05
树高 H/m	相邻建筑距离 ABD/m	$y=1.4+0.3x+0.03x^2-0.001x^3$	0.39	<0.05
冠幅 CW/m	相邻建筑距离 ABD/m	$y=e^{2.05-\frac{4.78}{x}}$	0.33	<0.05
株距比 PSR	相邻建筑距离 ABD/m	$y=0.62+0.33x-0.04x^2+0.002x^3$	0.61	<0.05
胸径 DBH/cm	相邻建筑高度 ABH/m	$y=-122+50.53x-5.05x^2+0.16x^3$	0.22	<0.05
枝下高 UBH/m	相邻建筑高度 ABH/m	$y=-0.83+0.32x+0.009x^2$	0.42	<0.05
树高 H/m	相邻建筑高度 ABH/m	$y=-7.36+3.4x-0.27x^2+0.009x^3$	0.56	<0.05
冠幅 CW/m	相邻建筑高度 ABH/m	$y=-18.38+7.73x-0.82x^2+0.28x^3$	0.34	<0.05
株距比 PSR	相邻建筑高度 ABH/m	$y=0.53\times1.13^x$	0.39	<0.05

根据拟合检验参数可知,所得到的描述模型显著性系数值均小于 0.05,具有统计学意义。其中 PSR-ABD、H-ABH 模型的拟合优度最好,模型的量化描述效果最佳。

通过苏南传统村落宅旁植物种植空间量化描述拟合曲线与拟合函数模型可以看出,宅旁植物种植空间大多分布于住宅建筑 10～20 m 区间内(图 4-34)。距离建筑较近时,树木的体量较小,胸径、树高、冠幅以及枝下高数值均较低,可供人活动的空间较狭窄,同时株距比趋近于 1,植物种植空间体现出规整的特点,主要起到了烘托建筑氛围的空间作用。树木距离住宅建筑 10 m 时树高拟合值小

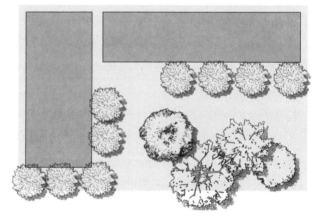

图 4-34　典型宅旁乡村种植空间示意图

图片来源:作者自绘

于 6 m,宅旁植物不遮挡建筑及庭院的照明采光。而距离建筑超过 10 m 时,植物种植方式越发趋向于灵活自然式种植,同时林下可进入的活动空间显著提高,树木体量增大,树荫覆盖区域面积增加,种植距离住宅建筑 18 m 时,树高拟合值即超过 10 m。

5) 集散活动场地与小广场种植空间

通过实地测绘以及对测绘数据进行演绎归纳与计算,综合数理统计原理与景观特征,本研究最终从 125 条样本数据中生成苏南地区传统村落集散活动场地与小广场种植空间的植物空间量化描述曲线模型 6 条以及拟合函数 6 个(图 4-35、表 4-6)。

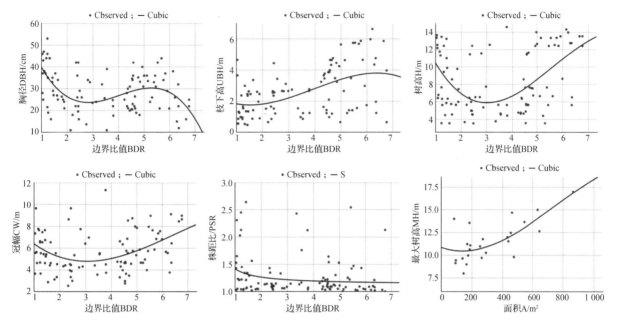

图4-35 苏南集散活动场地与小广场乡村植物种植空间拟合函数曲线集

图片来源:作者自绘

表4-6 苏南集散活动场地与小广场乡村植物种植空间拟合函数模型集

乡村植物关键指标(y)	乡村植物种植空间要素(x)	拟合函数	R Square	Sig.
胸径 DBH/cm	边界比值 BDR	$y=69.49-39.56x+10.77x^2-0.89x^3$	0.22	<0.05
枝下高 UBH/m	边界比值 BDR	$y=2.48-1.04x+0.42x^2-0.04x^3$	0.26	<0.05
树高 H/m	边界比值 BDR	$y=17.14-8.52x+1.93x^2-0.11x^3$	0.24	<0.05
冠幅 CW/m	边界比值 BDR	$y=8.6-2.77x+0.59x^2-0.03x^3$	0.14	<0.05
株距比 PSR	边界比值 BDR	$y=e^{0.12+\frac{0.23}{x}}$	0.11	<0.05
最大树高 MH/m	面积 A/m²	$y=10.87-0.006x+(2.45e-5)x^2-(1.08e+8)x^3$	0.53	<0.05

根据拟合检验参数可知,所得到的描述模型显著性系数值均小于0.05,具有统计学意义。其中MH-A模型的拟合优度最好,模型的量化描述效果最佳。

通过苏南传统村落集散活动场地与小广场植物种植空间量化描述拟合曲线与拟合函数模型可以看出,在固定范围内乡村植物自身的空间特征与其空间分布区位的关联度较密切。通过分析BDR值与植物体量关系可以发现,距离空间边界以及空间中心较近的树木,其体量较大,高度拟合值处于10~14 m区间内,冠幅多超过6 m,胸径拟合值在10 cm范围内波动。而处于过渡区间内的树木分布则较少,体量也相应的较小,空间特征较为弱势。

此外,植物空间特征与活动场地面积的相关性亦较显著。场地总面积越大,则植物群体的高度最大值也相应越高。图4-36为典型集散活动场地与小广场乡村种植空间示意图。

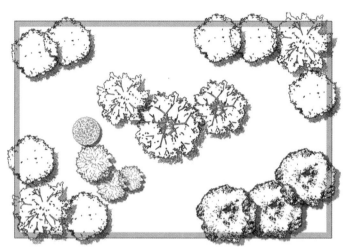

图4-36 典型集散活动场地与小广场乡村种植空间示意图

图片来源:作者自绘

6) 线性滨水种植空间

通过实地测绘以及对测绘数据进行演绎归纳与计算,综合数理统计原理与景观特征,本研究最终从100条样本数据中提取生成苏南地区传统村落线性滨水种植空间的植物空间量化描述曲线模型10条以及拟合函数10个(图4-37、表4-7)。

根据拟合检验参数可知,所得到的描述模型显著性系数值均小于0.05,具有统计学意义。其中PSR-WD模型的拟合优度最好,模型的量化描述效果最佳。

通过苏南传统村落线性滨水植物种植空间量化描述拟合曲线与拟合函数模型可以看出,乡村线性水体的水体宽度取值范围以5～12.5 m为主。水体宽度低于7.5 m以及高于10 m时,水岸植物的空间体量均随着水体宽度的升高而升高。枝下高的数值较为平稳,5～11 m范围内,拟合值区间为2～3 m。而PSR值则与水体宽度数值具有负相关性,水体越宽水岸植物的种植分布就越趋向于均匀规整式分布,而较窄水体两岸的滨水植物则更加能够体现出自然组团的空间特征。

在线性滨水空间中,体量较高大的植物更多分布于近水的一侧,距离岸线越远,植物的冠幅、高度、枝下高与胸径数值则相应的更小,植物群体的空间分布更具有自然式离散分布的特征。图4-38为典型线性滨水乡村种植示意图。

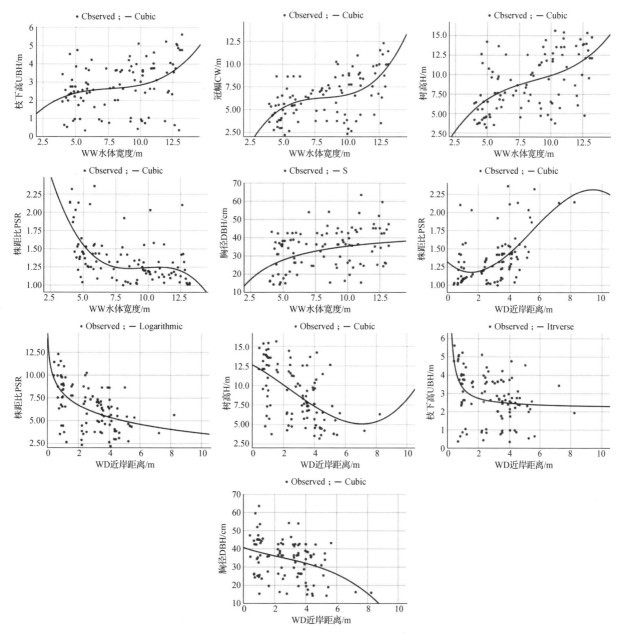

图4-37 苏南线性滨水乡村植物种植空间拟合函数曲线集

图片来源:作者自绘

表4-7 苏南线性滨水乡村植物种植空间拟合函数模型集

乡村植物关键指标(y)	乡村植物种植空间要素(x)	拟合函数	R Square	Sig.
胸径 DBH/cm	近岸距离 WD/m	$y=40.68-2.83x+0.38x^2-0.05x^3$	0.13	<0.05
枝下高 UBH/m	近岸距离 WD/m	$y=2.18+\dfrac{1.1}{x}$	0.15	<0.05

乡村植物关键指标（y）	乡村植物种植空间要素（x）	拟合函数	R Square	Sig.
树高 H/m	近岸距离 WD/m	$y=12.63-1.06x-0.15x^2+0.02x^3$	0.31	<0.05
冠幅 CW/m	近岸距离 WD/m	$y=8.06-1.92\ln x$	0.30	<0.05
株距比 PSR	近岸距离 WD/m	$y=1.32-0.2x+0.08x^2-0.004\,7x^3$	0.36	<0.05
胸径 DBH/cm	水体宽度 WW/m	$y=e^{3.81-\frac{2.43}{x}}$	0.14	<0.05
枝下高 UBH/m	水体宽度 WW/m	$y=-0.45+1.11x-0.14x^2+0.006x^3$	0.12	<0.05
树高 H/m	水体宽度 WW/m	$y=-4.9+3.99x-0.41x^2+0.02x^3$	0.29	<0.05
冠幅 CW/m	水体宽度 WW/m	$y=-7.85+4.96x-0.59x^2+0.02x^3$	0.31	<0.05
株距比 PSR	水体宽度 WW/m	$y=4.45-1.02x+0.1x^2-0.004x^3$	0.33	<0.05

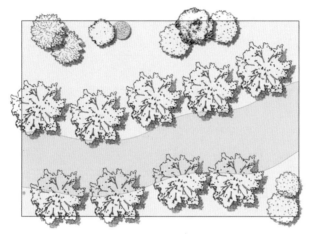

图 4‑38　典型线性滨水乡村种植空间示意图

图片来源：作者自绘

7）外围开敞种植空间

通过实地测绘以及对测绘数据进行演绎归纳与计算，综合数理统计原理与景观特征，本研究最终从 100 条样本数据中生成苏南地区传统村落外围开敞种植空间的植物空间量化描述曲线模型 5 条以及拟合函数 5 个（图 4‑39、表 4‑8）。

根据拟合检验参数可知，所得到的描述模型显著性系数值均小于 0.05，具有统计学意义。其中 UBH-BD、H-BD 模型的拟合优度最好，模型的量化描述效果最佳。

通过苏南传统村落外围开敞植物种植空间量化描述拟合曲线与拟合函数模型可以看出，高大的植物个体大多呈规则式均匀种植于外围开敞空间的边界处，空间中的植物距离边界越远，则植物的体量感会更低，冠幅、树高、枝下高的数值水平均有所下降，空间可通过性低。同时，植物的 PSR 值会相对更高，距离超过 15 m，PSR 拟合值即超过 1.5，植物群体越远离空间边界越能够体现出自然式组团离散分布的特点。典型外围开敞乡村种植空间示意图见图 4‑40。

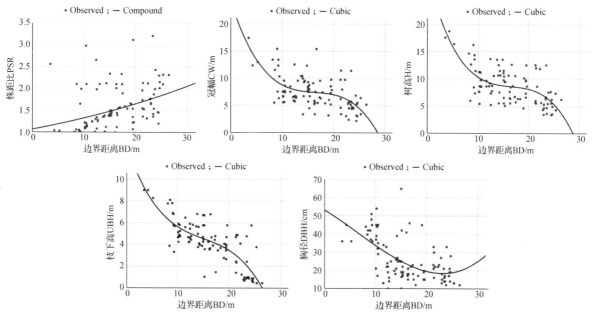

图4-39　苏南外围开敞乡村植物种植空间拟合函数曲线集

图片来源:作者自绘

表4-8　苏南外围开敞乡村植物种植空间拟合函数模型集

乡村植物关键指标(y)	乡村植物种植空间要素(x)	拟合函数	R Square	Sig.
胸径 DBH/cm	边界距离 BD/m	$y=53.2-1.72x-0.05x^2+0.002x^3$	0.33	<0.05
枝下高 UBH/m	边界距离 BD/m	$y=13.06-1.35x+0.08x^2-0.002x^3$	0.52	<0.05
树高 H/m	边界距离 BD/m	$y=28.55-3.47x+0.21x^2-0.004x^3$	0.42	<0.05
冠幅 CW/m	边界距离 BD/m	$y=24.05-2.91x+0.17x^2-0.004x^3$	0.36	<0.05
株距比 PSR	边界距离 BD/m	$y=1.07\times1.02^x$	0.17	<0.05

表格来源:作者自制

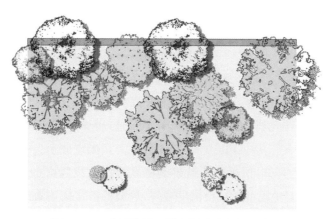

图4-40　典型外围开敞乡村种植空间示意图

图片来源:作者自绘

111

8) 山地种植空间

通过实地测绘以及对测绘数据进行演绎归纳与计算,综合数理统计原理与景观特征,本研究最终从100条样本数据中生成苏南地区传统村落山地种植空间的植物空间量化描述曲线模型5条以及拟合函数5个(图4-41、表4-9)。

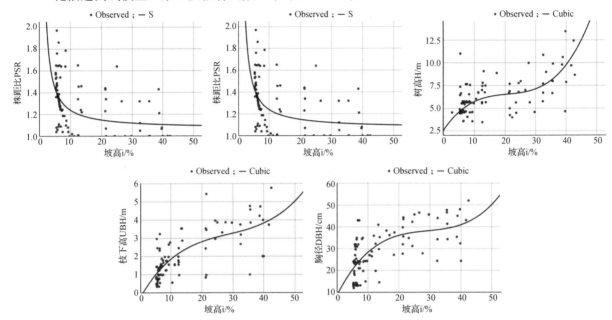

图4-41 苏南山地乡村植物种植空间拟合函数曲线集

图片来源:作者自绘

表4-9 苏南山地乡村植物种植空间拟合函数模型集

乡村植物关键指标(y)	乡村植物种植空间要素(x)	拟合函数	R Square	Sig.
胸径 DBH/cm	坡度 i	$y=8.96+2.72x-0.09x^2+0.001x^3$	0.39	<0.05
枝下高 UBH/m	坡度 i	$y=-0.2+0.28x-0.008x^2+(9.65e-5)x^3$	0.51	<0.05
树高 H/m	坡度 i	$y=2.58+0.51x-0.02x^2+0.000\ 4x^3$	0.42	<0.05
冠幅 CW/m	坡度 i	$y=0.007+0.8x-0.04x^2+0.000\ 5x^3$	0.52	<0.05
株距比 PSR	坡度 i	$y=e^{0.06+\frac{1.51}{x}}$	0.18	<0.05

表格来源:作者自制

根据拟合检验参数可知,所得到的描述模型显著性系数值均小于0.05,具有统计学意义。其中 CW-i、UBH-i 模型的拟合优度最好,模型的量化描述效果最佳。

通过苏南传统村落山地植物种植空间量化描述拟合曲线与拟合函数模型可以看出,在苏南地区山地种植空间中,乡村植物多种植于坡度小于10%的缓坡地带,且随着坡度的增长,植株个体逐渐表现出体量增大的特征,在陡坡上具有更强的固土能力。同时,PSR 拟合值随着坡度值的上升而降低,当坡度值超过 12.34%,PSR 拟合值即低于 1.2,坡度越陡则植物群落空间越紧密、均质,坡度越缓植物空间则表现得越为分散。图 4-42 为典型山地乡村种植空间示意图。

图 4-42　典型山地乡村种植空间示意图

图片来源:作者自绘

5 ▶ 苏南水乡传统村落植物景观评价及优化研究

当前传统村落景观过度城市化问题依然严峻,以植物景观为例,盲目照搬城市种植模式及村落间的一味模仿导致传统村落植物景观"千村一面""半城半乡"现象普遍。与风貌不相符的植物配置致使村落景观特色丢失,而一些原生性且有价值的乡土植物却因为未能善加利用而淡出村落,当前传统村落植物景观建设面临诸多困境。政府的过分干涉和村民缺失的文化自信是造成此类困境的主要原因。当村民品尝到现代化和城市化发展的果实后,物质上的追求逐渐超越了对传统文化和历史的需求,进而传统的乡土植物资源逐渐不被村民所认可。如果传统村落内在化、特色化的精神文明不被重视与肯定,那么千村一面、传统风貌涣散也终究是无法避免的后果,建设乡土性、特色性的传统村落植物景观迫在眉睫且任重而道远。

苏南水乡传统村落或历史悠久、人文底蕴深厚,或宗族文化明显、民俗特征突出,此类传统村落具有丰富的历史文化资源,水体景观丰富,因此一般将旅游业发展作为村落的核心产业。但此类村落往往过于重视硬质景观保护和开发,对于具有历史研究价值且观赏性较好的建筑、古井、古桥等有着系统性保护方案,而对于观赏价值偏低而生态价值高的绿色植物景观选择性忽视,建设植物景观也以盲目照搬为主,并未深入考究所选用植物的多样性、乡土性、文化价值及寓意等,这就导致了苏南水乡传统村落植物景观的个性和特色丧失,植物与村内其他历史文化资源的联系性被割裂,其整体的风貌和景观可持续性受到威胁。

针对苏南水乡传统村落风貌保护和植物景观营造所面临的诸多难题和困境,在查阅文献和实地调研的基础上,以3个代表村落为例,基于代表性样地对当地植物景观进行总结和评价,同时结合村落植物材料与本土历史文化,在"乡村振兴"政策和"美丽乡村"理念的时代大背景下探索出科学、合理的植物配置方法来更好地保护苏南水乡传统村落风貌,以期为今后国内传统村落风貌保护和乡村植物景观建设实践提供些许参考和帮助。

5.1 研究对象与数据来源

5.1.1 苏南水乡传统村落分布与特征

在太湖流域旁的苏、锡、常区域,涵养着数量丰富的传统村落。在住建部及江苏省住建厅等公布的传统村落名单中,苏、锡、常共有国家级传统村落19个,省级传统村落(截至第五批)140个。其中苏州市共有14个国家级传统村落、71个省级传统村落,在3个城市中数量最多、占比最大,且太湖的大部分景区和超过60%的水体面积都位于苏州市境内,苏州也因此成为苏南水乡传统村落最具代表性的研究区域。

苏南既被冠以"水乡"之名,水系自然成为苏南传统村落最重要的特征,村落一般具有水网密布的典型特征,在传统村落形成和发展的长久过程中,河道水网、交通路网、建筑宅网呈现互相糅合、相互交错的复杂关系[234]。村落在选址时就大多依水而建,即使湖泊距离较远,也会通过村内河流与湖泊水系连通,保持着"小桥流水人家"的江南风貌。苏南得益于温润优渥的气候条件,油菜、水稻等粮食作物产量丰富,各类茶叶、水果等经济作物也得以广泛种植,特定的地理优势使得苏南传统村落人口密度较高、产业多元丰富。

苏南水乡地区独特的历史文化和社会结构也使得其内的历史建筑独具特色,现今苏南水乡传统村落保留下来的不少明清建筑都有特征明显的空间布局。建筑秉持着依水而建、顺应水势的格局,建筑风格往往相对简洁,较少出现雕梁画栋、浓妆艳抹的情况,一般呈现体量小巧、色彩典雅的水乡民居风貌[235]。

5.1.2 苏州市概况

苏州地处长江三角洲中部、江苏省东南部,地理位置位于东经119°55′~121°20′,北纬30°47′~32°02′之间,东靠上海,南临浙江,西拥太湖,北倚长江,总面积达8657.32 km²。全市整体地势平坦,境内河流密布、水网密集,河流、湖泊、滩涂面积占全市土地面积的34.6%,且中国第三大淡水湖——太湖的绝大部分景点、景区分布在苏州境内。苏州素有"姑苏城"的美誉,是全国江南水乡的代表地之一。

苏州属亚热带季风海洋性气候,2022年市区平均气温18.1 ℃,降水量1004.2 mm。潮湿多雨,四季分明,气候温润舒适,自然条件优渥。主要种植水稻、油菜、林果等,特产包括鸭血糯、柑橘、枇杷、碧螺春茶等,著名水产品包括阳澄湖大闸蟹、太湖白鱼等,物产丰富。

苏州历史悠久,建城始于公元前514年,距今已有2500余年历史,是国家首批24个历史文化名城之一,至今仍保持着"水陆并行,河街相邻"的双棋盘格局和"小桥流水、粉墙黛瓦"的独特风貌[236]。全市现有文物保护单位884处,其中国家级61处,省级128处。此外,拙政园、留园、网师园等9个古典园林被联合国列入《世界文化遗产名录》。

5.1.3 苏州市传统村落现状

1)地理分布

截至2022年初公布的一共五批国家级传统村落保护名录中,苏州市境内共有14个,其中包括陆巷古村、明月湾村、三山村、杨湾村、翁巷村、东村、甪里村、东蔡村、植里村、舟山村、后埠村、堂里村、李市村以及歇马桥村,数量在江苏省内排名第一,是传统村落研究难得的研究范本。从地理位置上看,有11个传统村落集中在太湖东、西山区域,1个在吴中区,1个在常熟市,1个在昆山市。究其原因,水系是村落形成和发展的关键,水源是传统村落不可或缺的天然元素之一,故而传统村落选址时往往偏向于水源丰富的高地[237],且早期的中国社会陆运并不发达,成本高昂,水道是村民对外交通和交换农产品不可替代的途径,同时水系还可调节区域小气候,有助于提升村落的宜居性,而苏州东、西山区域属于太湖流域,水网密布,河流湖泊数不胜数,自然成为苏州传统村落选址的最佳地。

因环太湖水系发达,且东、西山区域整体呈现湖滨半岛形态,传统村落一般依水而建,林果众多,特产丰富。各传统村落紧密联系、相互倚靠形成基于水系的网络格局,各传统村落地势深入太湖,湖中大小山众多,村落顺河畔而建,内部水网连通太湖,享水利而避水患[238]。

2)社会结构

中国的传统社会历来保持着血缘宗法的伦理制度和宗亲聚居的社会格局,苏州的传统村落也是如此。费孝通在《乡土中国》中提出中国乡村是礼俗社会,村落主要由宗亲关系管理[239]。苏州传统村落正是受到社会血缘文化和礼仪制度的影响,村民的言行举止都体现出礼俗社会的基本特点,并将其内化于心。也正是在这种社会结构下,传统村落内的许多公共文化空间应运而生并保留至今,包括早期建造的宗祠、庙宇等。这些建筑和公共空间承载了村落久远的历史,浓缩了村民几代人的记忆,是中国礼制社会结构镌刻在传统村落的历史印记。

在传统村落近代发展过程中,由于受到城镇化等多方因素的影响,这些凝聚了社会结构和历史的物质遗产经历了从繁荣到衰败的过程,直到后期国家逐渐重视建筑遗产的修复保护和乡村振兴战略的提出,这类建筑空间才得以重新回归大众视野。

3)历史文化

苏州作为吴文化的发源地,2500余年的历史积淀了浓厚的文化底蕴。明清时期,江南作为全国文化和经济中心更是吸引了不少文人墨客汇集于此,文化氛围浓厚,独具代表性的水文化、桥文化和精致小巧的工艺文化便是佐证。而苏州传统村落的渊源甚至可追溯到一万年前,三山岛现存的旧石器遗址及杨湾村出土过的陶器碎片可用于考证[239]。

春秋末期,苏州隶属吴国,苏州明月湾流传有"吴王夫差和西施在此共同赏月"的佳话,明月湾村也因此得名。而后越王勾践卧薪尝胆覆灭吴国,该领域也并入越国境内。西晋永嘉年间,南渡的高官贵族为苏州注入了士族文化,苏州文化也由此逐渐向典雅、细腻转变。

两宋时期北方战乱,赵构逃至临安(今杭州),随行官员武将也随之定居江南,又因政权动荡、官场混乱,不少官员都在江南择一风景秀丽之地解甲归田。明清时期,不少士族在此繁衍,士族文化也由此兴盛,代表人物包括商山四皓、陆巷王鏊等。在此之后,苏州传统村落还融入了中原文化和儒文化,河道水运兴起之后,儒文化逐渐转化为儒商文化。

进入近代之后,由于政治变革,苏州作为主战区之一遭受炮火洗礼,传统村落走向衰败。十年"文革"则使得苏州传统村落不少物质和文化遗存遭受毁灭性打击,直至时代呼唤人们关注历史文化,传统村落的保护和开发才重回人们的视野,而美丽乡村建设和乡村振兴战略的提出,标志着国家真正把乡村建设提升到了和城市同等重要的战略地位。自2012年起,国家多部门组织联合评选传统村落,苏州14个古村落因为独特的地理风貌和悠久的历史文化入选,各村落留存的历史遗迹和民俗文化受到保护和重视,并得以逐渐复苏。

5.1.4　研究村落的选取

以传统村落集聚的东、西山区域为研究对象,东、西山位于苏州西南部的滨湖区域。其中西山是太湖中最大的岛屿,面积达82.36 km²,是中国内湖第一大岛,主峰缥缈峰位列太湖七十二峰之首,西山的传统村落分布较散,且数量较多。东山为向外伸出的长方形半岛,整体呈现东北—西南走向,面积为96.5 km²,由于地形、改革等多方面原因,东山前山的古村逐渐演变为一般的村落,而传统村落全部分布在后山[240](图5-1)。

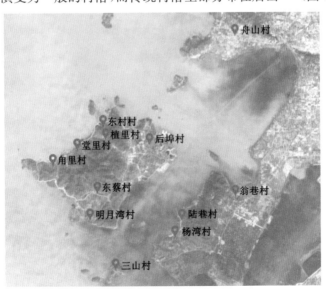

图5-1　苏州市太湖流域传统村落分布图

图片来源:作者自绘

为在东、西山范围内选择最具代表性的传统村落作为研究样本,笔者在调研时向附近的常驻村民、餐馆及民宿经营者及资深游客发放自制的调查问卷。为使获取的数据更加真实客观,在 2021 年 10 月 25 日至 27 日及 2021 年 11 月 24 日至 26 日分两次发放调查问卷,累计发放问卷 180 份,共回收有效问卷 148 份。问卷主要内容包括东西山传统村落古建筑留存度、最具水乡特色的传统村落等,对选择合适样地及后续研究具有重要意义。

本次问卷对于自然生态、历史文化、基础设施这三项评价传统村落发展优劣的重要指标进行投票选择,结果表明自然生态位列第一,其次是历史文化,二者所得票数相差无几,最后才是基础设施,说明自然生态和历史文化在评价传统村落优劣中占据重要地位。

统计全部问卷后分析比对,在"你认为最具苏南水乡特色的传统村落"问题回答中,依据得票数量从高到低排序,前五名依次是陆巷村、杨湾村、东村、明月湾村、植里村。其中陆巷村得票最高,杨湾村和东村得票相同并列第二,且二者和明月湾村得票数基本接近。为确保选取的传统村落样本具有地域代表性,故选取综合得票最高的陆巷村、杨湾村和东村作为研究对象。

5.2 苏南水乡传统村落植物景观评价模型

5.2.1 评价模型构建的目标与要求

为营造良好生态的传统村落植物景观,需要探究影响植物景观效果的相关因子,建立准确客观的评价体系,确保指标与景观效果具有针对性。为达到上述目标,评价模型构建需要满足以下要求:

(1)评价必须以游客、村民对传统村落植物景观效果进行理性判断为基础,各个评价指标需要准确针对植物景观综合效果,指标的选取也需要方便主体辨析和理解,评价过程需要客观反映游客的真实意图。

(2)评价模型构建包括多个方面,指标选取要注意系统性,覆盖全面,充分反映传统村落植物景观特征。同时评价系统应尽量包含美学、景观学、生态学等多学科理论,选取多层次、完整合理的评价因子。

(3)构建评价模型时,各个指标要有一定的区别度,尽量不存在交叉、包含与相似关系,相互独立,指标的数量不宜过多,应有较好的代表性。

5.2.2 景观评价方法选择

对前文综述提到的五种评价方法,结合传统村落植物景观特点和苏南水乡传统村落的实际特征进行分析,可对五种评价方法进行基础筛选(见表5-1)。审美评判测量法(BIB-LCJ)偏向于对相似植物组成的大尺度景观进行评价,过程较为烦琐;语义分析法(SD)主要根据言语尺度测评游客对于植物景观的心理感受,可能会因为碎片化的描述影响评价结果的准确性;模糊综合评价法(FCE)主要针对模糊性强、难以定量的问题,对于抽象且主观的问题有较好的效果。以上3种评价方法都不太适用于风格突出、对审美和生态效益都要求较高的苏南水乡传统村落植物景观。

表5-1 五种不同评价方法的特点和适用范围比较

评价方法	审美评判测量法(BIB-LCJ)	语义分析法(SD)	模糊综合评价法(FCE)	层次分析法(AHP)	美景度评价法(SBE)
方法特点	以景观间复杂的两两比较为主要方式进行评价,可行度较高	通过不同形容词反映评价者的心理感受	基于模糊数学基础,将边界不清、不易量化的因素定量研究	将复杂的问题层层简化,具体到因子层进行分析	方法简单,可操作性强,评价者可以是非专业人员
适用绿地类型	适用于较大尺度的植物景观,且景观由相似植物组成时效果显著	适用于自然保护区、风景名胜区、居住区的植物景观	适用于影响因素复杂且抽象的植物景观	适用于公园、道路绿地或影响因素较多的植物景观	适用于对美学效益要求较高的植物景观

表格来源:作者自制

层次分析法(AHP)适用范围较广,通过两两比较得到准则层和因子层的不同权重,最终建立完整评价模型,较为适用于影响因素较多且需要系统评价的传统村落植物景观,在评价者选择上适用于有风景园林理论基础的专业人士。美景度评价法(SBE)主要通过评价者对景观照片等相关资料打分的方法来得到美景度量表,由于直观化的感受较强,对评价者选择上更为宽松,不需要专业学习背景也可参与打分,但是因为个人的审美素养和偏好不同,在系统和科学性上不如层次分析法。

为避免单一方法带来的片面性,本研究采用层次分析法(AHP)和美景度评价法(SBE)相结合的方法对苏南水乡传统村落植物景观进行评价。既可以探究在特殊环境下影响植物景观效果的多重因素,保证评价结果的完整性,又可以通过SBE法的评价结果验证AHP法中景观美感层面得分的准确性。同时通过对两种评价方法得到的结果进行对比和一致性检验,也可了解专业和非专业人群对于植物景观的审美偏好。

5.2.3 AHP法模型构建

1) 评价因子的选择

在应用层次分析法过程中,目标层和准则层的分解至关重要,直接关系到评价结果的科学合理性。上文已提到苏南水乡传统村落一般历史悠久、环境复杂,影响植物景观效果的因素太多,在秉持评价模型构建的科学性、整体性、独立性三大原则基础上,请教校内长期从事风景园林教学的专业教授,查阅前人对于传统村落植物景观的研究资料,将相关资料汇总成表5-2。如马逍原将准则层分为生态功能层、景观功能层、社会功能层3个层次,将因子层分为植物对生境的适应能力、植物景观色彩丰富度、植物景观的经济效益等12个层次;孙春红、毛小春将准则层分为美景度、乡村性、环境友好度、可达性4个层次,将因子层分为乡土性、气息感、空间舒适性等14个层次。

表5-2 文献评价因子汇总

年份	作者	文章名	准则层	因子层
2020	卢雯韬	重庆主城区新型农村社区植物景观综合评价及其优化[241]	美学功能、生态功能、人文特色、建管成本	生活型结构多样性、观赏特性多样性、景观时序多样性、景观空间多样性、环境协调性、植物物种多样性、绿地率、单位乔木占有量、文化性、地域性、归属感、舒适性、乡土植物比例、群落稳定性、居民参与度、粗养护型植物景观运用程度
2019	马逍原	杭州传统村落植物景观案例研究[242]	生态功能层、景观功能层、社会功能层	植物对生境的适应能力、植物景观群落的稳定性、植物种类的丰富度、植物的乡土特性、植物景观季相变化、植物景观色彩丰富度、植物群落层次丰富度、植物形态丰富度、植物生长状况与养护管理、植物景观的文化特性、植物景观的经济效益、植物景观空间的参与性
2018	孙春红毛小春	重庆永川乡村植物景观调查与评价[243]	美景度、乡村性、环境友好度、可达性	自然性、空间感、季相性、协调度、乡土性、气息感、文化性、气候舒适性、空间舒适性、服务设施、距客源地远近、交通自由度、廊道密度、准入度
2017	纪雪	旅游开发型美丽乡村聚落植物群落特征分析、景观评价与优化模式研究[244]	景观美学吸引力、乡土文化感知力、生态环境增效力、植物产品附加力	植物形态、色彩与季相、绿视率、绿化整洁度、植物配置合理程度、植物观赏多样性、古树名木率、植物故事内涵、乡土树种比例、地方特色性、经济林果比例、田园菜圃比例、乡村植物科普价值、绿化覆盖率、群落稳定性、群落环境影响度、物种多样性、乔木成长度、植物产品知名度、可参与体验度
2016	陈思思徐 斌胡小琴	乡村植物景观评价体系的建立[245]	生态效应、社会效应、经济效应、美学效应	物种丰富度、群落稳定性、常绿落叶比、开花植物比、植物覆盖率、植物景观破碎化、农地景观面积比、土壤流失度、地域文化性特征、历史文化延续性、乡土树种代表性、植物景观教育性、农产品商品率、单位面积产值、植物景观自然性、植物景观空间感、季向丰富性、色彩丰富性、农田开阔性、植物景观多样化等

表格来源:作者自制

本次评价的研究对象为苏南水乡传统村落,目的是探索传统村落植物景观的影响因素。依据前人的研究基础和专家意见,将目标层分解为景观美学吸引力(B1)、水乡文化感知力(B2)、生态环境保障力(B3)、水乡环境亲和力(B4)4 个准则层,从 4 个不同的角度切入主体目标。景观美学吸引力主要用于测评苏南水乡传统村落植物景观对于观赏者的视觉冲击和心理影响,水乡文化感知力用于对比传统村落植物景观的文化寓意是否与苏南水乡悠久的植物历史文化相契合,生态环境保障力则用于客观衡量村落植物景观的生态效益,水乡环境亲和力用于分析景观中植物与苏南水乡传统建筑、水体等不同空间要素之间的联系及给人的心理感受。4 个准则层相互独立,进而继续拆解成不同的因子层。

景观美学吸引力(B1)对于传统村落植物景观极为重要,令人心情愉悦、具有吸引力的植物景观可促进传统村落的旅游业的发展,在这一准则层上分解的因子层包括:植物形态(C1)、植物色彩与季相(C2)、绿视率(C3)以及植物配置合理程度(C4)。

水乡文化感知力(B2)可以唤起观赏者对于苏南水乡地方植物景观的历史情怀,透过植物了解传统村落的历史文化背景,因此这一准则层的分解要注意植物与乡土文化的紧密联系性。考虑到苏南水乡传统村落历史悠久、文化元素丰富,因此分解的因子层包括:古树名木特色性(C5)、苏南乡土树种比例(C6)、水乡特色性(C7)、苏南地方林果比例(C8)以及乡村植物科普价值(C9)。

生态环境保障力(B3)直接代表传统村落一定范围内植物的生态效益,对于调节村落内部的小气候环境也有重要作用,因此在分解因子的选取上多偏向于一些传统的生态学指标,具体包括:绿化覆盖率(C10)、水乡环境适应性(C11)、植物物种多样性(C12)以及乔木成长度(C13)。

水乡环境亲和力(B4)相较于其他准则层相对特殊,在苏南水乡传统村落中富有年代感的构筑物、建筑较为常见,村内水网密布,因此植物景观唯有与村落整体的外部环境相协调才不会给人违和的视觉观感,在此基础上分解的因子包括:植物与水乡环境协调度(C14)以及可参与体验度(C15)。

综上,构建的苏南水乡传统村落植物景观评价因子体系如表 5-3 所示。

表 5-3 苏南水乡传统村落植物景观评价因子体系

目标层(A)	准则层(B)	因子层(C)
苏南水乡传统村落植物景观评价	景观美学吸引力(B1)	植物形态(C1)
		植物色彩与季相(C2)
		绿视率(C3)
		植物配置合理程度(C4)

（续表）

目标层（A）	准则层（B）	因子层（C）
苏南水乡传统村落植物景观评价	水乡文化感知力（B2）	古树名木特色性（C5）
		苏南乡土树种比例（C6）
		水乡特色性（C7）
		苏南地方林果比例（C8）
		乡村植物科普价值（C9）
	生态环境保障力（B3）	绿化覆盖率（C10）
		水乡环境适应性（C11）
		植物物种多样性（C12）
		乔木成长度（C13）
	水乡环境亲和力（B4）	植物与水乡环境协调度（C14）
		可参与体验度（C15）

表格来源：作者自制

2）指标因子含义

为进一步落实苏南水乡传统村落植物景观效果的影响因素，将准则层细化的 15 个评价因子进行辨析，具体指标含义见表 5-4。

3）评价指标权重计算

由于指标数量较多，主观判断难度较大且准确性不足，需要将同层次不同因子两两比较来判断指标重要性，具体方法是通过构造判断矩阵将文字化的结构模型转化为可供比较的数字化模型。

为减少指标间相互比较的困难，对判断矩阵采取 1—9 标度法（表 5-5），不同标度代表不同因子的重要性程度。在矩阵构造过程中，咨询 6 位经验丰富（对植物景观研究超过 5 年）的学校专家意见，通过重要性打分构造完整的判断矩阵。

表 5-4　苏南水乡传统村落植物景观评价各因子含义

目标层	准则层	因子层	因子层含义
苏南水乡传统村落植物景观评价	景观美学吸引力（B1）	植物形态（C1）	植物外在形态及韵律美感
		植物色彩与季相（C2）	植物色彩丰富度及季相变化区别度，包括植物花、叶、果的季相变化
		绿视率（C3）	人固定视野中绿色植物占的比重
		植物配置合理程度（C4）	乔灌草比例、常绿落叶植物比例、观花观叶观果树种搭配的合理性

（续表）

目标层	准则层	因子层	因子层含义
苏南水乡传统村落植物景观评价	水乡文化感知力(B2)	古树名木特色性(C5)	30年以上原生乔木的数量、规格等
		苏南乡土树种比例(C6)	苏南原生乡土树种占村落植物总数的比例
		水乡特色性(C7)	村落植物景观是否体现苏南水乡地理风貌特征
		苏南地方林果比例(C8)	苏南本土经济作物占村落植物总量的比例
		乡村植物科普值(C9)	具有珍贵科普价值或较明显的文化寓意植物种类数量
	生态环境保障力(B3)	绿化覆盖率(C10)	全部植物垂直投影面积之和与绿地总面积之比
		水乡环境适应性(C11)	植物的自我修复和维持能力、对于苏南水乡外部环境变化的抗干扰能力
		植物物种多样性(C12)	样地内不同植物种类的丰富程度
		乔木成长度(C13)	包括乔木长势、有无病虫害等生长状况以及植物的郁闭度
	水乡环境亲和力(B4)	植物与水乡环境协调度(C14)	植物与周边建筑或水体是否协调，有无违和
		可参与体验度(C15)	是否配有与植物景观相适应的休息设施，是否可以吸引人停留驻足

表格来源：作者自制

表 5-5 九级标度说明表

标度值	因素 i 比因素 j
1	同等重要
3	稍微重要
5	较强重要
7	强烈重要
9	极端重要
2、4、6、8	以上相邻判断的中间值
倒数	若因素 i 比因素 j 为 Z，那么因素 j 比因素 i 为 $1/Z$

表格来源：作者自制

在得到判断矩阵后需要将矩阵内的各行向量进行几何平均（方根法）和归一化处理，进而得到单因子权重及特征向量，具体步骤如下：

（1）将矩阵 A 内的每行各元素相乘，得到行元素的乘积 M_i：

$$M_i = \prod_{j=1}^{n} a_{ij} \quad (i = 1, 2, 3, \cdots, n) \tag{5-1}$$

（2）将所得乘积进行开方：

$$W'_i = \sqrt[n]{M_i} \quad (i=1,2,3,\cdots,n) \tag{5-2}$$

(3) 将上一步中所求得的方根向量进行归一处理：

$$W_i = \frac{W'_i}{\sum_{i=1}^{n} W'_i} \quad (i=1,2,3,\cdots,n) \tag{5-3}$$

(4) 计算判断矩阵 A 的最大特征根：

$$\lambda_{max} = \sum_{i=1}^{n} \frac{(AW)_i}{nW_i} \quad (i=1,2,3,\cdots,n) \tag{5-4}$$

在上述方法的实际运用过程中，由于过程烦琐，评价层次较为复杂，受到个人主观因素的影响，判断矩阵不可能具有完全一致性，特征向量会存在部分偏差。为确保得到的最终权重科学合理，还需要进行判断矩阵的一致性检验，检验步骤如下：

(1) 计算判断矩阵 A 的一致性指标 CI：

$$CI = \frac{\lambda_{max} - n}{n - 1} \tag{5-5}$$

其中 λ_{max} 为判断矩阵 A 的最大特征根，n 为判断矩阵的阶数。

(2) 根据一致性检测 RI 修正值表，查找同阶数的随机一致性指标 RI，1—9 阶矩阵的平均随机一致性指标如表 5-6 所示：

表 5-6 RI 修正值表

阶数	1	2	3	4	5	6	7	8	9
RI	0	0	0.52	0.89	1.12	1.26	1.36	1.41	1.46

表格来源：作者自制

(3) 计算判断矩阵 A 的随机一致性比例 CR：

$$CR = \frac{CI}{RI} \tag{5-6}$$

当 $CR=0$ 时，则说明判断矩阵的权重设置具有完全的一致性，当 $CR<0.10$ 时，可以认为判断矩阵具有满意的一致性，但如果 $CR \geqslant 0.10$ 时，说明输入的判断矩阵不满足一致性，需要不断进行调整修正，直到结果满足 $CR<0.10$ 要求为止。

经过 6 位专家对于同一层次中不同指标进行两两重要性打分，借助 yaahp V10.3 软件进行计算，最终得到各准则层、因子层的判断矩阵和相关权重，具体结果如表 5-7 至表 5-12 所示。

表 5-7 准则层各指标权重表

A	B1	B2	B3	B4	权重
B1	1	1/2	2	2	0.274
B2	2	1	2	3	0.415

(续表)

A	B1	B2	B3	B4	权重
B3	1/2	1/2	1	1	0.179
B4	1/2	1/3	1	1	0.132
$\lambda = 4.8725$ $CR = 0.0694 < 0.1$					

注:景观美学吸引力(B1),水乡文化感知力(B2),生态环境保障力(B3),水乡环境亲和力(B4)。

表格来源:作者自制

表 5-8 B1 层各指标权重表

B1	C1	C2	C3	C4	权重
C1	1	1/4	1/2	1/3	0.098
C2	4	1	2	1	0.382
C3	2	1/2	1	1/2	0.172
C4	3	1	2	1	0.348
$\lambda = 4.2483$ $CR = 0.0416 < 0.1$					

注:植物形态(C1),植物色彩与季相(C2),绿视率(C3),植物配置合理程度(C4)。

表格来源:作者自制

表 5-9 B2 层各指标权重表

B2	C5	C6	C7	C8	C9	权重
C5	1	2	1	3	4	0.332
C6	1/2	1	1/2	2	2	0.164
C7	1	2	1	3	3	0.295
C8	1/3	1/2	1/3	1	1	0.108
C9	1/4	1/2	1/3	1	1	0.101
$\lambda = 5.3943$ $CR = 0.0268 < 0.1$						

注:古树名木特色性(C5),苏南乡土树种比例(C6),水乡特色性(C7),苏南地方林果比例(C8),乡村植物科普价值(C9)。

表格来源:作者自制

表 5-10 B3 层各指标权重表

B3	C10	C11	C12	C13	权重
C10	1	1/4	1/7	1/2	0.086
C11	4	1	1/2	2	0.319
C12	7	2	1	3	0.453
C13	2	1/2	1/3	1	0.142
$\lambda = 4.7296$ $CR = 0.0362 < 0.1$					

注:绿化覆盖率(C10),水乡环境适应性(C11),植物物种多样性(C12),乔木成长度(C13)。

表格来源:作者自制

表 5 - 11　B4 层各指标权重表

B4	C14	C15	权重
C14	1	2	0.667
C15	1/2	1	0.333
λ＝2　CR＝0＜0.1			

注:植物与水乡环境协调度(C14),可参与体验度(C15)。

表格来源:作者自制

表 5 - 12　各层指标权重汇总表

准则层	权重	指标层	单层权重	总权重
景观美学吸引力 (B1)	0.274	植物形态(C1)	0.098	0.027
		植物色彩与季相(C2)	0.382	0.105
		绿视率(C3)	0.172	0.047
		植物配置合理程度(C4)	0.348	0.095
水乡文化感知力 (B2)	0.415	古树名木特色性(C5)	0.332	0.138
		苏南乡土树种比例(C6)	0.164	0.068
		水乡特色性(C7)	0.295	0.122
		苏南地方林果比例(C8)	0.108	0.045
		乡村植物科普价值(C9)	0.101	0.043
生态环境保障力 (B3)	0.179	绿化覆盖率(C10)	0.086	0.015
		水乡环境适应性(C11)	0.319	0.057
		植物物种多样性(C12)	0.453	0.081
		乔木成长度(C13)	0.142	0.025
水乡环境亲和力 (B4)	0.132	植物与水乡环境协调度(C14)	0.667	0.088
		可参与体验度(C15)	0.333	0.044

表格来源:作者自制

4)评价指标权重结果分析

不同的权重代表了不同指标因子在整个评价体系中的重要性程度,真实客观地反映了不同的因子对于苏南水乡传统村落植物景观效果的影响程度。因此,分析各因子权重大小的排序关系,可以快速把握提升传统村落植物景观的主要方向。

在准则层中,水乡文化感知力 B2(0.415)＞景观美学吸引力 B1(0.274)＞生态环境保障力 B3(0.179)＞水乡环境亲和力 B4(0.132)(图 5 - 2)。表明对于苏南水乡传统村落而言,水乡文化的感知效果

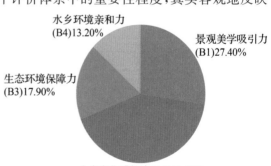

图 5 - 2　准则层权重值占比图

图片来源:作者自绘

对于植物景观影响最大,这与苏南传统村落历史悠久、传统内涵丰富的特点相符合,也说明在传统村落植物景观营造时,将乡土文化融入其中以植物作为载体呈现,景观效果将会有较大提升。景观美学效果仅次于乡土文化位列第二,说明对于植物景观,良好的视觉效果永远不能忽视,好的视觉感官能直观地提升村民和游客对于植物景观的好感。水乡环境亲和力排名最后,其权重远低于水乡文化感知力和景观美学吸引力,与生态环境保障力接近,说明植物在传统村落人居环境中还不是主要元素,但是植物与周边要素的协调性极有可能影响苏南水乡传统村落的整体风貌,并不能完全忽视。

在 B1 景观美学吸引力中,植物色彩与季相 C2(0.382)>植物配置合理程度 C4(0.348)>绿视率 C3(0.172)>植物形态 C1(0.098)(图 5-3)。植物色彩与季相所占权重最高,说明视觉美感方面,色叶植物与季相变化给人的冲击力最大,留下的印象最深,也最容易在苏南水乡传统村落营造良好的景观效果。植物配置合理程度位列第二,合理且富有层次的植物配置模式也是给植物景观增质增效的重要方式。绿视率和植物形态的权重占比较低,可能原因是在苏南传统村落中建筑物、古迹等要素吸引力偏大,游客对于植物外在形态等特征关注度不够,难以达到良好效果。

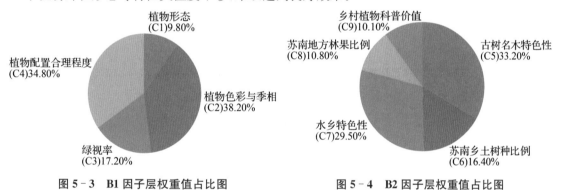

图 5-3　B1 因子层权重值占比图　　　图 5-4　B2 因子层权重值占比图

图片来源:作者自制

在 B2 水乡文化感知力中,古树名木特色性 C5(0.332)>水乡特色性 C7(0.295)>苏南乡土树种比例 C6(0.164)>苏南地方林果比例 C8(0.108)>乡村植物科普价值 C9(0.101)(图 5-4)。古树名木特色性权重占比最高,原因在于古树名木是传统村落历史发展的见证者,兼具视觉观赏性和文化内涵,最容易引人注目并给人留下深刻的印象。水乡特色性权重排名紧随其后,说明在“千村一面”、村落同质化发展的背景下,更多的人开始关注植物景观的特色性和地方性。苏南地方林果比例和乡村植物科普价值权重相近,排名靠后,对乡土文化的感知影响力较小。

在 B3 生态环境保障力中,植物物种多样性 C12(0.453)>水乡环境适应性 C11(0.319)>乔木成长度 C13(0.142)>绿化覆盖率 C10(0.086)(图 5-5)。植物物种多样性作为衡量生态效益最常用的生态学指标占据了最大权重,较高的植物多样性有利于营造传统村落的小气候环境。水乡环境适应性则可以帮助植物景观在面临部分人为干扰和自然影响时保持原有状态,继续发挥生态效益,较好地适应苏南水乡环境变化。乔木成长度和绿化覆盖率虽所占权重不高,但是也都会对乡村植物景观效果和风貌产生影响,须予以重视。

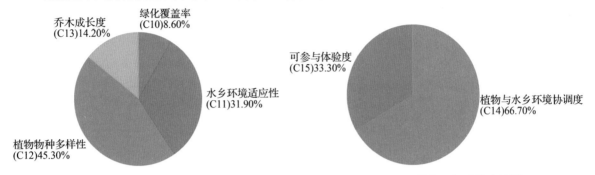

图 5-5　B3 因子层权重值占比图　　　　图 5-6　B4 因子层权重值占比图

图片来源:作者自制

在 B4 水乡环境亲和力中,植物与水乡环境协调度 C14(0.667)>可参与体验度 C15(0.333)(图 5-6)。水乡环境中的因子数量较少,植物与水乡环境协调度相较于可参与体验度更为重要,说明在苏南水乡的特殊环境中,植物景观必须与建筑以及水体相协调才能与传统村落的整体风貌相符,同时在建设植物景观时也需注意可参与体验的人性化设计。

5) 确立评分标准

根据前文构建的 AHP 模型以及确定的相关权重,共选取指标 15 个,指标中包括定性指标和定量指标。定量指标主要依托生态学计算方式,且部分定量指标评分标准参照国家标准《传统村落保护与利用》。定性指标则依靠个人对于照片和现场的主观感受进行评分。同时为了统一标准,并且方便使用 AHP 法进行量化计算,对各因子采用标准评分的方法,采用 5 分制的计分标准,将各个指标分为 3 个等级,由低到高分别为 0—1、2—3、4—5(打分必须为整),所有因子具体的评分标准见表 5-13。

表 5-13　各指标因子评分标准

评价因子	评价因子评分标准
植物形态 (C1)	植物形态单一,缺乏修剪,整体植物景观呆板单调,缺乏变化(0—1 分)
	植物形态有一定区别,部分植物修剪较好,整体植物景观有一定程度变化,但是缺乏韵律(2—3 分)
	植物形态丰富,全部植物经过精心修剪养护,枝叶繁茂,整体植物景观变化较多,富有韵律(4—5 分)
植物色彩与季相 (C2)	植物色彩单一,缺乏色叶树种,且在秋冬季基本没有季相变化(0—1 分)
	植物色彩较为丰富,有一定数量的色叶树种,且在秋冬季能够感受到季相变化(2—3 分)
	植物色彩非常丰富,色叶树种较多,且在秋冬季能够感受到明显的季相变化(4—5 分)

评价因子	评价因子评分标准
绿视率(C3)	在观赏画面中,植物在视野中所占比例低于30%,观赏者舒适感较差(0—1分)
	在观赏画面中,植物在视野中所占比例为30%—60%,观赏者舒适感较好(2—3分)
	在观赏画面中,植物在视野中所占比例为高于60%,观赏者舒适感极佳,且能够缓解疲劳(4—5分)
植物配置合理程度(C4)	样地植物景观观赏特性单一,植物种类少,单层配置或乔灌草搭配不合理,植物层次感较弱(0—1分)
	样地植物种类较为丰富,观赏特性不单调,植物层次不少于两层,乔灌草搭配较为合理,植物层次感较强(2—3分)
	样地植物种类极为丰富,观赏特性多元,植物层次多于两层,乔灌草搭配非常合理,植物层次感强(4—5分)
古树名木特色性(C5)	样地内30年以上原生乔木占比低于10%,且古树缺乏养护管理,生长较差,无法体现村落特色(0—1分)
	样地内30年以上原生乔木占比高于10%,且古树长势较好,能体现村落的植物景观特色(2—3分)
	样地内30年以上原生乔木占比高于20%,且古树有专人定期养护管理,枝繁叶茂,能很好地代表村落植物景观特色(4—5分)
苏南乡土树种比例(C6)	苏南原生植物所占全部植物比例低于30%,植物景观缺乏乡土气息(0—1分)
	苏南原生植物所占全部植物比例为30%—60%,植物景观能体现乡土气息(2—3分)
	苏南原生植物所占全部植物比例高于60%,植物景观乡土气息浓郁(4—5分)
水乡特色性(C7)	所选用植物毫无特色,植物景观可识别度低,无法体现苏南水乡景观风貌(0—1分)
	所选用植物较有特色,植物景观有一定识别度,可以体现苏南水乡景观风貌(2—3)
	所选用植物辨识度高,地方特色明显,能成为苏南水乡景观风貌的标志符号(4—5分)
苏南地方林果比例(C8)	苏南本土经济林果占全部植物的比例低于25%,植物生产和经济价值低(0—1分)
	苏南本土经济林果占全部植物比例为25%—50%,植物生产和经济价值中等(2—3分)
	苏南本土经济林果占全部植物比例高于50%,植物生产和经济价值高(4—5分)

评价因子	评价因子评分标准
乡村植物科普价值（C9）	样地中较为稀有或具有一定文化寓意，能起到科普教育功能的植物种类少（0—1分）
	样地中较为稀有或具有一定文化寓意，能起到科普教育功能的植物种类较多（2—3分）
	样地中较为稀有或具有一定文化寓意，能起到科普教育功能的植物种类非常丰富（4—5分）
绿化覆盖率（C10）	丘陵地区绿化覆盖率低于30%，平原地区低于25%（0—1分）
	丘陵地区绿化覆盖率为30%—60%，平原地区为25%—50%（2—3分）
	丘陵地区绿化覆盖率高于60%，平原地区高于50%（4—5分）
水乡环境适应性（C11）	样地内植物为同龄林，幼苗数量少，对外界干扰抵御能力差，无法适应苏南水乡气候环境（0—1分）
	样地内植物为异龄林，栽有一定数量幼苗，能抵御一定程度的水乡环境外界干扰（2—3分）
	样地内植物龄级较多，幼苗数量多，对外界干扰抵御能力好，能较好适应苏南水乡气候环境（4—5分）
植物物种多样性（C12）	样地内植物群落的种类较少，其中木本植物数量少于6种，整体植物丰富度较低（0—1分）
	样地内植物群落的种类较一般，其中木本植物数量为6—12种，整体植物丰富度中等（2—3分）
	样地内植物群落的种类较多，其中木本植物数量多于12种，整体植物丰富度较高（4—5分）
乔木成长度（C13）	样地内的乔木低矮稀疏，长势较差，乔木平均高度低于8 m，平均胸径小于10 cm，郁闭度小于0.5（0—1分）
	样地内的乔木长势一般，乔木的平均高度为8—12 m，平均胸径为10—15 cm，郁闭度为0.5—0.7（2—3分）
	样地内的乔木长势良好，乔木的平均高度高于12 m，平均胸径大于15 cm，郁闭度高于0.7（4—5分）
植物与水乡环境协调度（C14）	样地内植物与周边建筑、构筑物、水体等要素缺乏联系或存在冲突，整体画面协调感较差（0—1分）
	样地内植物与周边建筑、构筑物、水体等要素有一定联系，且多种要素间不存在冲突，整体画面协调感一般（2—3分）
	样地内植物与周边建筑、构筑物、水体等要素联系紧密、相互依存，整体画面协调感好（4—5分）

（续表）

评价因子	评价因子评分标准
可参与体验度（C15）	样地内植物与人游赏互动、供人近距离接触的开放程度低,植物旁缺乏游憩设施（0—1分）
	样地内植物与人游赏互动、供人近距离接触的开放程度中等,植物旁有一定数量的游憩设施（2—3分）
	样地内植物与人游赏互动、供人近距离接触的开放程度高,植物旁游憩设施完善（4—5分）

表格来源:作者自制

6）评价方程与植物景观质量分级

（1）建立评价方程

根据前文对苏南水乡传统村落植物景观 AHP 评价模型的构建,已经完成了指标因子的选取、因子权重的计算与检验、评分标准的确定等步骤,代入各指标因子权重之后,建立苏南水乡传统村落植物景观综合评价方程。

AHP 法景观评价综合评分公式为:

$$S = \sum_{i=1}^{n} C_i W_i \qquad (5-7)$$

式中:S——用 AHP 法得到的植物景观综合评价分值;

C_i——第 i 个指标因子的得分值;

W_i——第 i 个因子在整个评价体系中所占的权重。

根据上文 6 位学校专家打分构造的判断矩阵及相应权重,最终得到的苏南水乡传统村落植物景观综合评价方程为:

$$S = 0.027C1 + 0.105C2 + 0.047C3 + 0.095C4 + 0.138C5 + 0.068C6 +$$
$$0.122C7 + 0.045C8 + 0.043C9 + 0.015C10 + 0.057C11 +$$
$$0.081C12 + 0.025C13 + 0.088C14 + 0.044C15$$

（2）植物景观质量等级评定

为了更加直观感受植物景观效果的优劣,评价研究一般会划分等级对植物景观进行分类。学术上通常使用 CEI（景观综合评价指数）来表示景观质量效果,CEI 值的计算方法为将得到的综合评分 S 除以植物景观质量的理想值（每个指标因子的权重值乘以该因子理论上的最高得分值）,CEI 值一般以百分比分级来将景观质量划分成四个等级,由高到低排序依次为 Ⅰ（优秀）、Ⅱ（良好）、Ⅲ（一般）、Ⅳ（差）,详见表 5-14。

表 5‑14　苏南水乡传统村落植物景观质量等级表

CEI 值/%	100—86	85—70	69—60	<60
等级	Ⅰ	Ⅱ	Ⅲ	Ⅳ

表格来源:作者自制

5.2.4　SBE 美景度评价法应用

1）美景度评价法评价原则

（1）系统性原则

在使用美景度评价法的过程中,必须保证方法的系统完整,从评价样地和评价者的选取、评价者打分到评价结果的统计与分析,各流程必须环环相扣、科学严谨,在整个过程中任何步骤的缺失或者反序都会导致评价结果科学性不足,进而无法获得严谨合理的结论。

（2）可操作性原则

和其他评价方法相比,方法简单、操作便捷是一大优势。在进行苏南水乡传统村落植物景观评价时,前期拟定的所有步骤必须具备现实可行性,对于流程过于烦琐、实行难度过高的步骤应予以简化或去除,保证整个评价过程的有序进行。

（3）普遍与特殊性原则

苏南水乡传统村落数量较多、面积较大、植物景观分布不均且多样复杂,在评价过程中,由于人力、物力等诸多因素限制,不可能对传统村落的每一处植物景观都进行评价。因此,选择具有代表性的样地是最佳的方式,同时也是至关重要的步骤,应兼顾普遍与特殊性原则。普遍性是指样地本身要处在村民和游客日常经过或使用的范围内,具有普遍代表性;特殊性则指多个样地不能重复性过高,以免选择的景观同质化,且样地最好能代表某一类植物景观的特点,尽量选择不同植物层次、不同景观类型的样地进行评价。

2）美景度评价法基本流程

（1）评价者的选取

由前文可知,与对专业要求较高的 AHP 法不同,SBE 法步骤简单,因此本次打分选取的人员全部为非专业人员,为保证最终评测结果的严谨性,参与打分的人员共分为两组,他们分别是苏南水乡传统村落临时游客以及本地村民,共计 54 人,其中传统村落游客 30 人,本地村民 24 人。

（2）评价步骤

美景度评价法基于心理物理学基础,有两种常见的打分方式,分别是室外现场打分和室内照片打分。考虑到本次研究的植物景观分布在多个传统村落内,分散度较高,若采用室外现场打分耗费的人力物力大、过程烦琐,极容易引起评分者的抵触情绪。基于可操作性原则,本次评价具体形式采取室内照片打分,且前人的研究经验已经表明这两种打分方式不存在统计学意义上的差距。

为保证评价过程的客观合理性,将不同传统村落选定的样地照片进行样地顺序编号,将编号后的照片以幻灯片的形式呈现给评价者,并将幻灯片设置为自动播放的模式以减少人为因素干扰,幻灯片之间的切换时间设置为10秒。

在进行打分之前,向每一位评价者说明打分的具体细则以及分值高低的代表意义,发放提前设计好的苏南水乡传统村落植物景观打分表,并在打分结束后第一时间回收表格,避免影响下一位打分者。

根据前人的美景度评测法使用经验,将满分设置为10分,即评价者根据自己对于样地照片的直观印象进行赋分,分值的范围为1—10分(须为整数),分值越高,表明样地植物景观越美,反之则表明评价者认为样地植物景观越差。

在评价者打分结束后,将打分表回收并统计,剔除掉无效和参考价值较低的表格,将所得数据输入到SPSS统计学分析软件中,依据SBE法的基础公式计算,计算公式如下:

$$MZ_i = \frac{1}{m-1}\sum_{k=2}^{m} f(CP_{ik}) \tag{5-8}$$

$$SBE_i = (MZ_i - BMMZ)\times 100 \tag{5-9}$$

式中:MZ_i——第i块样地植物景观的平均Z值;

CP_{ik}——评分人员给样地i打分大于或等于K的频率;

$f(CP_{ik})$——积累正态函数分布频率;

m——赋分值的等级数,本次打分的限定范围是1—10分,所以等级数为10;

SBE_i——样地i的最终SBE得分值;

$BMMZ$——基准线组的平均Z值,即在各样地中随机抽取一块样地作为评分对照组赋值为0,由公式来计算其他样地的SBE值。若所得到的SBE值为正值,则说明样地的美景度高于基准线组;若为负值,则说明样地的美景度低于基准线组。

5.3 苏南水乡传统村落植物景观评价实例研究

5.3.1 村落概况

1)东村

东村(图5-7、图5-8)位于苏州西山岛北端,南靠青山,北倚太湖,与横山、阴山、绍山各岛遥遥相望,原属堂里乡,因汉初"商山四皓"之一的东园公归隐于此得名。东村现以种植业为主要产业,花果以柑橘、梅子、桃子、石榴为主,有果园 200 亩,其中石榴产量最大。东村建村于秦末汉初,历史悠久,古迹遗存保留较好,有敬修堂、芳柱堂、慎思堂等明清宅第多处。栖贤巷门现为县级文物保护单位,而敬修堂占地两千余平方米,为西山岛上面积最大的古建筑,建于乾隆十七年(1752 年),前后共六进,左右设门枕石,石上刻有浮雕。门顶有额枋,顶端雕刻春夏秋冬四季花卉。东村古村于 2013 年 8 月被列入第二批中国传统村落名录,并在 2020 年 4 月入选江苏省首批传统村落名录。

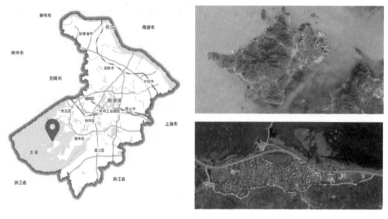

图 5-7　东村区位图

图片来源:作者自绘

图 5-8　东村鸟瞰图

图片来源:作者自摄

2)陆巷村

陆巷村(图 5-9、图 5-10)位于苏州东山镇,整体地形背山面湖,东靠东山主峰莫厘峰,西枕太湖。现有 31 个村民小组,1461 户,现有人口 5156 人(2021 年 1 月数据)。陆巷为东山王氏家族世居之地,原称王巷。后因明正德初大学士王鏊曾祖父王彦祥,入赘陆子敬家为婿(陆经商淮西,值兵乱莫知所终),遂改称陆巷,而后虽王彦祥归宗后恢复王姓,而陆巷之名至今未改。

图 5-9 陆巷村区位图

图片来源:作者自绘

图 5-10 陆巷村鸟瞰图

图片来源:作者自摄

陆巷村以古建筑闻名,保存完好的惠和堂、萃和堂、遂高堂等明清建筑达 30 余处,是吴县古建筑数量最多、保存较好、质量极高的一个古村落,也是香山帮建筑的典范。村内宅院鳞次栉比,顺应地形,随高就低,其中的不少大型住宅建筑保留完整,颇具艺术价值和历史研究价值,砖砌道路平整舒坦,也有一说是村内有六条横巷,"陆(六)巷"之名由此而得,素有"太湖第一古村落"的美誉。

陆巷村当前正大力发展旅游业和种植业,绿化面积 1500 余亩,果树种植达 3800 亩,种有江南有名的洞庭红橘,也产有久负盛名的江南名茶碧螺春,产业兴旺发达,村民富裕富足。2012 年 12 月入选国家首批传统村落名录,当前已入选首批江苏省传统村落名录及江苏省乡村旅游重点村名录。

3）杨湾村

杨湾村（图5-11、图5-12）原称杨湾大队，位于东山镇西南部，背山临湖，总面积约11.86 km²，村内现有农户1120户，人口3760人（2022年1月数据）。杨湾村民国时期曾为杨湾镇镇公所驻地，其内杨湾街呈十字相交，各长500 m。现存老街东起杨湾浜场，西至轩辕宫，倚山靠湖，古木参天，风景秀丽，是东山保存较为完整的一条古街。村内文物较多，保留着怀荫堂、熙庆堂、净云庵等20多处明清古建筑。街道古朴典雅，旧时有"三街六巷门"之美誉，时至今日，仍有一条街被称为"明代一条街"。境内有一山丘，1993年时

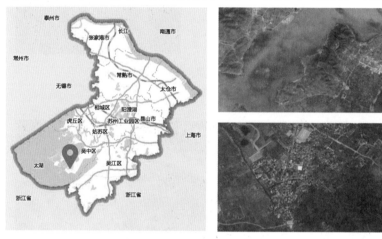

图5-11 杨湾村区位图

图片来源：作者自绘

图5-12 杨湾村鸟瞰图

图片来源：作者自摄

任苏州国画院副院长的蔡廷辉抬石料于此刻成石景,作品流传后世,风景独胜。

杨湾村在 20 世纪 80 年代前以水产养殖业为主要产业,90 年代起调整产业布局,开发了虾、蟹等特色水产产品,并同步调整了果品种植结构,种植的主要产品为橘子和白果。现今的杨湾村也在依靠丰富的历史建筑遗存发展旅游业,2013 年 8 月被列入中国第二批传统村落名录,2014 年 2 月同步入选第六批中国历史文化名村。

5.3.2 村落植物调查

1)传统村落实地调查方法

依据前人经验,典型的植物景观调查包括两种方式,分别是线路调查和群落调查。线路调查即按照事先选定的线路有计划、有组织地开展调查;群落调查是指从有代表性的典型植物景观着手,从中选取典型空间调查。本章选取线路调查方式,通过地方志文献查阅、地图影像资料、现场实勘与意见咨询等方法规划好村落调研路径,使调研路径尽可能覆盖三个传统村落的主要空间,具体的调查内容包括植物种类调查和典型植物景观调查。

(1)植物种类调查

植物种类调查主要借鉴《高等植物图鉴》《江苏植物志》《中国植物志》等权威书籍作为标准,配合移动设备上的植物识别软件如"形色""花伴侣"等进行村内植物种类的精准识别,调查的内容还包括植物的数量、生长养护情况等,通过拍照、测量、数据统计等形式分析相关内容。

(2)典型植物景观调查

对于部分处于村内重要交通位置、历史文化意义丰富或对村民日常生活影响较大的植物景观,要重点统计并记录植物的相关信息。部分极具代表性的植物景观要选取为样地,样地面积一般以 100~200 m² 为宜,对样地内全部植物进行统计,识别样地内的植物组团模式并进行系统分析,向村民、管理人员等了解植物景观养护管理现状及养护成本等情况,对于植物景观效果较好的样地要总结其种植模式,效果较差的样地要分析其原因,为传统村落植物景观建设提供参考。

2)调查结果与分析

(1)植物种类分析

经过沿预定道路现场踏勘并记录总结,本次调研的 3 个传统村落植物统计结果如下:在调查范围内共发现 66 科、103 属、122 种植物,其中乔木共计 25 科、41 属、52 种,灌木共计 17 科、19 属、22 种,草本植物共计 20 科、37 属、41 种,竹类植物共计 1 科、3 属、4 种,藤本植物共计 3 科 3 属 3 种。可见乔木和草本植物在 3 个传统村落中占据绝对比重,灌木相对较少,植物种类详见附录一。

根据植物种类调查结果,乔木是构成东村等 3 个传统村落植物景观最重要的组成部分,植物种类最为丰富、多样性程度最高,所占比例达到 42.62%。在乔木的具体构成中,蔷薇科植物占比最高,8 种植物共占比 15.38%,常见的蔷薇科乔木包括村落生产空间中的经济树种枇杷,用于村口公共空间装饰的东京樱花及垂丝海棠等;而榆科植物排名紧随其后,6 种植物占比 11.54%,村内常见的榆科植物包括道路和房屋建筑旁种植的榔榆、榆树、朴树等,其他常见的乔木还包括木犀科的女贞、桂花、小蜡,杨柳科的垂柳、旱柳,无患子科的栾树、无患子等。

而在调查村落的灌木组成时,发现在 3 个传统村落中,灌木种类和数量都普遍偏少,中层灌木植物种类仅 22 种,占比 18.03%。在灌木构成中,黄杨科和木犀科占比相同且最高,都是 13.64%。常见的植物种类包括村口以及村内休憩空间绿化的金边大叶黄杨、小叶女贞等;其次是忍冬科,共 2 种植物占比 9.10%,分别是忍冬和法国冬青;其余 14 科植物每科均只发现 1 种植物,占比相同,累计占比 63.62%,数量较多且具有代表性的包括五加科的八角金盘、海桐花科的海桐、金缕梅科的红花檵木等,它们在传统村落中层植物景观中占据重要地位。

调查中发现的草本植物在种类上仅次于乔木,在全部植物中占比 33.61%。在草本植物构成中,蔷薇科占比最高,共计 6 种占比 14.63%,包括村民在庭院种植的月季和菱叶绣线菊等。其次是菊科以及禾本科植物,都包括 5 种植物,占比相同为 12.20%,如种植在村口开敞空间的孔雀草、大吴风草等菊科植物以及散乱分布在村民宅旁空地的狼尾草、鸭嘴草等禾本科植物。其他常见草本地被包括百合科的玉簪、紫萼,豆科的白车轴草、野豌豆,以及茜草科的栀子等,它们是苏南水乡传统村落下层植物景观的重要组成部分。

除乔木、灌木、草本植物以外,在村落内发现 4 种竹类植物,分别是禾本科的刚竹、毛竹、苦竹以及凤尾竹,大多丛植于村内的游憩空间以及宅旁的闲置空地。此外,还有 3 种藤本植物,分别是木犀科的云南黄素馨、紫葳科的凌霄以及夹竹桃科的络石,藤本植物多依附于废弃建筑或者围墙的外立面,以垂直绿化的方式增加了村落的整体绿量。

在分别统计不同传统村落的植物时,3 个村植物种类由高到低的顺序是东村>陆巷村>杨湾村。种类最丰富的东村共计 87 种,有全调研村落 71.31% 的植物;种类最少的为杨湾村,共计 54 种,占比 44.26%。

调查结果中值得注意的是,东村的面积占比在 3 个传统村落中排名仅第二,但是在乔木、灌木、草本种类数上都有一定的领先。调查发现东村在入口的观赏大草坪以及侧面的休闲广场上都种植了较多的紫薇、桂花、鸡爪槭等乔木及红花檵木、金边大叶黄杨等灌木,使整个植物景观空间层次分明,色彩多样且具有较强的视觉冲击力。在调查陆巷村时发现,村内种植主要以枇杷等生产类植物为主,观赏类植物较少,且在水边以及宅旁绿地中存在部分荒地未种植任何植物,所以在植物种类上不及东村。杨湾村面积最小,植物种类多样性在 3 个传统村落中最低,但是藤本植物数量最多,不少建筑的外立面都有络石及花叶蔓长春作为垂直绿化。总体而言：东村观赏类色叶乔木较多，灌木和草本植物也有一定数量；陆巷村生产类乔木较多，不少传统建筑内部也有层次丰富的灌木和草本；而杨湾村灌木数量匮乏，不少宅旁植物景观都缺乏中层植物，层次感不足，但是在垂直绿化方面领先其他两个村落。

（2）常绿落叶组成分析

将3个传统村落的乔木和灌木按照常绿和落叶分类可以得到，常绿植物总计17科、21属、24种，落叶植物总计28科39属50种。落叶植物占比远高于常绿植物，从功能性角度来看，不少落叶植物兼具观赏和经济价值，夏季能提供较好的遮阳效果，秋季能通过季相变化呈现较好的景观效果，这样的配比符合苏州的气候特征，能够保证在秋季时植物景观色彩丰富，冬季时体现植物特征，既保持一定的绿量，不至于显得过于荒凉，又保证了植物景观的区别度，在冬季时景观更加通透，不会使空间环境过于郁闭而显得阴冷。

将3个传统村落的乔灌木按照常绿乔木、落叶乔木、常绿灌木、落叶灌木具体划分。在乔木中，常绿与落叶的树种比例约为1∶3，由此可知落叶乔木是村落植物景观的核心元素，不少村落公共空间都通过栽植银杏、鸡爪槭以及一些榆科植物来展示植物色彩和季相变化。常绿植物主要包括蔷薇科的枇杷、樟科的香樟、松科和柏科植物等，它们的主要作用是在冬季提供充足的绿量以及搭配落叶树作为背景构成多彩的植物景观。而在灌木中常绿与落叶的树种比例约为1∶1，这表明在灌木中，常绿与落叶树种搭配非常均衡，不少村落都栽植了海桐、小叶黄杨等常绿灌木保证中层植物景观四季绿量充足，确实起到了良好的效果。

在3个传统村落中，东村的常绿和落叶乔木种类都排在首位，也从侧面表明其季相变化及植物色彩的丰富性。东村和陆巷村的落叶灌木种类数相同，说明二者在中层植物景观上具有一定的相似性。杨湾村由于面积较小，宅旁的绿化空间较为局促，导致植物种类的选择空间较小，在景观丰富度上不及其他两个传统村落，在季相观赏效果上也有所欠缺。

（3）植物乡土性分析

在建设传统村落植物景观时，可以通过大量使用乡土植物来保持传统村落的"乡土气息"。欧美国家学者普遍认为乡土植物是在没有人为干扰的情况下，一个地区或生态系统自发生长的植物[246]。相对于外来植物，乡土植物安全性更高，不会造成生物入侵、破坏生态系统等安全问题[247]，对于传统村落本土环境而言，乡土植物可以保证地方的物种多样性和生态稳定性，最大限度提升地方植物景观的区别度和辨识度[248]，乡土植物已经成为传统村落植物景观不可或缺的组成元素。在经过实地调查统计后，3个村落共发现国外引进植物19种，约占调查发现传统村落植物种类总数的15.57%；在国内生长但并不广泛分布于苏南水乡传统村落的植物种类计23种，占比18.85%；乡土植物种类

80 种,占比 65.57%(详见表 5-15)。乡土植物种类丰富,占比非常高,村内大部分植物景观以乡土植物作为造景主体,整体植物景观具有较强的本土气息,突出了传统村落的植物景观特色,也保证了生态系统稳定。

表 5-15 传统村落乡土植物统计表

	乡土植物	国内生长	国外引入
科	43	22	16
科占比/%	78.18	40	29.09
属	69	22	19
属占比/%	67.65	21.57	18.63
种	80	23	19
种占比/%	65.57	18.85	15.57

在 3 个村落乡土植物比例的具体调查中,按乡土植物比例从高到低的排序为杨湾村>东村>陆巷村。杨湾村虽然在植物种类数量上排名最低,但选用的多为本土植物,如在村口空间通过大量种植银杏,在秋季时既体现了本土特色又达到了较好的景观效果,即使在非本土植物的使用上,也大多选用小叶黄杨、连翘等国内生长植物。陆巷村的乡土植物比例排名最低,原因包括部分村民在庭院中种植了天人菊、金光菊等国外引进的菊科植物,虽然有较好的装饰作用,但是整体植物景观的乡土性有待加强。

(4)植物观赏特性分析

不同的植物由于生理学特性不同,往往呈现不同形态,在视觉观赏特性上各有侧重点,且乔木由于树形等方面的优势,往往有着最丰富的观赏特性,充当植物景观中的视觉焦点。不同乔木也能营造不同的景观效果,如蔷薇科的碧桃、海棠、樱花等植物适合在春季观花,营造热烈、温暖的春季氛围,银杏、鸡爪槭等植物适合在秋季观叶,达到层林尽染的效果,营造和其他季节不同的色彩景观,而香樟、女贞等常绿植物四季都可以用来观形与观叶,尤其在冬季也能保持枝繁叶茂的形态,使冬季植物景观不会过于萧条。从植物观赏特性的角度对传统村落内出现较多的主要植物进行分类(表 5-16):就乔木而言,观形类植物偏多,罗汉松、侧柏、圆柏等植物因为优美的造型受到不少村民和游客的偏爱,而观花、观叶、观果类植物种类数量接近,它们经常被搭配种植以营造更加丰富的景观效果,同时也有不少像紫叶李、鸡爪槭、栾树、无患子等兼具多种观赏特性的植物被广泛使用。灌木中观花与观叶类植物种类偏多,它们构成了传统村落的主要中层植物景观。草本和藤本由于植物高度较低无法达到和乔灌木类似的多元观赏效果,一般以观花为主,不少村民家中庭院都栽植了月季、野蔷薇、天人菊等作为观赏植物,在开花季节也提升了村落的植物美景度,令人赏心悦目。

表 5‒16 村落主要植物观赏特性统计表

植物生活类型	植物种类	主要观赏特性				
		观花	观叶	观果	观形	观干
乔木	东京樱花、梅花、玉兰、紫薇	√				
	女贞、银杏、五角枫、小蜡		√			
	枇杷、杨梅、柿、板栗、柑橘			√		
	雪松、白皮松、罗汉松、侧柏、圆柏、垂柳、构树、桑、麻栎、香樟、香椿、苦楝、国槐、刺槐				√	
	水杉、落羽杉、杉木					√
	鸡爪槭、乌桕、榉树、榆树、榔榆、小叶朴、朴树		√		√	√
	无患子、栾树		√	√	√	
	紫叶李、垂丝海棠、碧桃、杏	√		√		
灌木	金钟、连翘、木芙蓉、杜鹃、海桐、西府海棠	√				
	夹竹桃、红花檵木	√	√			
	八角金盘、小叶女贞、黄杨、小叶黄杨、金边大叶黄杨、忍冬		√			
	卫矛、无刺枸骨		√	√		
	法国冬青		√	√	√	
	石榴	√		√		
草本	菱叶绣线菊、月季、野蔷薇、小果蔷薇、美丽月见草、牵牛花、紫茉莉、鸡冠花、天人菊、孔雀草、金光菊、栀子、玉簪、紫萼、花叶蔓长春	√				
竹类	刚竹、毛竹、苦竹、凤尾竹				√	
藤本	凌霄、云南黄素馨、络石	√				

表格来源：作者自制

5.3.3 村落评价样地选择

1）评价样地选择原则

在对苏南水乡传统村落植物进行全面调研时应当同时选取一定数量的研究样地用于之后的评价研究，通过搜寻文献资料及对前人相关研究进行总结，评价样地在选择时必须遵循以下原则。

（1）代表性原则

选择的样地要能代表村落一定范围内的植物特点，最好能代表某一类植物景观，且样地所处的地理位置最好位于村民或游客日常经过的范围内，且交通相对便利，样地内植物景观被使用的次数较多,避免选择位置偏僻、地形陡峭复杂之地。

(2)稳定性原则

样地内植物种类达到一定数量,同时样地内植物更换频率低,植被群落相对稳定,潜在干扰因素较少,适合中长期观测研究。

(3)独立性原则

选择的不同样地在地理位置上有一定距离,避免两个样地在范围上存在过渡带,同时样地内的植物种类和数量应有一定程度差异,相互之间干扰较小,避免出现选择的样地同质化。

(4)科学性原则

在选择评价样地的过程中一定要注意遵循客观实际,通过现场踏勘、向村民及游客询问等方式了解日常使用频率较高的绿地,同时在样地位置确认后向校内专家咨询选择是否合理,圈定合适的样地面积等。

2)东村样地选择

经过对于东村的实际调研,观察村民的日常生活轨迹,遵照前文提出的原则在东村共计选择了5块评价样地,分别编号为D1、D2、D3、D4、D5,它们所处的具体位置如图5-13所示。5处样地有一定的距离间隔,不存在范围上的交叉,同时都位于村民日常活动的范围内,在村内使用频率较高,位置上能够较好地代表东村的植物景观。

图5-13 东村评价样地分布图

图片来源:作者自摄

D1样地(图5-14)为位于东村的入口大草坪,经实际调查后发现此片草坪是3个传统村落中面积最大、植物种类最丰富且开敞度最高的入口空间,草坪位于西洞庭山路的一侧,马路的另一侧紧邻一望无际的太湖,草坪中心开敞,环墙一侧种植有种类丰富、层次分明的乔灌木,其中乔木包括朴树、香樟、苦楝、紫薇等,灌木包括海桐、八角金盘及小叶黄杨,草坪草选用的是最常见的狗牙根。

图 5-14　D1 样地植物景观　　　　　　　图 5-15　D2 样地植物景观

图片来源:作者自摄

D2 样地(图 5-15)为位于东村西侧出口处的集散广场,此处空间较为开敞,有人工开凿的水体并配有石凳等休憩设施,景观元素丰富,空间类型多样,既包含开敞空间也包含半开敞空间。值得注意的是,在场地的水景旁栽有两棵历史悠久、树形高大优美的香樟,是东村的古树名木,也是整个场地的视觉焦点。在香樟古树旁栽有层次分明的乔灌木,包括香樟、垂丝海棠、无刺枸骨、法国冬青等,共同构成样地的植物景观。

D3 样地(图 5-16)为位于村内西部的宅旁绿地,整体空间为狭长的长方形,是两面靠墙的半开放空间,为村民日常生活使用次数较多的绿地,可用于晾晒衣物、堆放杂物等,但是同时也栽有较多的植物,主要乔木包括银杏、旱柳、国槐、枇杷、桂花、柑橘等。草本植物包括紫茉莉和鸡冠花,绿量充足,夏季遮阳效果较好,但是植物层次稍显杂乱,景观效果有待加强。

图 5-16　D3 样地植物景观　　　　　　　图 5-17　D4 样地植物景观

图片来源:作者自摄

D4 样地(图 5-17)为位于村内中部的宅旁绿地,绿地形状接近于方形,左右两侧为村民住房的外立面,植物生长疏放,视觉效果通透,平时可用于堆放杂物,植物构造相对简单。绿地一角以一棵高大的银杏作为视觉焦点,树下是栽植不久的枇杷和构树小苗,可能由于疏于养护,杂草较多。绿地旁的建筑门前还有村民自家种植的鸡爪槭盆景,增强了视觉观赏效果。

D5 样地(图 5-18)为位于村东部的水系支流两岸,样地呈狭长的长条形,水系两侧都栽植了较多植物,一侧以香樟、朴树、榔榆、青檀等乔木以及毛竹、刚竹等竹类植物为主,另一侧则主要是村民种植的青菜。左侧种植的不少乔木都伸出水面,在水面上留下了倒影,但是由于植物缺乏养护以及水体水质较差,呈现出来的景观效果并不理想。秋季时,由于水边种植了部分榆科的落叶植物,季相变化和植物色彩较为明显。

图 5‑18　D5 样地植物景观

图片来源:作者自摄

对 5 块样地的植物景观进行梳理(表 5‑17),植物种类多样性由高到低的排序为 D1＞D3＞D2＞D5＞D4。位于东村入口草坪的 D1 样地植物种类最多,层次度较好,但是在草本植物上缺乏观赏性;而样地 D2 的植物层次度最好,乔灌草植物都有一定数量,并且通过两株古树名木可以呈现较好的视觉画面感;样地 D3 植物种类较多,在乔木数量上有一定优势,但是种植较为散乱,且样地无中层灌木;样地 D4 植物种类最少,植物结构相对简单;样地 D5 以水边的观赏乔木为主景,但是层次感较弱且缺乏养护。

表 5‑17　东村植物景观评价样地概况表

样地编号	样地位置特征	植物群落组成(乔—灌—草)
D1	东村入口草坪	朴树+香樟+苦楝+紫薇+枇杷+木犀+鸡爪槭—海桐+八角金盘+黄杨+小叶黄杨—狗牙根
D2	东村出口集散广场	香樟+垂丝海棠—无刺枸骨+红花檵木+法国冬青+金边大叶黄杨—月季+菱叶绣线菊+狗牙根
D3	村内宅旁绿地	银杏+旱柳+国槐+枇杷+木犀+柑橘+石榴—紫茉莉+鸡冠花+月季+委陵菜
D4	村内宅旁绿地	银杏+鸡爪槭+枇杷(小苗)+构树(小苗)
D5	村内水系两侧	香樟+朴树+小叶朴+榔榆+青檀—青菜

表格来源:作者自制

3)陆巷村样地选择

陆巷村在 3 个传统村落中面积最大,古建筑遗存最多,且旅游业发展最为完善。通过实地调查以及咨询村落的售票人员,在陆巷村内一共选定了 4 块评价样地,分别编号为 L1、L2、L3、L4,样地所在的具体位置如图 5‑19 所示。各个样地所处位置距离较远,不会互相干扰,且能体现村内某一类景观的具体特征,具有较好的代表性。

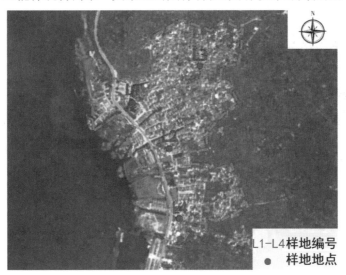

图 5‑19　陆巷村评价样地分布图

图片来源:作者自绘

L1 样地(图 5‑20)位于陆巷村检票点入口处。入口前方为太湖支流水系,水岸一侧种植了多株垂柳,树干向水面倾斜,柳枝垂向水面,是典型的苏南水乡景象;水边的小型绿地还种植了香樟、女贞等乔木,乔木下是大叶黄杨等灌木;因为处于村落的入口,是村落呈现给游客的第一画面,使用次数极多,样地在陆巷村中的代表性较强。

图 5‑20　L1 样地植物景观　　　　**图 5‑21　L2 样地植物景观**

图片来源:作者自摄

L2 样地(图 5‑21)为位于陆巷村党群服务中心旁的游憩空地,面积较大,场地一侧边缘是水系。样地内设有多种党建宣传栏、构筑物,健身及休憩设施完善,村民、游客日常使用次数较多。场地内种有香樟、银杏、鸡爪槭、紫薇等乔木,水体旁主要栽植垂柳,样地因为未种植灌木,中层景观空间较为通透,草坪上种植狗牙根,点缀了块状的黑心金光菊及白车轴草等观花地被,在开花季节具有较好的观赏性。

L3 样地(图 5‑22)位于陆巷村明清历史建筑惠和堂内,是典型的庭院空间。庭院内部空间较为局促,包含元素众多,包括传统建筑内部常见的走廊、方亭、假山等。庭院布局体现了古人的智慧,植物景观则经过了精心的设计和养护,视觉中心是假山旁造型优美独特的罗汉松,乔木包括紫薇、石榴、鸡爪槭等,灌木为锦绣杜鹃,建筑立面上有藤本植物凌霄。

图 5‑22 L3 样地植物景观   图 5‑23 L4 样地植物景观

图片来源:作者自摄

L4 样地(图 5‑23)位于陆巷村南部的水系尾端,水系一侧为居民住宅,另一侧为闲置荒地。两侧植物景观差异较大:一侧以乔木为主,包括香樟、桂花、旱柳等,养护管理较好;另一侧主要种植竹类植物,由于交通原因使用次数较少,缺乏养护,竹类植物长势疏散,景观效果较差。

对陆巷村 4 块样地的植物景观进行梳理(表 5‑18),按植物多样性从高到低进行排序为 L2>L3>L1>L4。L2 样地作为村内较大的活动空间,承载了观赏、游憩、健身等多种需求,被使用次数多,因此在建设植物景观时较多考虑了景观效果,观花、观叶类植物都有种植。L3 样地位于建筑内部庭院,受限于空间大小,植物种植相对紧密郁闭,但是也相对和建筑、山石等元素联系更加紧密,景观画面较为协调。L1 和 L4 两块样地分别位于村内水系的首尾两端,植物景观元素具有一定的相似性。L1 样地的植物相对更加丰富,但二者在中层和下层植物景观的观赏度上都较为缺乏,植物层次感较弱。

表 5‑18 陆巷村植物景观评价样地概况表

样地编号	样地位置特征	植物群落组成(乔—灌—草)
L1	陆巷村入口空地	垂柳+香樟+女贞+木犀—黄杨+大叶黄杨—狗牙根
L2	陆巷村中部游憩空地	香樟+银杏—鸡爪槭+紫薇+垂柳+女贞+木犀—狗牙根+白车轴草+黑心金光菊
L3	传统建筑庭院空间	罗汉松+紫薇+鸡爪槭+石榴—黄杨+金边大叶黄杨+锦绣杜鹃—凌霄
L4	村内水系两侧	香樟+木犀+毛竹+旱柳—愉悦蓼

表格来源:作者自制

4)杨湾村样地选择

杨湾村在 3 个详细调研的传统村落中占地面积最小,植物种类相对较少,在选定评价样地的过程中,通过查阅地方志、网络搜集影像资料及现场利用无人机了解村落的整体景观风貌,再沿着村内主要道路调查,确定了 4 块评价样地,分别编号为 Y1、Y2、Y3、Y4(图 5 - 24)。结合杨湾村道路和村民建筑紧密联系的特点,选择的样地多位于道路旁的路侧绿地及建筑边的宅旁绿地,样地所处村内位置比较分散,能够较好地代表杨湾村植物景观风貌特征。

图 5 - 24 杨湾村评价样地分布图

图片来源:作者自绘

Y1 样地(图 5 - 25)位于进村道路的两侧。值得注意的是绿地与道路间存在约 1.2 m 的高差,整体地势抬升,道路空间郁闭度较高。右侧种植的乔木主要为枇杷,左侧的乔木则为枇杷、枣以及银杏,绿地里侧还植有几株海桐球。在秋季时,银杏的叶子由绿转黄,在阳光照射下金黄璀璨,景观画面色彩效果较好;而枇杷作为常绿植物既有经济价值又有观赏价值,在夏季也有不错的遮阳效果。

图 5 - 25 Y1 样地植物景观   **图 5 - 26 Y2 样地植物景观**

图片来源:作者自摄

Y2 样地(图 5 - 26)位于村内主要道路的右侧,样地与道路之间为临时蓄水池,有台阶相连,地势较为复杂。样地种植的乔木包括银杏、枇杷、罗汉松和枣树,未发现灌木,且下层地被由于缺乏养护,多为杂草。其中银杏作为古树树形高大,秋季颜色温暖鲜艳,是样地植物景观的焦点,观赏性较强。

Y3 样地(图 5-27)为位于杨湾村北部的宅旁绿地,场地形状为长方形。样地一侧为道路,两侧为墙体,还有一侧为民宅的外立面,为半开放空间。样地日常被村民用来堆放薪柴等杂物,并且一部分区域被村民种上了青菜等农作物,还承担了一定的农业生产功能。绿地上栽植了枣树、枇杷和银杏,墙体上发现了藤本植物络石及花叶蔓长春,垂直绿化方面效果较好。由于该样地偏于注重功能性,所以整体景观效果偏弱。

图 5-27　Y3 样地植物景观　　　　图 5-28　Y4 样地植物景观

图片来源:作者自摄

Y4 样地(图 5-28)位于杨湾村主干道的一侧,道路另一侧为村民住宅,样地整体情况为狭长的条形。此条道路在村内被使用的频率非常高,因此作为路侧绿地,观赏性较为重要。建筑之后有一棵高大的银杏古树作为整片绿地的点景树,在秋季落叶时视觉画面感较好,条形样地内的乔木数量虽然较多但是种类较少,基本都是枣树及枇杷,草本植物为何首乌以及部分杂草,在绿地靠墙一侧发现藤本植物凌霄。

对杨湾村 4 块样地的植物进行梳理(表 5-19),发现相比于其他两个传统村落,杨湾村的样地植物种类最少,且植物景观同质化较为严重。枇杷、银杏、枣树在每一块样地中都被重复使用,村内各处植物景观都以银杏作为主要观赏植物从而大量种植。此种做法虽然可以体现杨湾村的植物景观特色,保证植物景观乡土性,但是植物种类少易造成生态系统脆弱,稳定性不足,难以抵御自然、人为因素带来的环境改变,且在非秋季的其他季节,缺乏观花、观果类植物也会使得村内植物景观单一化,难以起到较好的观赏效果。此外,4 块样地的植物层次感都相对较弱,Y1 和 Y2 样地基本只注重乔木栽植,并未考虑到不同层植物组合搭配。

表 5-19　杨湾村植物景观评价样地概况表

样地编号	样地位置特征	植物群落组成(乔—灌—草)
Y1	进村道路两侧	枇杷+银杏+枣—海桐球—花叶蔓长春
Y2	村内主要道路一侧	银杏+枇杷+枣树+罗汉松
Y3	村内宅旁绿地	枣树+枇杷+银杏—青菜+络石+花叶蔓长春
Y4	村内主要道路一侧	枣树+枇杷+银杏—香椿(小苗)—何首乌—凌霄

表格来源:作者自制

5.3.4 AHP法植物景观评价研究

1)评价结果与分析

根据前文构建的针对苏南水乡植物景观评价模型,结合对科研文献、村落地方志等资料的收集和查阅以及研究团队的现场踏勘,对前文选定的13块样地进行系统的比较分析,并通过咨询校内专家确保评价结果的科学性,最终得到的AHP法评价结果见表5－20。

表5－20 苏南水乡传统村落13块样地各因子得分表

指标因子	总权重值	D1	D2	D3	D4	D5	L1	L2	L3	L4	Y1	Y2	Y3	Y4
C1	0.027	4	4	3	2	3	4	4	5	4	4	3	1	2
C2	0.105	5	3	2	3	3	2	4	3	2	4	3	1	4
C3	0.047	4	3	4	2	3	3	3	3	5	4	2	2	3
C4	0.095	4	4	2	1	2	3	4	3	1	4	2	1	2
景观美学吸引力(B1)		1.201	0.944	0.669	0.558	0.727	0.649	1.049	0.829	0.554	1.143	0.774	0.321	0.805
C5	0.138	2	5	2	3	3	3	4	3	4	4	2	3	4
C6	0.068	4	3	5	4	4	4	3	2	4	5	4	4	4
C7	0.122	3	4	2	4	3	4	4	3	2	4	4	2	3
C8	0.045	0	0	3	0	2	1	0	0	0	3	4	4	3
C9	0.043	3	4	2	1	1	1	3	4	2	2	2	1	2
水乡文化感知力(B2)		1.043	1.544	1.081	1.095	1.185	1.262	1.251	1.210	1.154	1.479	1.058	1.031	1.289
C10	0.015	3	4	2	4	3	3	4	3	2	4	3	2	4
C11	0.057	4	3	4	1	2	3	4	3	3	2	2	2	3
C12	0.081	4	4	3	1	3	2	3	2	2	3	2	1	2
C13	0.025	4	5	4	2	2	3	4	5	4	4	3	1	3
生态环境保障力(B3)		0.697	0.680	0.631	0.218	0.452	0.453	0.631	0.503	0.406	0.574	0.396	0.250	0.468
C14	0.088	3	4	3	3	4	5	4	4	2	2	3	2	3
C15	0.044	4	5	2	1	1	3	5	4	1	1	2	2	1
水乡环境亲和力(B4)		0.440	0.572	0.352	0.308	0.396	0.572	0.572	0.528	0.220	0.220	0.352	0.264	0.308

表格来源:作者自制

根据以上各样地不同因子得分表,从景观美学吸引力(B1)、水乡文化感知力(B2)、生态环境保障力(B3)、水乡环境亲和力(B4)4个不同的准则层方面对13块样地进行分类讨论。

在准则层B1各因子得分中,植物形态(C1)的平均得分值为3.31,说明各样地植物形态整体较好,有一定程度的变化,但是呈现的韵律感还不足。单项因子得分最高的样地为L3,因为样地位于陆巷村明清历史建筑内部,作为对外开放的景点,植物经过工作人员的精心修剪,所以造型独特,外形优美。植物色彩与季相(C2)的平均分值为3.00,说明各样地植物景观大都使用了一定数量的色叶植物,在秋冬季能够感受到植物季相变化,但是色叶植物数量可能需要进一步增加。单项因子得分最高样地为D1,位于东村入口大草坪的D1样地为了展示良好的景观效果,较多使用了鸡爪槭、朴树等落叶乔木,秋季时色彩鲜艳,季相变化鲜明。绿视率(C3)的平均得分值为3.15,说明大多数样地呈现的画面绿视率为30%—60%,舒适感较好。单项因子得分最高样地为Y1,因为该样地位于道路两侧且地势抬高,所以视野内的绿视率非常高,缓解疲劳效果较好。植物配置合理程度(C4)的平均分值为2.46。B1准则层中该项因子得分最低,说明3个传统村落在植物配置方面都存在较多问题,主要是植物种类少、观赏特性单一等问题使样地植物景观呈现的视觉效果不尽如人意,需要及时改善。

在准则层B2各因子得分中,古树名木特色性(C5)的平均得分为3.23,说明各样地内30年以上原生乔木的占比接近20%,古树长势尚可,且古树基本能够体现村落植物特征。单项因子得分最高的样地为D2,D2样地在人工开凿的水池旁种有两棵高大的香樟古树,古树历史悠久且树形优美,能较好地体现东村的植物历史文化。苏南乡土树种比例(C6)的平均得分为3.85,是B2各指标中得分最高的因子,说明调研的3个传统村落在栽植乡土植物方面效果良好,也说明苏南水乡传统村落植物景观的乡土气息浓厚。东村的D3样地以及杨湾村的Y1样地的因子得分较高,乡土植物所占比例高于60%。水乡特色性(C7)的平均分值为2.77,得分较低,大部分样地植物虽有一定识别度,但不足以通过植物景观体现苏南水乡地方风貌特色,亟须加强。苏南地方林果比例(C8)的平均得分为1.54,数值虽然最低,但是却处于正常范围。因为各个样地的功能性有较大差异,部分样地主要用来观赏和游憩,而也有部分样地兼具了生产和经济功能,比如杨湾村的Y2和Y3样地以及东村的D3样地,种植的乔木多为苏南特产的枇杷、枣等,生产功能较为突出,能够给村民带来可观的经济收益。乡村植物科普价值(C9)的平均得分为2.15,分值也较低,说明各样地中稀有或文化寓意深厚的植物并不丰富,植物景观的科普教育意义不足。单项因子得分最高的样地为D2,因为场地内的村口古树有着祈福的美好含义,能够吸引人注意到传统村落植物景观的文化内涵。

在准则层B3各因子得分中,绿化覆盖率(C10)的平均分值为3.15。绿化覆盖率是植物绿化覆盖面积与样地总面积的比值,说明各样地的绿化覆盖率接近50%,进一步提高绿化覆盖率可以增加植物景观夏季的遮阳功能,并改善区域的小气候环境等。水乡环境适应性(C11)的平均分值为2.78,大部分样地植物为异龄林,但龄级不多,没有或只有一小部分新栽苗,能抵御一定程度的外部环境干扰。传统村落内不少植物层次都为两层或单层,且水生植物较少,不利于植物群落适应苏南水乡的气候环境,需要进一步优化。植物物种多样性(C12)的平均得分为2.31,得分偏低,部分村落样地植物种类较为丰富、多样性高,如东村的D1、D2样地。但也有传统村落受限于生产需求以及绿化空间狭小等因素,植物种类相对较少,需要着重优化,如杨湾村的Y2、Y3样地。乔木成长度(C13)的平均分值为3.38,说明大部分样地内乔木都长势良好,达到一定高度且郁闭度适中,得分较高的样地有东村的D2、陆巷村的L3等,一部分原因是植物景观有专人养护管理,及时修剪并注意病虫害防治,保证乔木的健康生长。

在准则层B4的两个因子得分图中,植物与水乡环境协调度(C14)的平均分值为3.23。植物作为传统村落的要素之一,必须与其他景观要素互相补充才能使整体风貌协调统一。3个调查村落的植物与周边建筑、水体等元素整体上有所联系,但还未达到相互依存、相得益彰的境界,还需进一步完善。陆巷村的L1样地水边垂柳依依,水中倒影清澈,与苏南水乡的整体风貌相符,所以因子得分较高。可参与体验度(C15)各样地平均得分2.46,整体分数偏低,说明村落内大部分植物景观可能无法和人近距离接触或产生互动。究其原因,部分样地植物距离道路过远,并且内部缺乏游憩设施,对于村民或游客而言没有足够的吸引力。单项因子得分最高样地为L2,样地位于陆巷村党群服务中心旁,使用频率高,所以配套设施完善,人们可以在开敞的草坪上游憩嬉戏,可参与体验感较好。

根据上文计算得到的各准则层分数,将每一块样地的4个准则层得分相加,得到13块样地的综合评分S值,再计算出对应的景观综合评价指数CEI以及相应等级,得到的具体结果见表5-21。

表5-21　苏南水乡传统村落13块样地质量等级评定

样地编码	AHP法综合得分	CEI值/%	排序	景观质量等级
D1	3.381	67.62	4	Ⅲ
D2	3.740	74.80	1	Ⅱ
D3	2.733	54.66	9	Ⅳ
D4	2.179	43.58	12	Ⅳ
D5	2.760	55.20	8	Ⅳ
L1	2.936	58.72	6	Ⅳ
L2	3.503	70.06	2	Ⅱ
L3	3.070	61.40	5	Ⅲ
L4	2.334	46.68	11	Ⅳ

（续表）

样地编码	AHP法综合得分	CEI值/%	排序	景观质量等级
Y1	3.416	68.32	3	Ⅲ
Y2	2.580	51.60	10	Ⅳ
Y3	1.866	37.32	13	Ⅳ
Y4	2.870	57.40	7	Ⅳ

表格来源：作者自制

由表5-21可知，在13块所选定用来评价的样地中，AHP法得分排在前3位样地分别是D2(3.740)、L2(3.503)、Y1(3.416)，样地分别属于东村、陆巷村、杨湾村；排在后3位的样地分别是L4(2.334)、D4(2.179)、Y3(1.866)，样地分别属于陆巷村、东村、杨湾村。排名前3位和后3位的都分别位于不同的调查村落，说明3个传统村落内植物景观效果都参差不齐、差异较大，各个传统村落植物景观都有特色亮点，也存在诸多不足。

13块样地中：植物景观质量为Ⅰ（优秀）的有0块，占样地总数的0%；为Ⅱ（良好）的有2块，占样地总数的15.38%；为Ⅲ（一般）的有3块，占样地总数的23.08%；为Ⅳ（差）的有8块，占样地总数的61.54%。从评级结果来看，3个苏南水乡传统村落植物景观大多处在较差水平，整体植物景观质量较低，亟须大幅提升。

2）基于AHP法的样地实例评析

（1）D2样地植物景观评析

D2样地是位于东村出口处的小型广场。场地内部建有人造水景，场地的两侧为建筑，一侧为路面，视觉中心为两株高大茂盛的香樟古木，作为东村的"风水树"，不仅有着良好的文化寓意，也成为东村对外宣传的一张"名片"，是效果显著的旅游吸引物。此外，样地还种植了乔木垂丝海棠，灌木红花檵木、法国冬青、无刺枸骨、金边大叶黄杨，草本花卉菱叶绣线菊和月季，草坪草种类为狗牙根。

D2在景观美学吸引力（B1）层的综合得分为0.944，排名第四。C1和C2因子得分较高，得益于工作人员精心的养护管理，并且样地内植物为3层结构，既有观形、观干的参天古树，也有观果、观叶的灌木以及观花的草本花卉，植物观赏特性多元化。略有遗憾的是样地内的落叶乔木种植较少，导致秋冬季季相变化并不显著。样地在水乡文化感知力（B2）层得分1.544，排名第一。C5、C7、C9因子得分较高，都部分得益于古树名木给场地增添的特色，C8因子得分低则是因为场地主要用来停留和观赏，而非用于生产。在生态环境保障力（B3）层得分为0.680，排名第二。场地整体植物种类较为丰富，乔木枝繁叶茂，灌木也长势较好，同时补植了部分新苗，丰富了绿地植物的龄层，保障了植物群落的稳定性。样地内植物与水体、建筑距离较近，起到了相互衬托的效果，且样地内配有一定休憩设施，因此C14、C15双因子得分较高。D2样地AHP法综合得分3.740分，CEI值为 74.80%,排名第一,景观质量等级为Ⅱ(良好)。

图 5-29　样地 D2 实景图

图 5-30　样地 Y3 实景图

图片来源:作者自摄

(2) Y3 样地植物景观评析

Y3 样地位于杨湾村村民住房一侧的宅旁绿地,样地的功能性较为复杂,既需要堆放杂物,也需要满足生产和观赏功能。植物结构相对简单,上层乔木为枣树、枇杷和银杏,下层种植青菜,围墙爬附藤本植物络石和花叶蔓长春。

就 Y3 样地的 15 个评价因子分数进行分析,由于样地内植物种类单一,植物长势较差,甚至出现了部分"断头树",缺乏相应的养护管理导致植物形态并不优美,秋冬季节时光秃秃的树干稍显荒凉压抑,季相变化也并不明显,导致了绿化覆盖率和植物郁闭度偏低,群落稳定性较差,所以景观美学吸引力(B1)层中 4 个因子和生态环境保障力(B3)层中的 4 个因子都打分较低。场地内的植物基本都属于当地的乡土植物,且具备一定的经济和实用价值,但绿地内缺乏古树名木和具有科普价值的植物,导致水乡文化感知力(B2)层中 C6、C8 双因子分数较高,C7、C9 双因子分数偏低。受限于空间等因素,场地无法配套基础设施,景观性较弱,对人缺乏吸引力,与外部人居环境亲和力与协调性较差。Y3 样地 AHP 法得分 1.866,CEI 值仅 37.32%,排名第十三,景观质量等级为Ⅳ(差)。

5.3.5　SBE 法植物景观评价研究

1) 评价结果与分析

根据 5.2.4 确定的美景度评价基本原则和顺序流程,依据电脑系统抽样,选取样地 D4 为对照组景观,计算其他样地的具体 SBE 值,并将 SBE 值按分数高低进行排序,具体计算结果见表 5-22。

表 5-22　苏南水乡传统村落 13 块样地 SBE 值及排序

样地编号	SBE 值	排序
D1	81.437	2
D2	76.359	3

样地编号	SBE 值	排序
D3	−10.372	10
D4	0	9
D5	−38.658	11
L1	62.318	5
L2	88.674	1
L3	39.686	7
L4	−68.582	12
Y1	70.952	4
Y2	53.651	6
Y3	−83.275	13
Y4	24.739	8

表格来源:作者自制

由表 5 - 22 可知,在全部 13 块样地中,SBE 值高于 D4 对照组的共有 8 块,其中 SBE 值排在前三位的分别是 L2(88.674)、D1(81.437)、D2(76.359),SBE 值低于 D4 对照组的共有 4 块,排在最后三位的分别是 D5(−38.658)、L4(−68.582)、Y3(−83.275)。

各样地选自 3 个不同的传统村落,将不同传统村落的样地 SBE 值计算平均值并进行排序,得到表 5 - 23。

表 5 - 23　3 个传统村落平均 SBE 值及排序

传统村落名称	SBE 平均值	排序
陆巷村	30.524	1
东村	21.753	2
杨湾村	16.517	3

表格来源:作者自制

由表 5 - 23 可知,陆巷村的 4 块样地 SBE 值平均得分值最高(30.524),而杨湾村 4 块样地平均 SBE 值最低(16.517)。样地中 SBE 值最高的 L2 样地位于陆巷村,分值最低的 Y3 样地位于杨湾村,说明陆巷村的整体植物观赏性较强,而杨湾村的整体植物景观质量偏低,需要进一步优化。

2)基于 SBE 法的样地实例评析

(1)L2 样地植物景观评析

L2 样地(图 5 - 31)在 13 块样地中获得了 SBE 最高得分,样地位于陆巷村党群服务中心旁的游憩空地,样地以水景为中心,水面中心放置雕塑,水边种植垂柳和女贞,沿水小路的另一侧的草坪还种植了鸡爪槭、紫薇、银杏和香樟,灌木主要栽植金边大叶黄杨,草本辅以黑心金光菊和白车轴草,共同构成样地丰富的植物景观。

样地的植物配置较为合理,满足了植物的生长需求,比如白车轴草为长日照植物,喜阳不耐荫蔽,将其种植于开阔且郁闭度较低的草坪上,既可以丰富观赏特性,增加植物层次,也可以帮助白车轴草增加开花数量,增强其观赏效果。夏季时紫薇开花,水边垂柳依依,水中倒影浮动,景色甚美;秋季时银杏和鸡爪槭的叶子逐渐变色,植物色彩丰富,展示着样地的季相变化;冬季时女贞、香樟、桂花等常绿植物依旧枝繁叶茂,场地既不会过于郁闭,也不会过于荒凉。四季都有景可观,且植物观赏特性多元而不呆板,植物层次分明,有利于游客和村民缓解心理压力和视觉疲劳,场地上完备的健身和休憩设施也为人们停留和观赏提供了基础保障,获得了评分者的一致好评和高分。

图5-31　样地L2实景图

图5-32　样地L4实景图

图片来源:作者自摄

（2）L4样地植物景观评析

L4样地(图5-32)位于陆巷村水系尾端的两侧,在样地中 *SBE* 得分值排名第十二。样地靠居民楼一侧种植了香樟、木犀、旱柳等,主要为乔木,而另一侧以散乱种植的毛竹为主,下层为裸露的黄土,缺乏草本植物,植物层次简单,稳定性差。

整体而言,河道两侧景观差异性较大,画面极不协调,植物数量较少,观赏性植物观赏特性单一,很难吸引人的视线。虽然香樟古树造型优美,但是样地内却缺乏其他类型的植物作为衬托,无法将古树的观赏价值完全发挥,达不到预期的效果。由于缺乏落叶乔木,在秋冬季时感受不到季相变化,四时之景相同,略显单一呆板。河道另一侧缺乏基本的养护,黄土裸露,杂草丛生,种植的竹类植物也出现了倒伏的情况,导致场地较为荒芜,完全没有利用自然水景带来的优势,割裂了与自然的联系,视觉效果突兀,无法获得评价者的青睐。

5.3.6　苏南水乡传统村落植物景观综合排序

1）肯德尔和谐系数(Kendall's W)检验与综合排序方法

在上文中分别运用 AHP 法与 SBE 法对苏州市 13 块传统村落样地的植物景观进行

了评价并得出了与之对应的评价结果后,为更加合理地得出 13 块传统村落样地的植物景观综合评价结果,本文拟应用两种定量评价方法对其进行综合分析,具体步骤如下:

(1) 将 AHP 法和 SBE 法两种评价方法的得分按照分数的高低分别进行排序后代入 Kendall's W 公式进行一致性检验。

对于评价流程和评价者选择都完全不同的两种评价方式,需要判定最终评价结果是否符合一致性,本研究引入统计学方法 Kendall's W 进行一致性检验。Kendall's W 检验是用于判定多个评价方法对多个景观样地的评价结果间是否符合一致性的统计学计算方法,依据样本数据中的实际符合与最大可能符合之间的分歧程度进行判定。Kendall's W 检验计算公式如下:

$$W = \frac{S}{1/12 K^2 (N^3 - N)} \qquad (5-10)$$

公式中:

S 为评价样地 j 在 K 种评价方法下的秩和 R_j 与其平均值之差的平方和,即

$$S = \sum_{j=1}^{N} \left[R_j - \left(\sum_{j=1}^{N} R_j \right) \Big/ N \right]^2 \qquad (5-11)$$

$$R_j = \sum_{i=1}^{K} R_{ij} \qquad (5-12)$$

公式中:

R_{ij} 为评价样地 j 在 i 方法评价中的秩;K 为所用评价方法数量(本研究所用评价方法为 AHP 法和 SBE 法,所以 $K=2$);N 为所评价样地数量(本研究中共计 13 块样地)。$1/12 K^2 (N^3 - N)$ 中 12 位最大可能的平方偏离和,即当 K 种评价方法得到的秩都保持一致性时的 S。

(2) Kendall's W 的检验:

H_0:K 种评价方法所得秩不具有一致性。

当 $N > 7$ 时,检验统计量 $X^2 = K(N-1)W$ 可视为近似服从自由度为 $N-1$ 的 X^2 分布。当 $X^2 > X_a^2$(a 为置信水平)时则拒绝原假设,认为 K 种方法得到的秩之间符合一致性。否则需要采取相应的处理措施促使其回归一致性。

(3) 评价结果分值标准化:由于本研究选择的两种评价方法在评价标准、流程和结果上差异较大,为保证综合评价结果的科学性,需要使用统计学方法将两种评价方法得分值进行标准化处理,本书使用标准差法,具体计算公式如下:

$$Z_{ij} = \frac{X_{ij} - X_i'}{S_i} \qquad (5-13)$$

标准差法即将两种评价方法的初始分值进行统计计算得到每块样地第 i 种评价方法的平均值,将各景观样地的原始分值减去该平均值,再除以该方法全部得分数据的标准差,最终得到每块样地第 i 种方法的标准化得分 Z 值。

公式中：

Z_{ij} 表示第 j 块所选样地在第 i 种评价方法中的标准分值；X_{ij} 表示第 i 种评价方法中第 j 块样地的得分值；X'_i 表示第 i 种评价方法中全部样地得分的平均值。

（4）计算汇总标准分，进行综合排序，得到苏南水乡传统村落植物景观的最终分值和综合排序。具体计算公式如下：

$$T_j = \sum_{i=1}^{K} Z_{ij} \qquad (5-14)$$

公式中：

T_j 表示第 j 块样地 K 种方法的标准分值总和。

2）Kendall's W 检验结果与分析

按照前文步骤，分别将 SBE 法和 AHP 法的评分结果代入公式，经过 Kendall's W 一致性检验相关公式计算，最终得到的计算结果显示：$W = 0.867$，渐进显著性 $0.004 < 0.05$，表明在 95% 的概率情况下，应用 SBE 法和 AHP 法所得到的排名结果具有较好的一致性，一致性检验通过。

检验结果表明：AHP 法和 SBE 法虽然在评价原理、评价人员构成、打分方式和数据处理流程上存在较大差异，但是两者的评价结果验证后通过了一致性检验，评分结果在整体趋势上保持一致，说明两种方法对于苏南水乡传统村落植物景观的评价是合理有效的，对于提升景观质量都具有较好的指导作用。AHP 法和 SBE 法分别基于专业人员和非专业人员对植物的基本认知进行评价，结果的一致性也表明了无论有无专业学习背景，绿地的使用者和专家对于植物景观质量的评判标准具有较高的共性。

3）综合评分结果与差异性分析

依据前文的排序方法，通过对 AHP 法和 SBE 法的打分结果进行标准化处理后得到两个评价方法的标准分和汇总标准分，进而得到 13 块样地的植物景观质量综合排序。依据表 5-24 可知，排在前三位的样地分别是 D2(2.558)、L2(2.342)、D1(1.986)，排在最后三位的样地分别是 D4(-1.692)、L4(-2.636)、Y3(-3.763)。

表 5-24 13 块样地植物景观汇总标准分及最终评价结果

样地编号	AHP 得分值	标准分	秩	SBE 得分值	标准分	秩	汇总标准分	秩
D1	3.381	0.935	4	81.437	1.051	2	1.986	3
D2	3.740	1.598	1	76.359	0.960	3	2.558	1
D3	2.733	-0.260	9	-10.372	-0.596	10	-0.856	9
D4	2.179	-1.282	12	0	-0.410	9	-1.692	11
D5	2.760	-0.210	8	-38.658	-1.103	11	-1.313	10
L1	2.936	0.114	6	62.318	0.708	5	0.822	5

（续表）

样地编号	AHP 得分值	标准分	秩	SBE 得分值	标准分	秩	汇总标准分	秩
L2	3.503	1.161	2	88.674	1.181	1	2.342	2
L3	3.070	0.362	5	39.686	0.302	7	0.664	6
L4	2.334	−0.996	11	−68.582	−1.640	12	−2.636	12
Y1	3.416	1.001	3	70.952	0.863	4	1.864	4
Y2	2.580	−0.540	10	53.651	0.553	6	0.011	8
Y3	1.866	−1.860	13	−83.275	−1.903	13	−3.763	13
Y4	2.870	−0.007	7	24.739	0.034	8	0.027	7

表格来源：作者自制

具体分析 AHP 法和 SBE 法得到的不同评价结果，两者吻合度较高，但也存在部分差异。以 D2 样地为例，其 AHP 法的标准得分值为 1.598，秩为 1；SBE 法的标准得分值为 0.960，秩为 3。D2 样地位于东村出口的集散广场，植物配置模式为香樟＋垂丝海棠—无刺枸骨＋红花檵木＋法国冬青＋金边大叶黄杨—月季＋菱叶绣线菊＋狗牙根。香樟古树作为样地的主景传递了村落的植物文化，其他植物围绕主景和旁边的水景进行布置，配套休憩设施齐全，场地可参与性强、可停留度高，因此，在 AHP 法的评分中，古树名木特色性（C5）、乔木成长度（C13）、可参与体验度（C15）等几个因子都有较高的分数，排名第一。但是 SBE 法更加注重场地的视觉冲击力，评价者在短时间内进行打分，往往更加注重画面的直观印象。在 D2 样地的照片中，电线杆作为基础设施与场地植物景观较为突兀，影响了画面的整体观感，同时由于样地的落叶乔木数量稍显不足，也使得秋季季相变化并不明显，这些都导致 D2 样地在 SBE 法评分中稍微落后。

类似的情况也发生在 D4 样地中。其 AHP 法的标准得分值为 −1.282，秩为 12；SBE 法的标准得分值为 −0.410，秩为 9。该样地位于宅旁，植物配置为银杏＋鸡爪槭＋枇杷（小苗）＋构树（小苗）。样地存在的问题较多，植物种类少，层次单一，配置模式简单，群落稳定性差，这些都导致在 AHP 评价模型中生态环境保障力（B3）准则层下的 2 个因子打分较低。但是在 SBE 法中，由于时间短暂，人们的视线往往愿意停留在样地那株树形高大优美的银杏上，并且村民住宅前种植的鸡爪槭在秋季时也给画面增添了几分亮色，促使 D4 样地 SBE 法的得分排名相较于 AHP 法更高。

根据表格内容与具体分析可知，AHP 法和 SBE 法由于评价方式、人员、过程不同，所以在进行景观质量评判时有着不同的倾向性。AHP 法主要通过拆分准则层和因子层分项进行评分计算，指标数量较多，覆盖层面较广，倾向于对植物景观进行更加全面和综合的评判；而 SBE 法主要以样地呈现的视觉效果作为主要判定依据，更加注重植物的美学评判，对于景观背后的生态效益、文化背景和行为心理功能等因素则考量较少。两者在评价结果上的倾向性具体表现为:AHP 法的专业人员更愿意选择生态效益高、文化寓意丰富、可参与性强等综合质量较高的样地赋予高分;SBE 法的非专业人员则更愿意选择景观效果好、视觉冲击力强等美学质量较高的样地赋予高分。

5.4 苏南水乡传统村落植物景观提升策略

5.4.1 苏南水乡传统村落植物景观问题总结

1)植物种类结构方面

结合前文对于苏南水乡 3 个传统村落的植物景观调查,目前苏南水乡大多传统村落在植物乡土性方面已经取得了较好的效果,但是在植物种类丰富度和植物群落结构方面仍有较大提升空间。

(1)乔木

乔木虽然已有一定数量,但是距离种类丰富还有较远差距。以杨湾村为例,村中大部分景观重复利用银杏、枇杷、枣树来进行造景,难免使人审美疲劳,同质化的景观也会使村落内部丧失植物特色,无法彰显景观特色性,导致杨湾村部分样地在水乡特色性(C7)因子和 SBE 法得分较低。不少苏南水乡传统村落都存在类似的造景问题。此外,就乔木的观赏特性而言,村中观形乔木占据较大比重,观花、观叶和观果植物比例相当,观干植物所占比例较小。诚然,就植物景观画面感而言,观形乔木在营造画面美感方面有着难以替代的作用,但在冬季,除少部分常绿乔木外,大部分乔木由于落叶仅剩下树干和树枝,枝干优美的观干植物是冬日植物景观的主要观赏元素之一,缺少观干植物会导致传统村落冬季植物景观美景度降低。

(2)灌木

灌木种类数量在乔、灌、草中数量最少,这一点在 3 个传统村落都有体现,也是导致各样地在植物配置合理程度(C4)和水乡环境适应性(C11)双因子得分不高的重要原因:说明苏南水乡传统村落中层植物景观丰富度存在较大不足。究其原因:一方面灌木生产性较弱,不如枇杷、板栗等乔木兼具生产和观赏价值;另一方面,灌木的观赏特性相对于乔木偏少,往往集中于观花和观果,在观形和观叶方面难以比肩乔木,这直接导致了传统村落在建造植物景观时忽视或者只使用少量常见的灌木,调查中的不少样地都缺少中层绿化,群落结构简单,稳定性偏弱。此外,夹竹桃、红花檵木等灌木确实观赏性较强,尤其在开花时能有较好的观赏效果,但是此类灌木已被广泛应用于城市公园和道路绿化,传统村落如果大量种植反而达不到理想的效果,也易使本土植物景观丧失地方特色,使各村落中层植物景观同质化,形成"千村一面"现象。

（3）草本花卉

各村的草本植物主要集中于建筑庭院和公共活动空间，种类较为繁杂，但主体都是观花植物，这与草本植物的生物学特性相关。而在村落的宅旁绿地和路侧绿地则较少发现观赏价值高的草本植物，往往以杂草为主，说明村民较少关注路边和宅旁的下层植物景观。但对游客而言，营造良好的植物景观，打造林下野花之美，既可以愉悦人的心情，也可以给人留下乡村野趣的深刻印象，对于此类绿地的植物景观提升作用较大。苏南传统村落内部水网发达，但水边却极少种植水生草本花卉，使得植物景观与水体的协调感还有待提高。在村民的庭院内部，调研发现了多种国外引进的菊科植物，如较多被使用的金光菊、孔雀草等，虽然此类植物观赏价值较高，美化庭院效果较好，但是也导致庭院景观的本土植物占比率偏低，乡土气息不足，应多加注意。

（4）竹类和藤本植物

除了营造竹林等特定景观之外，竹类植物一般不会大量使用，调研 3 个传统村落总计只发现了 4 种竹类植物，数量上以毛竹和刚竹为主。由于养护管理不到位，样地呈现的景观效果并不理想。例如陆巷村的 L4 样地，水边散乱的毛竹反而影响了其美景度得分。藤本植物是用于垂直绿化的重要材料，而在东村、陆巷村等传统村落中，藤本植物使用率极低，影响了村落的立体绿化水平。

2）植物配置组合方面

在对 13 个所选样地的植物配置进行记录和总结后，发现部分植物配置模式并不合理，影响了植物群落的生态性和观赏性，需要进一步优化以获得更好的效果。

在常绿与落叶植物配置方面，虽然整体树种的配置比例较为合适，但是村落内也有部分地块存在不完善的方面。如调研的 L2 样地，水系一侧以高大古树香樟和木犀为主，落叶植物较少，虽然夏季有较好的遮阳效果，但冬季时植物过于郁闭，场地略显阴冷，也拉低了样地的美景度得分值。

在植物层次方面，为了保证植物群落的稳定性，多层植物配置往往是最优的选择。但在调查后发现，苏南水乡传统村落较少有合理丰富的三层植物配置，基本以两层植物为主，而在 D5、Y3 等部分样地甚至基本只有单层乔木配置，不仅影响了群落的生态效益，也难以形成层次分明、画面丰富的植物景观。

在植物观赏特性方面，良好的植物景观应该观赏特性多样，主次分明，以最具观赏价值的植物作为视觉焦点，且最好有其他植物用于衬托。但在苏南水乡传统村落中，不同观赏特性植物搭配不尽如人意，不少绿地把同一观赏特性的植物大片种植。以 Y4 样地为例，样地内的枇杷和枣树都是观果类乔木，也都具有生产性功能，把两者组合紧密种植易导致植物景色单一，果期过后样地植物景观也会缺乏美观效果。

5.4.2 苏南水乡传统村落植物景观提升原则

传统村落因具有悠久的历史文化、丰富的自然资源而成为中国农耕文明留下的宝贵遗产,现在查阅资料的基础上,结合园林美学、景观生态学、艺术学等相关理论,针对苏南水乡传统村落植物景观营造提出一些原则。

1) 乡土性原则

乡土植物的运用在传统村落中尤其重要,悠久的发展历史使苏南水乡传统村落形成了一批适应本地生态环境、抗干扰能力较强的原生树种,它们是镌刻在村落土地上的印记,代表了传统村落的植物文化,不仅能够维持本地生态环境的稳定,也可以延续村落的植物风貌,彰显本地的植物特色。

2) 文化性原则

经过多年的历史发展,不少植物在历史的长河中被赋予了特定的思想意义,寄托了个人对于家庭和社会的祈愿,逐渐成为一种特定的文化被地方志等文献记录下来,并在宗教、风水、婚丧嫁娶等民俗方面发挥着难以替代的作用,例如村口的古树、村内的风水林都有其特殊的文化意义。因此,苏南水乡传统村落植物景观须着重体现其悠久的地域文化及隐藏在植物背后的人文寓意。

3) 协调性原则

贯穿村子的水系是苏南水乡传统村落的一大特征。村落依水而建,村民依水而居,水系成了村落的独特标识,因此村落植物景观应与水系协调,避免孤立与突兀,尽量做到植物与水体相映成趣。同时,悠久的历史也给苏南水乡传统村落留下了不少年代久远的建筑,它们是村落宝贵且不可再生的物质文化遗产。在此类建筑和构筑物旁进行植物布景时要极为注意树种的选择与配置方式,既要体现传统建筑的历史厚重感,也须符合建筑自身的空间布局,做到体现村落特征而又不相违和。

4) 经济性原则

与城市绿地不同,多数乡村绿地还承担了一定的生产功能,传统村落也不例外。生产性植物已经成为乡村植物景观不可或缺的一部分,而且由于完全意义上的生产绿地面积有限,苏南水乡的不少传统村落中的村民都会在宅旁绿地种植枇杷、石榴、枣树等兼具生产和观赏价值的乔木,做到产景结合。因此,传统村落在营造植物景观时也应适当考虑经济性,带动乡村的种植产业发展。

5.4.3 苏南水乡传统村落植物景观优化

1) 整体植物景观优化途径

根据此次对于苏南水乡传统村落植物景观的调查和总结,结合 AHP 法和 SBE 法的评价结果和分析,在遵循上文景观提升原则的基础上,提出如下优化途径。

(1) 增加植物种类,丰富植物层次

调研的 3 个传统村落共发现植物 66 科 103 属 122 种,虽然数量上已有一定规模,但是除了蔷薇科、榆科、禾本科等几个大科种类较多外,单属单种甚至单科单种的情况极为常见,在构建的 AHP 评价模型中,植物物种多样性(C12)因子的平均得分也仅 2.31,丰富度亟待提高。但是在增加植物种类时要注意合理选用,尽量降低城市绿地常见植物的使用频率,更多使用本地的乡土树种,适当补充一些能够适应苏南水乡气候特征的水生植物,在增加植物丰富度的同时体现苏南乡土韵味。根据实地调查以及查阅地方志等相关资料,在不改变村落原本风貌的基础上,本章认为苏南水乡传统村落可以增加的植物种类见表 5 - 25。

表 5 - 25　苏南水乡传统村落推荐增加植物名录

植物生活类型	植物名称
乔木	枫杨、枫香、合欢、杜仲、梧桐、冬青、刺楸
灌木	芦苇、芦竹、紫叶小檗、胡颓子、南天竹、茶、山茶、茶梅、结香
草本地被	虎耳草、芒草、八宝景天、莎草、婆婆纳、红花酢浆草、菖蒲、野菊、天南星
藤本植物	爬山虎、紫藤

表格来源:作者自制

根据实地调查,中层植物景观空缺在各个苏南传统村落都有发现,各个传统村落应根据实际情况补充部分灌木。尤其是水边和路侧的植物景观,人们往往更加关注植物的层次性。如在陆巷村的 L4 样地中,水岸的一侧可以补植部分芦苇、芦竹等水生灌木以丰富岸线景观。村落主要道路的两侧可以增加含笑、火棘、紫叶小檗等观叶和观果灌木,配以丛植的本土野花,营造复层丰富的植物层次,增加观赏性的同时也可改善群落结构。

(2) 结合观赏特性,优化植物配置

在 13 块样地的 AHP 法评价结果中,植物配置合理程度(C4)得分为 2.46,得分偏低。在苏南水乡传统村落植物景观营造中应该综合考量植物的观赏特性,使各个植物景观观赏元素尽量丰富。在进行植物配置时,优先将观赏特性多、景观效果好的植物作为主景,围绕主景来配置其他植物,这样可以让植物景观主次分明而不会显得杂乱。例如在东村的 D4 样地中,宅旁绿地角落上高大的银杏可作为主景,在银杏旁可以补植两株高度较矮的垂丝海棠和海桐球,不仅在秋季时可以作为银杏树的配景,在春季也通过开花带给场地全新的视觉观赏效果。

此次调查的苏南传统村落普遍存在植物观赏特性单一的问题,本章基于植物景观现状,参考生态学、植物学相关理论,提出部分植物配置模式以供参考,详见表 5 - 26。

表 5 - 26　不同观赏特性植物配置模式推荐

序号	观赏特性	植物配置模式
1	观花＋观叶＋观形	玉兰＋梅花＋鸡爪槭—小叶女贞＋金钟花—沿阶草
2	观花＋观叶＋观形	木犀＋枫香＋鸡爪槭—无刺构骨＋木芙蓉—野胡萝卜

序号	观赏特性	植物配置模式
3	观花+观果+观形	栾树+木犀+紫叶李一紫叶小檗+石榴一紫花地丁
4	观花+观果+观形	板栗+垂丝海棠+碧桃一海桐+无刺枸骨一玉簪
5	观花+观叶+观果+观形	玉兰+垂丝海棠+榉树+女贞一金边大叶黄杨+卫矛一紫萼
6	观花+观叶+观果+观形	香椿+榔榆+枫杨+女贞一贴梗海棠+小叶黄杨一酢浆草
7	观花+观叶+观果+观形	国槐+栾树+小蜡+罗汉松一海桐+杜鹃花一大吴风草
8	观花+观叶+观果+观形	乌桕+鸡爪槭+枇杷+垂丝海棠一杜鹃+法国冬青一矮牵牛
9	观花+观叶+观形+观干	水杉+银杏+木犀+香樟一忍冬+木芙蓉一栀子
10	观花+观叶+观形+观干	落羽杉+无患子+紫薇+女贞一结香+连翘一显子草+鸡冠花

表格来源:作者自制

（3）加强植物与周边环境的协调性

苏南水乡传统村落有着独特的地理和文化优势,村落水系纵横,传统建筑随处可见,风貌特征明显。依据统一性和协调性原则,水系和建筑旁的植物景观也应该因地制宜进行配置,呈现出和谐的画面感。例如在村落的水系旁种植垂柳、杜鹃、碧桃等植物,通过桃红柳绿、燕舞莺啼体现苏南水乡的氤氲与柔美,而在一些年代久远的寺庙、祠堂等历史建筑旁则一般种植松科或柏科植物来体现庄重、严肃的氛围,有时也会栽植银杏、七叶树等具有佛教意义的植物。总之,在进行传统村落植物景观规划时需综合考量周边全部要素,做到元素相互交融,保持风貌的一致性。本章结合村落的植物特点,基于植物的观赏特性,针对不同环境特征提出部分植物配置模式以供参考,详见表5-27。

表5-27 不同环境特征植物配置模式推荐

序号	环境特征	植物配置模式
1	河流水网	垂柳+碧桃一杜鹃一芦苇一千屈菜
2	河流水网	乌桕+垂柳+紫薇一旱柳+芦竹一菖蒲
3	河流水网	合欢+枫杨+鸡爪槭+贴梗海棠+海桐一麦冬+酢酱草
4	河流水网	水杉+紫叶李+碧桃一南天竹+小叶黄杨一沿阶草
5	民居建筑	枇杷+枣+木犀一石榴+木芙蓉+月季一栀子
6	民居建筑	柿+板栗+女贞一无花果+金钟花一野蔷薇一绣线菊
7	祠堂寺庙	银杏+女贞+罗汉松一海桐+八角金盘一玉簪
8	祠堂寺庙	合欢+雪松+侧柏一连翘+小叶女贞一野菊

表格来源:作者自制

（4）依托村落优势产业,打造特色植物景观

调查期间,种植业仍然是苏南水乡传统村落的支柱型产业之一,但由于土地政策的

变化及耕地面积的调整,大面积的生产用地非常有限,不少宅旁等零碎的绿地已经开始种植经济型植物,这种兼具生产和观赏价值的植物景观具有浓厚的乡村地域特色,也是区别于城市植物景观的主要特征之一。传统村落要对生产性植物景观建设更加重视,可以考虑增加绿地的可参与性,增加绿地的游憩设施,营造更多可停留的空间。

当前的各个苏南水乡传统村落都有本村的优势种植产业,在未来发展时,可以由政府牵头,将植物景观建设与适合的项目开发同步进行,建设时结合文旅项目,在保留景观风貌特征的基础上推动旅游业等多元产业发展。以东村为例,村内以石榴种植最为出名,不少宅旁和道路绿地都种植了石榴,因此,可以利用现有的部分生产用地搭配房前屋后的空余绿地打造传统村落特色景观,营造花果飘香的乡村氛围。同时,也可以借助这些绿地作为旅游吸引物发展产业,以水果采摘作为体验项目,与农家乐相结合,既可以为村民带来新的经济收入,增加他们的幸福感和获得感,也可以提升传统村落植物景观的可参与性,实现可持续发展。

(5)加强植物养护,保护古树名木

调查中发现不少传统村落都有古树名木。它们生长时间长,树形高大优美,具有极高的观赏和文化价值,但是也存在少部分古树面临枯死的风险,因此需要政府出资委派专人养护,最好能建立动态监测机制,随时掌握古树的生长状况,消除病虫害等潜在风险隐患,避免古树死亡对本地生态造成难以挽回的损失。对于建筑和水系旁的植物也要加强养护,保障景观效果,如果部分景观养护成本较高,则可以更换植物种类,增加抗逆性强、适应性强且易于养护的乡土植物以降低养护和维护成本。也可通过集体宣讲、村民大会等方式增强村民的环保和生态意识,从而让村民自发、主动参与到养护植物的行列中,为村落植物景观的可持续发展贡献个人力量。

2)评价样地针对性优化策略

根据前文使用两种方法得到的具体评价结果,选取了汇总标准分排名靠后的 3 块样地,通过对样地存在的具体问题提出针对性优化策略(表 5-28 至 5-30),为以后苏南水乡传统村落植物景观建设提供建议和参考。样地 D4 和 L4 植物景观改造示意图见图 5-33、图 5-34。

表 5-28 D4 样地针对性优化策略

样地编号	D4	
样地位置	东村宅旁绿地	
植物群落组成	银杏+鸡爪槭+枇杷(小苗)+构树(小苗)	
评价结果	AHP 法标准分:−1.282,排名:12 得分较低因子:C4、C8、C9、C11、C12	
	SBE 法标准分:−0.410,排名:9	
	汇总标准分:−1.692,排名:11	

（续表）

现状问题	1. 植物种类较少,植物层次简单,群落稳定性差
	2. 养护管理较差,植物幼苗生长不佳
	3. 缺少经济作物,绿地利用效率较低
优化策略	1. 增加植物种类,尤其是灌木和草本植物,丰富景观层次,种类包括海桐、小叶女贞、西府海棠、沿阶草、玉簪、紫萼
	2. 加强人工养护,定期清除杂草,关注幼苗生长状况
	3. 补植少量生产性植物,如枣树、石榴,也可当作主景树银杏的衬景
	4. 在房屋的外立面补充络石、云南黄素馨等藤本植物,增加垂直绿化

表格来源:作者自制

表 5-29 L4 样地针对性优化策略

样地编号	L4		
样地位置	陆巷村南部的水系尾端		
植物群落组成	香樟＋木犀＋毛竹＋旱柳—愉悦蓼		
评价结果	AHP 法标准分:－0.996,排名:11 得分较低因子:C4、C8、C15		
	SBE 法标准分:－1.640,排名:12		
	汇总标准分:－2.636,排名:12		
现状问题	1. 植物种类较少,植物层次较简单,群落稳定性差		
	2. 水岸一侧植物过于粗放,黄土裸露,影响景观效果		
	3. 植物景观与水体环境协调性不足,河道两侧景观差异过大		
优化策略	1. 增加植物种类,在水岸一侧补充部分水生植物,种类包括芦苇、芦竹、芒草、千屈菜、眼子菜等		
	2. 更换倒伏和长势不好的毛竹,混植部分苦竹		
	3. 在水岸两侧都栽植部分乌桕、鸡爪槭,增加季相变化的同时保证景观风格一致		
	4. 围绕香樟古树进行造景,突出景观主题		

表格来源:作者自制

表 5-30 Y3 样地针对性优化策略

样地编号	Y3		
样地位置	杨湾村北部宅旁绿地		
植物群落组成	枣树＋枇杷＋银杏—青菜—络石＋花叶蔓长春		
评价结果	AHP 法标准分:－1.860,排名:13 得分较低因子:C1、C2、C4、C7、C9		
	SBE 法标准分:－1.903,排名:13		
	汇总标准分:－3.763,排名:13		

（续表）

现状问题	1. 植物种类较少,植物层次过于简单,抗外部干扰能力差
	2. 过于注重植物经济效益,忽视了植物的景观效果
	3. 一侧植物缺乏养护,长势较差;另一侧植物种植过于密集,生长空间受限
优化策略	1. 增加植物种类,尤其注意补充部分观赏性灌木和地被,种类包括金森女贞、西府海棠、杜鹃、栀子、矮牵牛等
	2. 清除枯死的"断头树",更换成部分易于养护的乡土植物,如枇杷、柑橘等
	3. 将一侧郁闭度过高的乔木移栽到另一侧,保证植物景观的协调性
	4. 蔬菜旁种植以灌木为主,保证农作物接受充足光照

表格来源:作者自制

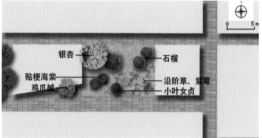

图 5-33 样地 D4 植物景观改造示意图

图片来源:左图作者自摄,右图作者自绘

图 5-34 样地 L4 植物景观改造示意图

图片来源:左图作者自摄,右图作者自绘

6 ▶ 旅游型乡村植物景观设计分析与实践

在乡村旅游业迅速发展的背景下,旅游型乡村植物景观设计要充分考虑农业景观的生产性和田园风光的体验性,体现乡村生命活力,成为乡村建设的灵魂,创造出一种不同于城市钢筋水泥的景观又区别于传统乡村自然风光的蕴涵浓厚乡土气息的植物景观。

因此本章意在以南京市江宁区旅游型乡村植物景观设计为例,结合前期理论知识,在实地调研基础上,对江宁区旅游型乡村的植物种类、配置模式与空间类型进行定性与定量分析,深入了解植物景观建设状况,提出旅游型乡村植物景观设计体系,探寻如何利用当地特有的资源进行合理开发与保护。在促进乡村旅游发展的同时,提升原住居民的生活质量与精神追求,同时实现经济、社会和生态环境可持续发展目标,为今后同类型乡村建设与旅游发展提供具有乡土特色、切实可行的植物景观设计体系参考。

此外,本书也有利于补充旅游型乡村植物景观设计理论内容。目前关于旅游型乡村尚没有详细的理论研究用于指导其植物景观规划设计,且部分理论缺乏针对性,在乡村植物景观具体应用上往往较为空泛,难以与实践结合,不够具体深入,致使旅游型乡村植物景观设计缺乏系统性理论支撑与引导。本书通过对现有乡村植物景观理论总结探究并结合实地案例调研,希望可以探索出旅游型乡村植物景观设计体系,为今后旅游型乡村植物景观设计工作提供一套系统完整且具有普遍指导意义的体系。

6.1 南京市江宁区旅游型乡村植物景观设计案例调研

6.1.1 南京市江宁区乡村概述

1)交通区位

江宁区位于南京市中南部,全区共辖十个街道,四个园区,总面积 1561 km²,约为南京市域面积的 23.7%。江宁区从东、西、南三面环抱南京主城,位于长三角经济发达区,并处于国家为南京构建的大交通网络枢纽地区,交通条件优越,形成集公路、铁路、航空、水运为一体的快速立体交通格局,与南京主城多路径无缝衔接,实现区域内城乡关系协调发展,是城市内部与城市之间经济社会交流的重要枢纽。江宁拥有广阔的乡村地区,从 2000 年江宁撤县建区以来,江宁实现了快速城镇化发展,乡村建设持续加快,同时在政府政策的大力支持下,打造了一批又一批独具特色的乡村旅游景点,使江宁区乡村旅游迈向新高地[249]。

2)美丽乡村建设

十八大以后,江宁区为贯彻落实国家新型城镇化战略,统筹全域、城乡一体化发展,规划从"点"状乡村向"线"和"面"区域统筹发展,整体分三个阶段进行了美丽乡村建设[250]:

阶段一:建设示范点

江宁区通过四轮美丽乡村示范点建设工作,关注乡村生态文明美、生产创业美和生活幸福美,促进现代农业振兴与乡村旅游发展,实现经济快速增长。2011—2012 年,江宁完成"世凹桃源""石塘人家""汤山七坊""朱门农家""东山香樟园"的第一代美丽乡村建设(金花村);2012—2013 年,完成了以"大塘金""黄龙岘""汤家家"等为代表的第二代美丽乡村(都市生态休闲村)建设;2015 年完成了以"公塘头""花塘""下窑湾"等为代表的第三代美丽乡村(示范村)建设;其后又完成了"新塘村""插花村"为代表的第四代美丽乡村[251]。经过数年的发展,示范村的建设成效明显,将"江宁美丽乡村"品牌成功打响,其中前两批美丽乡村在旅游局以及国家农业部等机构的评选中多次获得荣誉,已经成为南京市区居民节假日旅游的重要目的地选择。

阶段二:示范区建设

为加快苏南现代化样板区建设,江宁构筑"三个 500"的国土空间格局,即 500 km² 的生态涵养不开发区,500 km² 的功能片区和新市镇,500 km² 的美丽乡村示范区。并根据江宁不同地域特点,将 500 km² 的美丽乡村示范区划分为东、中、西三个片区(见图 6-4),实现乡村规划全覆盖。其中东部定位为与城镇景区旅游互补的全域型美丽乡村,中部定位为大都市近郊水乡田园型美丽乡村,西部的核心区是重点控制和建设的片区[252]。

阶段三:全域规划建设

江宁区在总结"示范点"和"示范区"的经验基础上,制定"千村整治、百村示范"计划,将江宁乡村旅游推向全域,开启全域建设美丽乡村的历程。规划通过对江宁区 1722 个村庄现状与上位规划进行梳理,优先保留历史文化村、美丽乡村等,明确布点村。对剩余村庄进行潜力分析,同时考虑街道、村民对村庄的发展意愿。综合权衡后,全区规划布点村 291 个,非规划布点村 702 个,共 993 个[252],针对不同类型的乡村给予不同的建设整治强度,初步绘就江宁乡村旅游的美丽画卷。

6.1.2 调研案例选择思路

1）旅游型乡村类型

旅游型乡村按照不同划分方式有许多不同类型,目前国内学者的划分依据主要有旅游资源依托、旅游景点功能、区位优势度、投资主体。曹兆昆等人从旅游资源依托角度将旅游型乡村划分为田园风光类、民俗文化类、休闲度假类、现代农业景观类、村落乡镇类5个主类及17个亚类[253]。郁琦依据乡村旅游景点的功能和性质将旅游型乡村划分为园区农业型、农庄休闲型、乡村人文景观、乡村自然景观4个一级类和18个二级类[254]。王伟从区位优势度角度,将旅游型乡村划分为交通区位优势型、市场区位优势型、资源区位优势型和经济区位优势型[255]。林有森从投资主体角度,将旅游型乡村分为政府主导型、农民主导型、企业主导型、集体主导型、多方合作型。不同类型的旅游型乡村在旅游发展模式与空间规划设计上都有一定差异。综合考虑南京旅游型乡村的实际情况,本研究从旅游资源角度,参考曹兆昆等关于旅游型乡村类型的研究,依据《南京市江宁区"十三五"旅游产业发展规划》,结合《旅游资源分类、调查与评价》(GB/T 18972—2017)将南京市江宁区主要乡村旅游景点划分为三大类:① 休闲农业主导型,即以规模化农业园区主导的乡村,打造类型丰富的特色农产品;② 历史文创主导型,即依托当地的文化历史资源进行特色加工和再创作的乡村,打造具有特色的人文旅游产品;③ 田园体验主导型,即无法突出体现农业资源或人文资源,但充分利用当地的乡村资源完善特色服务业,延伸农产品产业链,打造集餐饮住宿、观光休闲、农事体验等活动为一体的体验型旅游基地。具体分类如表6-1所示。

表 6-1 江宁区乡村旅游景点

编号	所在街道	级别	乡村名称	类型
1	汤山	4A	明文化村	历史文创主导型
2		4 星级乡村旅游点	汤山翠谷	休闲农业主导型
3		4 星级乡村旅游点	汤家家	田园体验主导型
4		4 星级乡村旅游点	汤山七坊	历史文创主导型
5		4 星级乡村旅游点	石地水乡	田园体验主导型
6		4 星级乡村旅游点	湖山村	历史文创主导型
7	麒麟	2A/全国农业旅游示范点/4 星级省级乡村旅游点	麒麟锁石村	休闲农业主导型
8	淳化	4 星级乡村旅游点	马场山	历史文创主导型
9		3 星级乡村旅游点	翠洲芳谷	田园体验主导型
10	湖熟	4 星级乡村旅游点	杨柳村	历史文创主导型
11		3 星级乡村旅游点	三界稻花村	田园体验主导型

(续表)

编号	所在街道	级别	乡村名称	类型
12	禄口	2A	鑫农庄	休闲农业主导型
13		全国农业旅游示范点	彭福旅游村	休闲农业主导型
14		2A/全国农业旅游示范点	黄桥滩	历史文创主导型
15		3 星级省级乡村旅游点	豪祥农庄	休闲农业主导型
16	秣陵	全国农业旅游示范点	周里旅游村	休闲农业主导型
17		4 星级省级乡村旅游点	秣陵杏花村	田园体验主导型
18	横溪	4 星级省级乡村旅游点	石塘人家	历史文创主导型
19		2A	龙山上庄园	田园体验主导型
20		2A/全国农业旅游示范点	横溪蔬菜园	休闲农业主导型
21		4 星级省级乡村旅游点	七仙大福村	历史文创主导型
22	谷里	4 星级省级乡村旅游点	大塘金	休闲农业主导型
23		4 星级省级乡村旅游点	世凹桃源	田园体验主导型
24	江宁	3 星级省级乡村旅游点	朱门农家	休闲农业主导型
25		4 星级省级乡村旅游点	黄龙岘	休闲农业主导型
26	东山	4 星级省级乡村旅游点	东山香樟园	休闲农业主导型

注:笔者根据相关资料搜集整理而成

2)典型乡村案例选择

前文已总结南京江宁区乡村建设进程与目前主要乡村旅游景点,在此基础上,笔者研读了大量关于江宁旅游型乡村的文献资料,在探寻旅游型乡村植物景观设计的经验与不足的前提下,明确选择当前旅游开发较为成熟、各项基础设施较为完善的乡村作为研究的调研点,分别是休闲农业主导的旅游型乡村——谷里大塘金、江宁黄龙岘,历史文创主导的旅游型乡村——汤山七坊村、湖熟杨柳村,田园体验主导的旅游型乡村——汤山汤家家、谷里世凹桃源(表6-2和图6-1),调研其乡村建设现状、植物种类、布局等景观现状,以期全面总结江宁地区不同类型旅游型乡村植物景观的设计特征与问题,探索旅游型乡村植物景观规划设计的有效方法策略。

表6-2 乡村调研案例点

编号	类型	级别	所在街道	乡村
1	休闲农业主导型	4 星级省级乡村旅游点	谷里	大塘金
2		4 星级省级乡村旅游点	江宁	黄龙岘
3	历史文创主导型	4 星级省级乡村旅游点	汤山	七坊村
4		4 星级省级乡村旅游点	湖熟	杨柳村

编号	类型	级别	所在街道	乡村
5	田园体验主导型	4星级省级乡村旅游点	汤山	汤家家
6		4星级省级乡村旅游点	谷里	世凹桃源

表格来源：作者自制

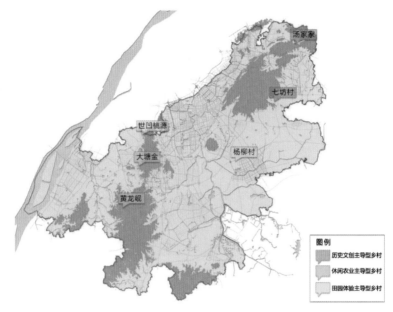

图 6 - 1　乡村调研案例分布

图片来源：作者自绘

6.1.3　案例现状调研

1）乡村简介

（1）休闲农业主导型——大塘金

大塘金坐落于牛首山——云台山生态廊道中，总面积 3.7 hm²，共有 186 个常住居民，被誉为南京市山水芳香养生"第一村"。大塘金以"薰衣草"为特色旅游资源，集花草体验、休闲度假、康体运动和薰衣草产业等于一体。乡村整体空间环境山水交融，地域开阔幽远，建筑清新质朴，高低错落有致，旅游业较为发达（图 6 - 2）。

（2）休闲农业主导型——黄龙岘

黄龙岘村地处江宁街道北部，交通便利，总面积约为 120 hm²，村内现有农户 44 户，125 人。黄龙岘被誉为南京市特色茶文化休闲旅游"第一村"，以清香茶山作为特色旅游资源，将茶文化展示作为主要内容，打造成融品茗休闲、茶道茶艺、茶叶展销、特色茶制品购买于一体的乡村特色茶庄。乡村四周群山绵延、茶园千亩，整体掩映在山、水、茶、林中（图 6 - 3）。

图 6-2 大塘金平面图与航拍图

图片来源:作者自摄

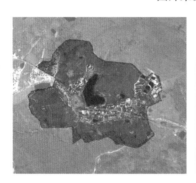

图 6-3 黄龙岘平面图与航拍图

图片来源:作者自摄

（3）历史文创主导型——七坊村

七坊村位于汤山街道西南部,毗邻 S337 省道,交通十分便捷。乡村占地面积约 5.4 hm²,共有 81 户 270 人。乡村远离城市的喧闹,空气清新,依山傍水,历史文化底蕴深厚,民风淳朴,共有八大典型作坊:豆腐坊、粉丝坊、酱坊、茶坊、糕坊、酒坊、油坊、炒米坊,发掘出特色的农业文化,提升"原生、乡土、作坊文化"的景观特质,以独特的农家作坊体验让游客体验乡村乐趣(图 6-4)。

图 6-4 七坊村平面图与航拍图

图片来源:作者自摄

（4）历史文创主导型——杨柳村

杨柳村位于南京市江宁湖熟街道杨柳湖旁，地处外秦淮平原，占地 25.76 hm²，人口 1348 人。杨柳村中的建筑为明、清时期的古建筑，以江南乡村民居风格为主，素雅而又别出心裁，极具南京地域特色，对于研究明、清时期江南的建筑有着重要的参考意义，主要通过建筑小品、路灯装饰、文化墙等形式来打造江南古村文化（图 6-5）。

图 6-5 杨柳村平面图与航拍图
图片来源：作者自摄

（5）田园体验主导型——汤家家

汤家家坐落在汤山北部的汤山街道，安基湖以西，北面是有名的军事基地戴笠楼，沪宁高速汤山出口处距离该村只有 5 min 的路程，对外交通十分便捷。乡村占地 1.1 hm²，人口 412 人，汤家家温泉村以生态休闲与温泉养生为主导，建设成为集温泉农宿、精品菜馆、农家技艺展示等为一体的草根温泉村，充分发展休闲度假旅游产业，打造成南京独一无二的温泉特色美丽乡村（图 6-6）。

图 6-6 汤家家平面图与航拍图
图片来源：作者自摄

（6）田园体验主导型——世凹桃源

金花村世凹桃源坐落在牛首山景区西南麓，该村农户周围常种植桃树、梅树及其他的灌木,形成农家房前屋后的乡村植物景观,乡村占地约 54 hm²,共 142 人。世凹桃源大力发展乡村农家乐,以牛首文化和佛教文化为基础,以乡村风情为载体,将其建设成为特色乡村餐饮和乡村观光体验的旅游村(图 6-7)。

图 6-7 世凹桃源平面图与航拍图
图片来源:作者自摄

2)乡村植物统计

对所调研乡村的植物进行统计分析,包括谷里大塘金(表中标记为 A),江宁黄龙岘(表中标记为 B),汤山七坊村(表中标记为 C),湖熟杨柳村(表中标记为 D),汤山汤家家(表中标记为 E),谷里世凹桃源(表中标记为 F),通过统计以上六个样地的主要植物种类应用概况,分析南京市江宁区旅游型乡村植物的整体应用情况(见附录)。

3)乡村植物分布

调研过程中为深入细致了解乡村植物的分布,可以根据乡村空间的主体功能不同,将其划分为建筑空间、公共活动空间、道路空间、滨水空间、入口空间、停车场空间以及农业生产空间,进而探究植物与各部分空间之间的关系,从而根据不同功能空间特点和需求来营造合理的植物景观。

(1)建筑空间

乡村建筑以村民住宅为主,还包含生产生活的配套设施、服务设施等,其中旅游型乡村由于其独特的旅游性质,通常还包括游客服务中心、商业设施等公共建筑。村民住宅与公共建筑最大的区别在于其公共性,因此村民住宅旁的乡村植物通常是居民对生活质量追求的实体反映,体现了该户居民的个人感情喜恶。家家户户的植物种植往往具有较大差异,规律性不明显,但是同一个村庄的建筑外部植物群落都趋于稳定的布局。而公共建筑通常体现了整个村子对外展示的形象,经过统一的规划,体现当地的特色,反映了乡村人文环境与自然地理环境的融合适应结果,乡村建筑周围常见植物见表 6-3 所列。通过对选取的旅游型乡村走访调研,可以看出旅游型乡村的植物与建筑之间有如下特征:村民住宅周围植物有乔灌木花卉、藤草本花卉、瓜果蔬菜等经济林,乔灌木花卉常结合盆景布置,规格大小取决于空间面积与户主的修建管理。乔灌木花卉品种主要有桂花、山茶、紫薇等，藤草本花卉品种有凌霄、紫藤、金银花等，瓜果蔬菜则根据户主的喜好而定，常有石榴、柿、枣、枇杷、无花果等，配以观花草本，美观整洁。公共建筑周围植物选取偏城市化，以搭配颜色丰富的花镜见著，配以高大乔木，如朴树、榆树、槐树等，增强公共建筑的形象感。其中，对于周边绿地面积较大的公共建筑而言，植物层次更为丰富，上层多为落叶大乔木，如白玉兰、银杏、泡桐等，也有成片种植的竹类，形成天然绿篱墙（见表6-3和图6-8）。

表6-3　乡村建筑空间植物统计

乔木	灌木	草本/藤本
枇杷、棕榈、紫薇、银姬小蜡、榆树、柿树、白玉兰、石榴、泡桐、鸡爪槭、香樟、雪松、五针松、柿树、广玉兰、枣、构树、乌桕、圆柏、苦楝、无花果、水杉、龙爪槐、紫荆、朴树、银杏、刺槐、国槐、紫叶李、垂丝海棠	迎春、绣线菊、齿叶冬青、蓝湖柏、六月雪、琼花、桂花、石楠、萼距花、杜鹃花、山茶、花叶蔓长春、南天竹、栀子花、金叶女贞、大花六道木、长春花、月季、海桐、绣球、红花檵木、珊瑚树、蜡梅、黄杨、枸杞、丝兰、苏铁	鼠尾草、黄金络石、菊、金银花、翠菊、地肤、野菊、乌蔹梅、玉簪、一枝黄花、铜钱草、竹子、一串红、阔叶半边莲、万寿菊、葱兰、芦苇、五彩苏、常春藤、大丽花、鸡冠花、马唐、紫藤、洒金桃叶珊瑚、大吴风草、凌霄、紫茉莉、薄荷、薏苡、沿阶草、吊兰、爬山虎、海芋、剑叶凤尾蕨、百日草、美人蕉、金鸡菊、鸢尾

表格来源：作者自制

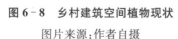

图6-8　乡村建筑空间植物现状

图片来源：作者自摄

（2）公共活动空间

乡村公共活动空间区别于城市公共活动空间的规则性与规划性，往往是在村民生活中自发形成的空间,承载着村民日常休闲娱乐活动与集散交通的功能,是乡村对外展示的重要门户空间,也是乡村景观序列中的高潮空间。笔者通过对乡村调研,发现很多乡村的公共活动空间经过规划设计,让游客仿佛置身城市,错误地使用城市空间的设计方法,一味追求美观性与规则性,让乡村的空间失去了乡土气息。当然也有一些做得比较好的改造,如大塘金的广场,在保证基本功能的前提下,顺应乡村起伏的地形条件,进行多层次划分,在提高空间功能性的同时也增强了趣味性。通过调研得到乡村公共活动空间常用的植物见表6-4。调研发现,优秀的乡村公共活动空间的植物景观设计能够在保留古树名木的同时运用大量乡土树种,丰富乡土特色内涵。上层乔木选用冠幅大的乡土大乔木,容易给人留下深刻的印象,如银杏、香樟、朴树等;中层采用孤植或丛植的方法,将小乔木、灌木以及草本植物进行合理配置,形成良好的视觉效果(见表6-4和图6-9)。

表6-4 乡村公共活动空间植物统计

乔木	灌木	草本/藤本
女贞、龙柏、梅、朴树、紫薇、香樟、栎、樱花、榉树、悬铃木、桂花、无患子、圆柏、银杏、乌桕、广玉兰、榆树、白玉兰、鸡爪槭、榆叶梅、石榴、罗汉松、垂丝海棠、红枫	月季、苏铁、琼花、金钟花、红叶石楠、迷迭香、金叶女贞、栀子、南天竹、杜鹃、红花檵木、含笑、山茶、海桐、黄杨、丝兰、金丝桃、八角金盘	凌霄、蜀葵、毛竹、小琴丝竹、凤尾竹、白羊、百日草、紫苑、沿阶草、金鸡菊、常春藤、刚竹、苦苣菜、鸢尾、狼尾、马唐、母草、野菊、阔叶半枝莲、凹头苋、地锦草、蒲苇

表格来源:作者自制

图6-9 乡村公共活动空间植物现状

图片来源:作者自摄

（3）道路空间

乡村道路兼具交通功能与生活功能，经调研得到乡村道路常用的植物如表 6-5 所示。交通为主的道路笔直宽敞，硬质高，车流大，它是连接乡村与外部的主要景观要素。道路两侧植物建设现状较好，通过列植高大乔木成为引导视线的主线，上层乔木有香樟、栾树、银杏等，中层搭配灌木紫薇、碧桃等，下层以自然草花为主。生活性道路是乡村中最复杂也是最常见的肌理，通常与居民住宅、各类绿地相连，是乡村中最具有生活气息的空间，一般较为狭窄。由于乡村内部空间复杂各异，所以不同乡村的生活性道路肌理也大相径庭，形式各异，但是多以乡土树种为主，以冠幅较小的乔木和灌木将道路分隔开，若两边有较大高差通常会借助墙体设置垂直绿化，丰富立面，如爬山虎、常春藤、藤本月季等。若生活性道路直接连接村民入户时，常辅以观花的低矮植物，如葱兰，波斯菊等。既具有较好的视觉效果，又能保证村民生活的私密性（见表 6-5 和图 6-10）。

表 6-5　乡村道路空间植物统计

乔木	灌木	草本/藤本
榆树、女贞、桃、红叶李、乌桕、刺槐、黄山栾树、无患子、水杉、枇杷、广玉兰、樱花、香樟、紫荆、槭树、榉树、雪松、鸡爪槭、朴树、构树、桂花、紫薇、苦楝、悬铃木、垂丝海棠、棕榈、金枝槐、松树、银杏、无花果、枇杷、蜡梅、丁香、垂柳	红叶石楠、山茶、夹竹桃、萼距花、红花檵木、山茶、醉鱼草、杜鹃、金钟花、金叶女贞、黄杨、薜荔、南天竹、绣线菊、栀子、八角金盘、迎春、珊瑚树、连翘	马松子、美人蕉、毛竹、蒲苇、花叶蔓长春、蓝猪耳、百日草、吊兰、蓝目菊、毛竹、鸢尾、波斯菊、沿阶草、碧冬茄、菊三七、万寿菊、芒、蜀葵、木槿

表格来源：作者自制

图 6-10　乡村道路空间植物现状

图片来源：作者自摄

（4）滨水空间

乡村的水体有很多种，包括湖泊、河流、池塘、小溪、沟渠等等。水是乡村景观的必备要素，为村民的生产生活提供保障。同时滨水空间可以反映乡村的自然山水之美，是旅游型乡村对外展示给游客乡村风貌环境的重要载体。然而，无论水体的类型有多么复杂，都可以划分为自然式驳岸和规则式驳岸两类。经调研得到滨水空间常用的植物如表6-6所示。自然式驳岸的水体以乡村内部的小溪池塘为主，树种丰富，长势茂密，上层乔木有枫杨、构树、苦楝等，配以低矮灌木与水生植物，如再力花、芦苇等。规则式驳岸水体经人工干预，结合防洪排涝和生产生活功能，常增加滨水休憩功能，树种较少，常用水杉、柳树等耐水湿乔木，辅以垂丝海棠、紫叶李、樱花等观赏乔木，同时结合水域空间种植大片荷花、睡莲等，营造丰富的景观层次与色彩变化（见表6-6和图6-11）。

表6-6　乡村滨水空间植物统计

乔木	灌木	草本/藤本	水生植物
苦楝、香樟、白杨、栎、柘、垂柳、山桃、构树、丁香、枫杨、樱花、垂丝海棠、银杏、白蜡、水杉、刺槐、桃、梅、紫叶李、悬铃木	栀子、黄杨、金钟花、山茶、金叶女贞、八角金盘、南天竹	狗尾草、狼尾草、芭蕉、蜀葵、紫茉莉、牛筋草、鸭跖草、婆婆纳、马唐、狼杷草、蓝花草、络石、野菊、细叶芒、一枝黄花、蜘蛛抱蛋、香附子、一年蓬、鬼针草、酸浆、鸢尾、马鞭草、沿阶草	芦苇、再力花、香蒲、荷、水葱、茭、睡莲、水烛

表格来源：作者自制

图6-11　乡村滨水空间植物现状

图片来源：作者自摄

（5）入口空间

乡村入口是旅游型乡村对外展示的门户景点，通常可以体现该乡村的特色。入口空间一般以特色景石或景观小品等形成视觉焦点,多形成游客和村民集散休憩的空间,有引导标识、文化宣传以及烘托氛围的作用。而植物在这其中有着重要作用,优秀的乡村入口植物搭配往往可以给游客留下深刻的印象,如通过古树或风水林营造不同开合空间,反映乡村悠久的历史文化与地域内涵。经调研得到旅游型乡村的入口空间常用的植物如表6-7所示。乡村入口的植物搭配既可以形成开敞空间,如在开阔的空间上,围绕石碑点植灌木和几株乔木;同时也可以打造私密空间,如结合地形、水系、道路等景观要素,通过路口两侧片植竹林、水杉林等,分隔村内外(见表6-7和图6-12)。

表6-7 乡村入口空间植物统计

乔木	灌木	草本/藤本
雪松、李、桂花、香樟、水杉、鸡爪槭、垂柳、朴树、紫薇	迎春、金叶女贞、南天竹、红叶石楠、红花檵木、洒金桃叶珊瑚、金丝桃、丝兰、杜鹃、黄杨	蓝猪草、阔叶半枝莲、铜钱草、蔷薇、百日草、花叶蔓长春、凤仙花、万寿菊、毛竹

表格来源:作者自制

图6-12 乡村入口空间植物现状

图片来源:作者自摄

（6）停车场空间

旅游型乡村的服务对象包括大量的外来游客,对于一些自驾而来的游客,通常都比较关注停车问题。通过调研发现,旅游型乡村的停车场空间常用植物如表6-8所示。停车场内部植物种植规则,形成以草花地被搭配高大乔木为主的结构,空间开敞,视野通透。停车场外围有水杉、雪松、朴树、香樟等大乔木的背景林,形成高低错落的层次和组合,林缘线具有动态美感,同时也可以对外面来往车流的噪声、废气、沙尘起到防护和隔离的效果(见表6-8和图6-13)。

表6-8　乡村停车场空间植物统计

乔木	灌木	草本/藤本
桂花、银杏、核桃、黄山栾树、杨梅、香樟、垂柳、广玉兰、雪松、水杉、朴树、海棠、女贞、樱花、桃、鸡爪槭、桂花、三角枫、梅、棕榈	珊瑚树、琼花、金钟花、萼距花、山茶、迎春、铁冬青、红花檵木、锦带花、红叶石楠、夹竹桃	美人蕉、万寿菊、碧冬茄

表格来源:作者自制

图6-13　乡村停车场空间植物现状

图片来源:作者自摄

（7）生产防护空间

从传统角度而言,农业景观是乡村的生产经济重要来源,也是农村的象征,但是旅游型乡村的主要经济来源包括旅游收入,需要以区别于传统乡村农田景观的角度来分析,因此旅游型乡村应该更加注重具有特色创意的农业景观,形成具有吸引力的林果园、苗圃地、农作物基地等,同时兼顾经济效益、生态效益和美学效益。因而可以依据当地的自然地理条件,形成合理的总体农业景观格局,如茶田景观、薰衣草景观等。在由田间道路、河流沟渠、防护林形成的农田林网的树种选择上,要综合考虑农作物的生态要求与树种自身的生长习性,合理配置。如田埂以种植经济价值高的小乔木为主,沟渠以种植生长快速的乔木为主。充分发挥乡土树种的优越性,形成完善的农业景观林网络系统,提高农田的环境美感与生态效益。经过调研得到生产防护空间常用的植物如表6-9所列,具体现状见图6-14。

表6-9　乡村生产防护空间植物统计

乔木	灌木	草本/藤本
桂花、朴树、棟、银杏、柿树、石榴、银杏、桃	茶树	薰衣草、蔷薇

表格来源:作者自制

6.1.4　调研总结分析

对上述调研成果进一步梳理,从树种构成、平面分布与空间构成三个角度对旅游型乡村的植物景观进行总结,从中探索旅游型乡村在植物景观建设中的共性与不足。在此基础上,结合现场的调研问卷,从游客和村民的角度出发,站在使用者的角度对乡村景观进行评价分析,从而设计出满足村民需要和游客体验的乡村植物景观。

图 6－14　乡村生产防护空间植物现状

图片来源:作者自摄

1)植物种类总结

(1)树种构成

依据上述乡村植物调研统计结果,进一步总结分析得出植物树种组成情况(见表 6－10)。南京市江宁区旅游型乡村调研区域范围内植物种类共有 77 科 170 属 193 种,其中常绿乔木共 13 种,占总种数 6.74%;落叶乔木 46 种,占总种数 23.83%;常绿灌木 27 种,占总种数 13.99%;落叶灌木 23 种,占总种数 11.92%;草本和藤本 84 种,占总种数43.52%。从植物来源看,本土植物共 84 种,占总种数 43.52%;外来植物 109 种,占总种数 56.48%。

表 6－10　乡村树种构成统计

植物种类		科	种	占总种数百分比/%
乔木	常绿乔木	9	13	6.74
	落叶乔木	24	46	23.83
灌木	常绿灌木	16	27	13.99
	落叶灌木	16	23	11.92

（续表）

植物种类		科	种	占总种数百分比/%
草本、藤本	草本	31	79	40.93
	藤本	4	5	2.59
总计		77①	193	100

表格来源：作者自制（① 科属有重叠，总计小于单科累加）

此外从科属种统计分析总结得出，含有植物种类较多的 6 个科依次是菊科、蔷薇科、禾本科、木犀科、唇形科以及豆科（见图 6-15）。菊科和唇形科多为草花植物，蔷薇科主要为桃、李、杏等果树以及月季蔷薇等灌木草花，木犀科和豆科多为乔木。可以看出旅游型乡村植物资源种类丰富，为乡村营造丰富多彩的植物景观提供了丰富的素材。

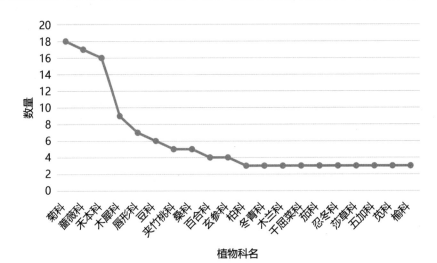

图 6-15 各科植物种数比较

图片来源：作者自绘

（2）乔灌草应用

由上述乡村植物树种构成进一步分析得出，本书研究的 6 个旅游型乡村植物共有乔木 59 种，灌木 50 种，草本藤本 84 种，统计各类型植物在调研的六个旅游型乡村中出现的频度，从而分析得出各旅游型乡村在植物应用中的共性与个性。

从乔木层面来看，构树、朴树、银杏、紫薇四种落叶乔木在调研的 6 个旅游型乡村中均有出现，枇杷、香樟两种常绿乔木与垂柳、鸡爪槭、柿、樱花、石榴四种落叶乔木在 5 个旅游型乡村中都有出现。其中朴树和香樟由于适应性强、成活率高且株形优美、四季常绿，在乡村植物景观中被广泛应用。紫薇、樱花作为观花乔木，花色亮丽，树形优美，高度适宜，深受村民喜爱。银杏和鸡爪槭是秋季色叶观赏树种，具有丰富的文化内涵。枇杷和柿树作为果树乔木,树形优美,冠幅较大,果实美味,兼具食用与美观功能。通过这些植物组合,可以营造出春赏花、夏乘荫、秋品果、冬有绿的乡村景观。

从灌木层面来看,旅游型乡村内的灌木多以绿篱或单体出现,桂花、红叶石楠、红花檵木三种常绿灌木在调研的6种乡村中均有出现,此外应用较多的还有杜鹃、南天竹、月季、栀子、珊瑚树、黄杨等常绿灌木与金钟花、山茶以及金叶女贞这几种落叶灌木。其中常绿灌木大多应用为绿篱或修剪成球,杜鹃、月季、栀子、山茶作为观花灌木,花期较长,芳香馥郁,可形成较为丰富的景观效果。由此可见,旅游型乡村的灌木多为常绿灌木与落叶花灌木。

旅游型乡村植物是经过人为规划干预过的一种特殊类型乡村,因此可能容易显露出城市化的气息,而乡村的草本花卉与藤本植物则是最能体现乡土本味与乡野特色的地方。对调研地的6个乡村草本、藤本植物种类进行统计,可以看出沿阶草、毛竹及芦苇在各个村子都有,这些植物可以很好地体现乡野气息。而大多数草本仅在其中个别村子出现,多结合乡村的旅游特色,如大塘金的薰衣草、黄龙岘的茶、七坊的波斯菊等等,使各个村子有自己独特的乡村景观,增添了乡野之美。

(3)植物类型

为更深刻了解调研地乡村的植物结构,结合前期理论研究成果,参考孙益军的乡村植物分类方法,按建设需要将乡村植物分为观赏类、用材类、园景类三种类型,并进一步细化,对其进行整理统计得出各类型主要应用统计表(见表6-11)。统计得出观赏类植物占总种数91%,用材类植物占37%,园景类植物占22%。由此可见,观赏类植物是乡村植物的主要植物。

2)植物配置模式总结

探寻旅游型乡村的植物景观配置模式可以从植物的种植层次出发,将植物种植分为两个平面,底层草花层面与上层乔灌层面,二者均包含自然式种植与规则式种植。其中自然式种植主要为孤植、散植(包含局部组团)与片植,而规则式种植既包含植物单体自身经过规则式修剪后的种植,也包含植物间的对植、列植、树阵等类型。根据现场调研情况,将乡村不同功能空间的植物配置总结归纳得出以下12种(见表6-12)。不同功能空间的绿化种植虽然有所不同,但是同一乡村的绿化却也有一定的延续性。总体上旅游型乡村植物景观都在主体的风格肌理下向内部功能空间进行个性化发展与扩散,形成各空间的种植模式,以下将对各功能空间的植物建设特点进行详细说明。

表 6-11 乔灌草主要应用类型统计

植物类型		树种	种数	占总种数百分比/%
观赏类	观花	女贞、刺槐、苦楝、梅花、白玉兰、合欢、泡桐、垂丝海棠、紫薇、樱花、桃、黄山栾树、碧桃、山桃、广玉兰、榆叶梅、杏、国槐、丁香、桂花、金钟花、牡荆、木槿、紫荆、山茶、木茼蒿、绣球花、六月雪、锦带花、棣棠花、绣线菊、栀子花、迎春花、琼花、尊距花、杜鹃、金银花、月季、红花檵木、含笑、夹竹桃、大花六道木、长春花、醉鱼草、蜡梅、野蔷薇、丝兰、金丝桃、连翘、一年蓬、石竹、矮牵牛、蓝目菊、玉簪、水果蓝、小蓬草、鸭跖草、鼠尾草、翠菊、野菊、一枝黄花、凌霄、蜀葵、白羊草、百日草、紫苑、金鸡菊、马松子、美人蕉、狗尾草、紫茉莉、婆婆纳、狼杷草、蓝花草、薰衣草、一串红、阔叶半枝莲、葱莲、蒲苇、夏堇、吊兰、大丽花、鸡冠花、紫藤、鸢尾、波斯菊、稗、香附、鬼针草、大吴风草、狼尾草、藿香蓟、马鞭草、白车轴草、芦苇、黄菖蒲、千屈菜、荷花、水葱、再力花、睡莲	101	52
	观叶	紫叶李、银姬小蜡、水杉、鸡爪槭、银杏、梨、棕榈、悬铃木、乌桕、无患子、白蜡、金枝槐、三角枫、红枫、洒金桃叶珊瑚、红叶石楠、花叶蔓长春、金叶女贞、齿叶冬青、蓝湖柏、南天竹、苏铁、珊瑚树、茶树、黄杨、海桐、铁冬青、丝兰、八角金盘、络石、蜘蛛抱蛋、银叶菊、细叶芒、水果蓝、地肤草、芭蕉、五彩苏、海芋、剑叶凤尾蕨、铜钱草、风车草、芦竹	42	22
	观果	枇杷、构树、枫杨、桑树、石榴、柿、桃、黄山栾树、柘树、核桃、杨梅、无花果、李、枣、枸骨、琼花、南天竹、铁冬青、薜荔、枸杞、鼠李、酸浆	23	12
	观形	龙柏、雪松、五针松、罗汉松、龙爪槐、枸骨、苏铁、红花檵木、小琴丝竹、凤尾竹	10	5
用材类	木材	朴树、苦楝、榉树、棕榈、麻栎、雪松、圆柏、龙爪槐、三角枫、紫荆、黄杨、鼠李、毛竹、刚竹	14	7
	药用	刺槐、银杏、乌桕、无患子、雪松、榆叶梅、李、枣、国槐、枸骨、金钟花、牡荆、木槿、紫荆、山茶、六月雪、棣棠花、迎春花、杜鹃、金银花、南天竹、苏铁、迷迭香、含笑、长春花、常春藤、蜡梅、薜荔、野蔷薇、枸杞、金丝桃、连翘、石竹、玉簪、酸浆、莲子草、鼠尾草、凌霄、蜀葵、美人蕉、紫茉莉、芭蕉、薰衣草、鸡冠花、紫藤、香附、鬼针草、大吴风草、苦苣菜、海芋、菊三七、藿香蓟、母草、凹头苋、千屈菜、香蒲、芦竹	57	30
园景类	地被	常春藤、薜荔、络石、鸭跖草、沿阶草、金鸡菊、牛筋草、婆婆纳、马唐、爬山虎、地锦草、白车轴草	12	6
	芳香	白玉兰、香樟、桃、桂花、山茶、栀子花、金银花、月季、迷迭香、含笑、夹竹桃、海桐、石竹、薰衣草、鸢尾、薄荷、荷花、睡莲	18	9
	林荫木	朴树、枫杨、刺槐、苦楝、合欢、臭椿、榆树、香樟、悬铃木、黄山栾树、白杨、三角枫、国槐	13	7

表格来源:作者自制

表 6-12 乡村植物配置方式总结

序号	配置方式
1	自然式草花地被＋规则式乔灌木
2	自然式草花地被＋自然式乔灌木
3	规则式花箱＋规则式乔灌木
4	规则式花箱＋自然式乔灌木
5	自然式草花地被＋乔灌点缀
6	规则式花箱＋乔灌点缀
7	自然式花草
8	规则式乔灌草盆景
9	自然式草花地被＋规则式乔灌木＋自然式乔灌木
10	自然式草花地被＋规则式灌木＋乔木点缀
11	规则式草花地被＋规则式乔灌木＋乔木点缀
12	规则式乔灌木

表格来源：作者自制

（1）建筑空间（表 6-13）

表 6-13 乡村建筑空间植物配置方式及景观特色

乡村类型	配置方式	建设类型	植物种类	景观特色	样地照片
休闲农业主导型	1 自然式草花地被＋规则式乔灌木	宣传展示型	乔木：香樟 灌木：黄杨 草本：葱兰	布局整洁大气，以宣传介绍、展示乡风乡俗文明为主	
	2 自然式草花地被＋自然式乔灌木	美化观赏型	乔木：紫叶李 灌木：蓝湖柏、琼花、六月雪、绣线菊、齿叶冬青 草本：黄金络石	景观层次丰富，以特色植物组成观赏价值高的植物组团	
	4 规则式花箱＋自然式乔灌木	花卉盆景型	乔木：榆树 灌木：桂花、南天竹、金银花 草本：菊花、花叶蔓长春、翠菊	硬质铺装为主，组合随意多变	

185

（续表）

乡村类型	配置方式	建设类型	植物种类	景观特色	样地照片
休闲农业主导型	6 规则式花箱＋乔灌点缀	分隔空间型	乔木：香樟 灌木：杜鹃、萼距花 草本：竹子	通过植物盆景分隔空间，起到绿化过渡作用	
	8 规则式乔灌草盆景	花卉盆景型	乔木：鸡爪槭 灌木：桂花、栀子花、杜鹃花、齿叶冬青、银姬小蜡 草本：花叶蔓长春	搭配简单方便，成本高，具有较高的观赏价值	
历史文创主导型	1 自然式草花地被＋规则式乔灌木	引导入户型	乔木：银杏 灌木：黄杨 草本：紫藤、竹	通过整齐特色的植物空间引导入户	
	2 自然式草花地被＋自然式乔灌木	自然绿化型	乔木：榆树 灌木：黄杨 草本：百日草	搭配简单，生态效益高，自然和谐	
	5 自然式草花地被＋乔灌点缀	绿化美化型	乔木：柿树、广玉兰 草本：野菊	视野通透，干净简洁，实用性强	
	6 规则式花箱＋乔灌点缀	阳光晒场型	乔木：香樟 草本：金鸡菊、百日草	硬质面积高，空间开阔	
	7 自然式花草	农家乐型	草本：百日草	适应性强，多用于农家乐	
	8 规则式乔灌草盆景	观赏盆景型	乔木：棕榈 灌木：月季 草本：鸡冠花、野菊、大丽花、长春花、凌霄、翠菊	景观效果好，管理方便	

（续表）

乡村类型	配置方式	建设类型	植物种类	景观特色	样地照片
历史文创主导型	9 自然式草花地被＋规则式乔灌木＋自然式乔灌木	生态绿篱型	灌木：红叶石楠、珊瑚树 草本：竹、蓼	形成建筑与外界的空间隔断	
	10 自然式草花地被＋规则式灌木＋乔木点缀	引导入户型	乔木：石榴 灌木：红叶石楠 草本：沿阶草	引导入户流线	
田园体验主导型	2 自然式草花地被＋自然式乔灌木	绿化配景型	乔木：龙爪槐 灌木：桂花 草本：沿阶草、石竹	装饰建筑外立面	
	3 规则式花箱＋规则式乔灌木	引导入户型	灌木：海桐、南天 草本：石竹	整洁美观，替换方便	
	4 规则式花箱＋自然式乔灌木	绿化美化型	乔木：紫薇、鸡爪槭 草本：吊兰、沿阶草	植物层次丰富，生态效益高	
	5 自然式草花地被＋乔灌点缀	自然绿化型	乔木：朴树 灌木：金边黄杨 草本：阔叶半枝莲	搭配简洁，成本低，普及性强	
	6 规则式花箱＋乔灌点缀	美化观赏型	乔木：枇杷 草本：栀子花、石竹	通过造型盆景搭配出层次丰富的植物组合，具有较高观赏特色	
	10 自然式草花地被＋规则式灌木＋乔木点缀	生态绿篱型	乔木：柿树 灌木：月季、珊瑚树 草本：沿阶草	将建筑与道路隔开，生态效益好	

表格来源：作者自制

（2）公共活动空间（表6-14）

表6-14　乡村公共活动空间植物配置方式及景观特色

乡村类型	配置方式	建设类型	植物种类	景观特色	样地照片
休闲农业主导型	1 自然式草花地被＋规则式乔灌木	造型图案型	乔木：银杏、水杉、圆柏 灌木：海桐、红叶石楠、红花檵木	将绿篱种植修剪成特定的图案形状，技术性强，艺术性高	
	2 自然式草花地被＋自然式乔灌木	休闲漫步型	乔木：香樟、楝树	乡间漫步道，自然美观	
	3 规则式花箱＋规则式乔灌木	公共游憩型	乔木：桂花、刺槐、梅花 草本：沿阶草	树池座椅增加停留时间，实用性强	
	5 自然式草花地被＋乔灌点缀	休闲漫步型	乔木：琼花、朴树、小琴丝竹、紫薇、梅 灌木：金钟花	布局紧凑，实用简明	
	10 自然式草花地被＋规则式灌木＋乔木点缀	园林小品型	乔木：樱花 灌木：南天竹、杜鹃、栀子、苏铁	与园林景观小品共同组成丰富的景观层次	
历史文创主导型	1 自然式草花地被＋规则式乔灌木	儿童活动型	乔木：榆树、樱花 灌木：杜鹃、石楠	简洁明快的植物空间，便于儿童活动和家长看护	
	3 规则式花箱＋规则式乔灌木	绿化背景型	乔木：朴树 灌木：八角金盘 草本：凤尾竹、沿阶草	成片的绿化空间形成广场的背景	
	10 自然式草花地被＋规则式灌木＋乔木点缀	自然绿化型	乔木：香樟 灌木：金丝桃、丝兰 草本：刚竹	生态效益高，层次丰富	

乡村类型	配置方式	建设类型	植物种类	景观特色	样地照片
田园体验主导型	1 自然式草花地被＋规则式乔灌木	健身活动型	乔木：垂丝海棠 草本：沿阶草	规则式片植绿化，突出硬质空间，实用性强	
	2 自然式草花地被＋自然式乔灌木	自然绿化型	乔木：樱花 草本：狼尾草	自然生态效益高	
	9 自然式草花地被＋规则式乔灌木＋自然式乔灌木	公共游憩型	乔木：蒲苇 灌木：黄杨、金叶女贞、山茶 草本：阔叶半枝莲	植物搭配景石，自然美观又便于休憩	

表格来源：作者自制

（3）道路空间（表6－15）

表6－15　乡村道路空间植物配置方式及景观特色

乡村类型	配置方式	建设类型	植物种类	景观特色	样地照片
休闲农业主导型	1 自然式草花地被＋规则式乔灌木	自然绿化型	乔木：无患子 灌木：红叶石楠、黄杨、木槿	布局简洁	
	2 自然式草花地被＋自然式乔灌木	绿化遮阴型	乔木：黄山栾树、构树 草本：毛竹	搭配简单，成本较低	
	3 规则式花箱＋规则式乔灌木	绿化美化型	乔木：香樟 草本：吊兰	独树成景，株型优美，具有较高美景度	
	9 自然式草花地被＋规则式乔灌木＋自然式乔灌木	生态防护型	乔木：水杉、枇杷 灌木：栀子 草本：蒲苇、五彩苏	景观效果好，生态效益高，改善区域生态环境	

（续表）

乡村类型	配置方式	建设类型	植物种类	景观特色	样地照片
历史文创主导型	1 自然式草花地被＋规则式乔灌木	绿化美化型	乔木：水杉 灌木：红叶石楠	绿化空间简明实用，景观效果好	
	2 自然式草花地被＋自然式乔灌木	绿化遮阴型	乔木：香樟 草本：毛竹	形成林荫空间，搭配简单自然	
	3 规则式花箱＋规则式乔灌木	自然绿化型	乔木：鸡爪槭 灌木：杜鹃、石楠	景观通透性强	
	4 规则式花箱＋自然式乔灌木	自然绿化型	乔木：女贞 灌木：月季	隔离道路与建筑，改善区域生态环境	
	9 自然式草花地被＋规则式乔灌木＋自然式乔灌木	绿化美化型	乔木：香樟、楝 灌木：红叶石楠 草本：百日草	视野开阔，观赏性强	
	10 自然式草花地被＋规则式灌木＋乔木点缀	空间引导型	乔木：垂丝海棠、柳树 灌木：红花檵木、绣线菊 草本：沿阶草	带状整齐种植，搭配道路线性流线，延伸空间	
田园体验主导型	1 自然式草花地被＋规则式乔灌木	生态防护型	乔木：垂丝海棠、桃 灌木：杜鹃	搭配简单，通透性强，防尘治污	
	2 自然式草花地被＋自然式乔灌木	自然绿化型	乔木：紫薇、樱花、朴树	增加观赏性，提高生态效益	

乡村类型	配置方式	建设类型	植物种类	景观特色	样地照片
田园体验主导型	4 规则式花箱＋自然式乔灌木	自然绿化型	乔木：构树 草本：碧冬茄、竹	增加绿化空间，改善居住环境	
	9 自然式草花地被＋规则式乔灌木＋自然式乔灌木	绿化遮阴型	乔木：香樟 灌木：红花檵木 草本：鸢尾、碧冬茄	遮阴避雨，大树为主景	
	10 自然式草花地被＋规则式灌木＋乔木点缀	绿化美化型	乔木：桂花 灌木：垂丝海棠、红花檵木 草本：碧冬茄	搭配层次丰富，观赏性强	

表格来源：作者自制

（4）滨水空间（表6－16）

表6－16 乡村滨水空间植物配置方式及景观特色

乡村类型	配置方式	建设类型	植物种类	景观特色	样地照片
休闲农业主导型	1 自然式草花地被＋规则式乔灌木	绿化背景型	乔木：山茶 草本：芦苇、刚竹	形成水岸景观的背景环境，搭配简单，生态效益好	
	2 自然式草花地被＋自然式乔灌木	绿化美化型	乔木：柳树、构树 草本：芦苇、再力花、香蒲	景观层次丰富，观赏价值高	
历史文创主导型	1 自然式草花地被＋规则式乔灌木	生态防护型	乔木：榆树 草本：芒、稗、香附	视野通透，实用简洁	
	2 自然式草花地被＋自然式乔灌木	生态经济型	乔木：柳树、白杨	生态效益突出，综合效益高	

191

乡村植物景观营造及应用技术研究

（续表）

乡村类型	配置方式	建设类型	植物种类	景观特色	样地照片
田园体验主导型	1 自然式草花地被＋规则式乔灌木	自然绿化型	乔木：桃 灌木：苏铁、金丝桃	人工驳岸成本高，技术性强	
	2 自然式草花地被＋自然式乔灌木	自然绿化型	乔木：柳树、桃 草本：香蒲、再力花	成本低，生态效益好	
	6 规则式草花＋乔灌点缀	绿化美化型	乔木：樱花 草本：鸢尾、蓝花草	种植特色植物，美观性高	

表格来源：作者自制

（5）入口空间（表6-17）

表6-17　乡村入口空间植物配置方式及景观特色

乡村类型	配置方式	建设类型	植物种类	景观特色	样地照片
休闲农业主导型	3 规则式花箱＋规则式乔灌木	生态绿化型	乔木：水杉、香樟 灌木：栀子 草本：蒲苇、五彩苏	生态效益好，美景度高	
	10 自然式草花地被＋规则式灌木＋乔木点缀	景石题名型	乔木：垂丝海棠 草本：迎春	重点突出，景观效果好	
	11 规则式草花地被＋规则式乔灌木＋乔木点缀	园林小品型	乔木：雪松 灌木：金叶女贞 草本：阔叶半枝莲、铜钱草、蓝猪耳	艺术性高，技术性强，成本高	

（续表）

乡村类型	配置方式	建设类型	植物种类	景观特色	样地照片
历史文创主导型	3 规则式花箱＋规则式乔灌木	园林小品型	灌木：石楠 草本：百日草	历史文化价值高	
历史文创主导型	4 规则式花箱＋自然式乔灌木	景石题名型	乔木：水杉 灌木：红花檵木 草本：蓝猪耳、鸡冠花、万寿菊	搭配简洁，突出地点	
历史文创主导型	9 自然式草花地被＋规则式乔灌木＋自然式乔灌木	景石题名型	乔木：鸡爪槭、香樟、柳树 灌木：金丝桃 草本：丝兰	景观效果好	
田园体验主导型	9 自然式草花地被＋规则式乔灌木＋自然式乔灌木	景石题名型	乔木：梅花 灌木：杜鹃 草本：刚竹、迎春	实用性强，景观层次丰富	

表格来源：作者自制

（6）停车场空间（表6-18）

表6-18　乡村停车场植物配置方式及景观特色

乡村类型	配置方式	建设类型	植物种类	景观特色	样地照片
休闲农业主导型	1 自然式草花地被＋规则式乔灌	自然绿化型	乔木：香樟、黄山栾树	搭配简洁，空间通透	
休闲农业主导型	9 自然式草花地被＋规则式乔灌木＋自然式乔灌木	自然生态型	乔木：女贞、樱花 灌木：栀子、鸡爪槭	植物层次丰富	

(续表)

乡村类型	配置方式	建设类型	植物种类	景观特色	样地照片
历史文创主导型	3 规则式花箱＋规则式乔灌	生态防护型	乔木:香樟 灌木:珊瑚树 草本:万寿菊	绿化空间围合性强,植物密度高	
	12 规则式乔灌	生态防护型	乔木:香樟 灌木:红叶石楠	视线通透,植物空间简洁实用	
田园体验主导型	1 自然式草花地被＋规则式乔灌	绿化美化型	乔木:香樟、鸡爪槭 灌木:红叶石楠	绿化层次丰富,生态效益较好	
	2 自然式草花地被＋自然式乔灌	绿化美化型	乔木:水杉、樱花、香樟	景观效果好	

表格来源:作者自制

（7）生产防护空间（表 6-19）

表 6-19 乡村建筑空间植物配置方式及景观特色

乡村类型	配置方式	建设类型	植物种类	景观特色	样地照片
休闲农业主导型	1 自然式草花地被＋规则式乔灌木	自然绿化型	乔木:朴树 灌木:桂花	绿化简洁,空间通透	
	2 自然式草花地被＋自然式乔灌木	绿化观赏型	乔木:香樟 草本:薰衣草	特色植物观赏价值高	
	9 自然式草花地被＋规则式乔灌木＋自然式乔灌木	生态经济型	乔木:构树 灌木:茶	经济作物搭配园林绿化植物,综合效益高	

（续表）

乡村类型	配置方式	建设类型	植物种类	景观特色	样地照片
历史文创主导型	2 自然式草花地被＋自然式乔灌木	自然绿化型	乔木：白杨 草本：芦苇、香蒲、荷花	成本低，操作简单	
	9 自然式草花地被＋规则式乔灌木＋自然式乔灌木	绿篱防护型	乔木：水杉 灌木：金钟花、红叶石楠 藤本：紫藤	植物作为绿篱，景观效果好	
田园体验主导型	2 自然式草花地被＋自然式乔灌木	自然绿化型	乔木：石榴、枇杷、银杏	自然式配置，搭配简单	

表格来源：作者自制

3）植物空间类型总结

由于植物空间受季节影响较大，为清晰直观了解其空间结构，故对调研的 6 个旅游型乡村不同功能空间的夏秋季植物空间进行总结分析。

（1）建筑空间

建筑周围植物空间常采取的是开敞型或半开敞型的空间形式。调研的各个乡村建筑周围的植物空间形式各异，住宅建筑一般以建筑围墙为背景，简洁的植物沿着围墙形成绿色屏障，采用草花地被搭配小乔木，既可以增加绿化美景，也可以增强住户隐私性。公共建筑常搭配具有当地文化特色的景观小品，如牌坊、雕像、碑石等，作为配景衬托主体，形成半开敞空间（见图 6-16）。

图 6-16 建筑周围植物空间类型

图片来源：作者自摄

（2）公共活动空间

公共活动空间以广场和绿地为主，主要功能是休闲和集散，广场在乡村一般根据乡村的大小、人流量而不同。通过对乡村调研发现，乡村的广场和绿地以开敞性空间为主，局部设置半开敞空间、覆盖空间。开敞式广场一般设置在人流量大的地方，常见有借助树池设置坐凳，或沿着道路及广场周围设置休闲座椅。借助植物形成的垂直面将休息区与活动区分开，为村民及游客提供安静的休息空间。私密性广场可由植物形成封闭空间，这类空间通常选取分支点低、枝叶茂密的乔木搭配草花灌木，为村民及游客提供私密空间，免受外界打扰（见图 6-17）。

图 6-17　公共活动空间植物空间类型

图片来源：作者自摄

（3）道路空间

通过调研发现，旅游型乡村的交通道路一侧或两侧种植枝叶茂密且分支点较高的乔木，可以形成具有强烈空间纵深感的垂直植物空间，这类植物空间具有良好的遮阴效果，林下视线通透。生活型道路通常选择低矮灌木或地被植物，形成开敞空间，对游人的视线不产生遮挡，或者一侧道路采用较高的灌木或小乔木来进行部分遮挡，形成半开敞型植物空间。游人在这种环境下视野开阔，可以在植物的引导下有导向性地参观（见图 6-18）。

图 6-18　道路空间植物空间类型

图片来源：作者自摄

（4）滨水空间

自然式驳岸的水体一般在原有的河流小溪湖泊基础上稍加改造，保留大量原有的植物景观,更具有乡野趣味,通过分支点低且枝叶茂密的灌木与小乔木,可以有效地分隔空间。这类植物空间多为半开敞型,使游客在水体的一侧可以欣赏到美丽水景的同时,又可以营造安静的空间。规则式驳岸的水体的植物空间采取的多是开敞型或覆盖型的空间形式,选取分枝点高的大乔木,一般以柳树为主,在夏天可以为游客提供一个可以在水边休息、遮阴、观赏水景的宜人舒适的植物空间,搭配花灌木或具有观赏特性的小灌木,增强景观的趣味性(见图6-19)。

图6-19　滨水空间植物空间类型

图片来源:作者自摄

（5）入口空间

入口的植物空间主要为视线开阔的开敞性空间,杨柳村在入口设置景石,搭配朴树、香樟、鸡爪槭、洒金桃叶珊瑚、金丝桃形成层次丰富的垂直界面,用于标识提示,同时方便游人拍照打卡、参观娱乐等活动,激发游客兴致。整体营造开阔舒朗的植物空间环境,保障游客的正常视线和游览活动(见图6-20)。

图6-20　入口空间植物空间类型

图片来源:作者自摄

（6）停车场空间

停车场设计由于具有标准规范,其空间主要为半开敞空间与垂直空间,通过植物形成的垂直界面分隔停车位与停车区间,引导视线沿着确定的方向流动,导向性与实用性较强(见图6-21)。

图 6‐21　停车场植物空间类型

图片来源:作者自摄

（7）生产防护空间

旅游型乡村的农业生产空间主要为封闭空间与开敞空间。一般只有靠近房屋建筑附近的小面积菜地为封闭空间,由植物修剪成整齐的绿篱进行空间划分与防护。而大部分的农业生产植物空间都是开敞空间,视野辽阔,视线通透,容易形成轻松自由的乡间田野气息,间或有一树成胜境,亦或有一排树生机蓬勃,感染力较强(见图 6‐22)。

图 6‐22　生产防护空间植物空间类型

图片来源:作者自摄

6.2　旅游型乡村植物景观评价

6.2.1　评价体系构建思路

笔者在前人对旅游乡村植物景观设计研究的基础上,遵循合理科学的评价方法,结合实地调研与问卷访谈法,构建合理准确的旅游型乡村植物景观评价体系,分析旅游型乡村植物景观对游客和村民带来的影响与体验,最终确定通过 AHP 层次分析法和模糊评价法完成本次评价研究。AHP 层次分析法主要用于评价指标体系的指标确立与权重计算。首先对旅游型乡村植物景观的评价指标进行初级分类,并对该分类下的要素进行归纳总结;然后通过专家打分法对各个指标进行重要性赋分,将主观意见量化为可观数据;最后利用公式对各层指标进行权重计算,对矩阵进行一致性检验,确保符合标准。在 AHP 层次分析法基础上,进一步采用模糊综合评分法,将上述权重转为具体数值,进行数据处理,得出评价结果,用于指导旅游型乡村植物景观设计。

6.2.2 评价指标筛选与确立

1) 指标选取原则

(1) 科学性

评价指标的选取要能明显体现评估对象的特点,且同一层级的指标是相互独立的,不交叉、不包含、不替代,并且指标覆盖面广,能完备地、系统地反映目标层对象,各级评价指标必须具有层次性,从抽象到具体,有层次地展开。

(2) 可行性

评价指标的数据获取应具有较高的可操作性,数据来源可靠,便于调研统计,易于理解。同时指标的相关数值要能在实际方法中得出合适的代表值,结果显著度高,方便评述结论并进行分析。

(3) 适宜性

指标的选取应当贴合调研乡村的实际现状,综合考虑当地的自然、人文条件,要符合当地发展定位。

2) 评价指标确立

本文的评价作为一个多层次评价体系,包含目标层、项目层、指标层。在文献研究的基础上结合黄玉苗建立的乡土特色景观评价指标体系[256]、秦玲建立的传统村落植物景观评价体系[257]、鲁黎明等建立的岭南乡村植物景观评价体系[258]以及陈思思建立的乡村植物景观评价体系[259],对其研究成果的指标进行初次筛选,并通过实地调研各项指标因子,进一步确定评价指标。再结合专家意见,对指标进行严谨的筛选,最终确定能系统地反映自然生态状况、乡土特色状况、景观美学状况、旅游体验状况的指标,得出完整的评价体系框架。

最终经过筛选后确立的指标如表 6－20 所示。

表 6－20　旅游型乡村植物景观评价指标

目标层(A)	项目层(B)	指标层(C)	指标释义
旅游型乡村植物景观评价	自然生态状况(B1)	绿化覆盖率(C1)	绿化垂直投影面积之和与绿地占地面积比
		群落稳定性(C2)	群落自我修复、抗干扰能力
		物种丰富度(C3)	群落中植物种数丰富与种类特征差异程度
		生境适应能力(C4)	植物在样地中的适应性
		植物生长势(C5)	植物生长状况
		改善环境质量效果(C6)	滞尘、分泌杀菌物质、吸收污染物
		植物配置合理程度(C7)	乔灌草配置形式

目标层(A)	项目层(B)	指标层(C)	指标释义
旅游型乡村植物景观评价	旅游体验状况(B4)	古树名木率(C8)	30年原生乔木占乡村植物总数比例
		乡土树种比例(C9)	乡土植物占乡村植物总数比例
		经济林果比例(C10)	可采食林果占乡村植物总数比例
		农家菜圃比例(C11)	农家小菜园占乡村总户数比例
		田园野趣程度(C12)	回归自然、田园风光、乡野情趣的程度
		地域文化特征(C13)	植物景观所能反映出的当地的文化特色
		植物故事内涵度(C14)	植物具有的人文故事
	乡土特色状况(B2)	植物形态丰富度(C15)	植物形态丰富程度
		色彩与季相丰富度(C16)	植物色彩变化丰富度及季相多样性
		植物养护管理(C17)	后期人工管理养护状况
		植物观赏多样性(C18)	观花、观叶、观果植物占总种数比例
		植物与周围环境协调度(C19)	植物与周围景观、小品等之间的协调性
		植物景观空间感(C20)	植物景观空间类型丰富度
		经济类作物景观(C21)	乡村经济作物呈现的效果
		植物景观意境美(C22)	营造的乡野景观氛围给人带来的美好联想
	景观美学状况(B3)	植物产品知名度(C23)	植物景观在旅游市场中的品牌效力
		旅游产品供求(C24)	旅游产品供应与需求程度
		可参与体验度(C25)	植物景观供人们参与互动体验的程度
		植物景观可停留程度(C26)	吸引人们驻足停留并进行观赏或者休憩
		植物景观可达性(C27)	进入植物空间或到达生产地的难易程度
		休闲游憩体验(C28)	植物景观营造的休憩环境感受
		植物科普价值(C29)	植物景观具有科普教育功能
		植物药用价值(C30)	植物具有药用价值

表格来源：作者自制

6.2.3　评价指标权重确定

目前在评价体系权重这方面,常用的赋权重方法有层次分析法、灰色评价法、主因素分析法、熵值法等。其中层次分析法发展较为成熟,被广泛运用在各个领域,它能将一个繁琐的问题分解成若干等级,从而使复杂问题得到简化,也能将分散的观点进行合理有效的集中化处理。由于本研究中的乡村植物景观受多方面因素影响,因此采用层次分析法确定各项目层与指标层的权重。层次分析法的赋权重步骤为:选取1～9分数字段内奇数作为复制对比的数值,数值之间大小不同代表每个评价指标间的相对重要程度(见表 6‐21)。首先由专家和相关从业人员对所给出的指标的相对重要性两两比较,然后构建数学判断矩阵进行计算得到较低层次的指标相较于上一级指标的权重数值,最后得出每一个评价指标对总体评价目标的权重。

表 6‐21　AHP 比较值标度定义

分值	定义
1	两者重要程度相等
3	前者较之后者稍微重要
5	前者较之后者明显重要
7	前者较之后者强烈重要
9	前者较之后者极端重要
2、4、6、8	上述相邻判断中间值
1/3、1/5、1/7、1/9	两者相比,后者的重要程度

表格来源:作者自制

依据上述权重赋值方法,寻找本专业中乡村景观设计方向的 3 位专家老师以及 8 名高年级研究生进行评价打分,确保权重赋值的客观性。获得综合赋值分数后,对旅游型乡村植物景观的指标进行评价矩阵建立,运用层次分析法软件 yaahp,导入相关数据经由计算机进行处理,计算得出每个指标因子的权重如表 6‐22 所示。

表 6‐22　各项目层权重

A:旅游型乡村植物景观评价					
一致性指标 CI:0.026　　一致性比例 CR:0.030					
A	B1	B2	B3	B4	目标层权重
B1	1	3	5	2	0.471 9
B2	1/3	1	3	1	0.201 0
B3	1/5	1/3	1	1/5	0.070 0
B4	1/2	1	5	1	0.257 2

表格来源:作者根据计算结果自绘

一般情况下 CR 值越小,说明判断矩阵一致性越好,经计算 $CR=0.030<0.10$,意味着本次研究判断矩阵满足一致性检验,该计算结果可信。依照此法依次得到目标层下各指标层的权重值,如表 6‐23 至表 6‐27 所示。

表 6 – 23　自然生态状况指标层下各指标权重

B1:生态环境状况								
一致性指标 CI:0.131　一致性比例 CR:0.097								
B1	C1	C2	C3	C4	C5	C6	C7	权重
C1	1	1/3	1	1/2	7	5	5	0.170 0
C2	3	1	5	1	9	7	5	0.336 7
C3	1	1/5	1	3	5	3	1	0.162 8
C4	2	1	1/3	1	5	4	3	0.188 0
C5	1/7	1/9	1/5	1/5	1	1	1/3	0.029 4
C6	1/5	1/7	1/3	1/4	1	1	1/3	0.035 3
C7	1/5	1/5	1	1/3	3	3	1	0.077 8

表格来源:作者自制

表 6 – 24　乡土特色状况指标层下各指标权重

B2:乡土特色状况							
一致性指标 CI:0.057　一致性比例 CR:0.042							
B2	C8	C9	C10	C11	C12	C13	C14	权重
C8	1	1/2	3	5	1	3	9	0.204 4
C9	2	1	7	9	3	5	9	0.382 0
B2	C8	C9	C10	C11	C12	C13	C14	权重
C10	1/3	1/7	1	3	1/5	1/3	3	0.061 7
C11	1/5	1/9	1/3	1	1/7	1/3	2	0.035 7
C12	1	1/3	5	7	1	1	5	0.176 0
C13	1/3	1/5	3	3	1	1	5	0.114 3
C14	1/9	1/9	1/3	1/2	1/5	1/5	1	0.025 9

表格来源:作者自制

表 6 – 25　景观美学状况指标层下各指标权重

B3:景观美学状况								
一致性指标 CI:0.091　一致性比例 CR:0.064								
B3	C15	C16	C17	C18	C19	C20	C21	C22	权重
C15	1	1/7	1/7	3	1/5	1/6	1/3	1	0.036 0
C16	7	1	2	9	5	3	5	7	0.318 0
C17	7	1/2	1	7	5	3	6	7	0.263 8
C18	1/3	1/9	1/7	1	1/5	1/7	1/3	1/3	0.021 8
C19	5	1/5	1/5	5	1	1/3	3	5	0.108 0
C20	6	1/3	1/3	7	3	1	5	5	0.156 0
C21	3	1/5	1/6	3	1/3	1/3	1	1	0.055 6
C22	1	1/7	1/7	3	1/5	1/5	1	1	0.040 8

表格来源:作者自制

表 6-26 旅游体验状况指标层下各指标权重

B4	C23	C24	C25	C26	C27	C28	C29	C30	权重
B3:旅游体验状况 一致性指标 *CI*:0.056 一致性比例 *CR*:0.04									
C23	1	1/5	1/7	1/3	1	1/9	1/3	3	0.037 5
C24	5	1	1/3	1	4	1/5	3	7	0.129 4
C25	7	3	1	3	5	1/2	4	7	0.229 0
C26	3	1	1/3	1	3	1/5	1	5	0.094 4
C27	1	1/4	1/5	1/3	1	1/7	1/2	3	0.042 6
C28	9	5	2	5	7	1	7	9	0.375 0
C29	3	1/3	1/4	1	2	1/7	1	3	0.069 5
C30	1/3	1/7	1/7	1/5	1/3	1/9	1/3	1	0.022 5

表格来源:作者自制

最终得到旅游型乡村植物景观评价指标权重如表 6-27 所示。

表 6-27 旅游型乡村植物景观评价权重表

目标层	项目层	权重	指标层	权重	总权重
旅游型乡村植物景观评价（A）	自然生态状况（B1）	0.471 9	绿化覆盖率（C1）	0.170 0	0.080 2
			群落稳定性（C2）	0.336 7	0.158 9
			物种丰富度（C3）	0.162 8	0.076 8
			生境适应能力（C4）	0.188 0	0.088 7
			植物生长势（C5）	0.029 4	0.013 9
			改善环境质量效果（C6）	0.035 3	0.016 6
			植物配置合理程度（C7）	0.077 8	0.036 7
	乡土特色状况（B2）	0.201 0	古树名木率（C8）	0.204 4	0.041 1
			乡土树种比例（C9）	0.382 0	0.076 8
			经济林果比例（C10）	0.061 7	0.012 4
			农家菜圃比例（C11）	0.035 7	0.007 2
			田园野趣程度（C12）	0.176 0	0.035 4
			地域文化特征（C13）	0.114 3	0.023 0
			植物故事内涵度（C14）	0.025 9	0.005 2
	景观美学状况（B3）	0.070 0	植物形态丰富度（C15）	0.036 0	0.002 5
			色彩与季相丰富度（C16）	0.318 0	0.022 3
			植物养护管理（C17）	0.263 8	0.018 5
			植物观赏多样性（C18）	0.021 8	0.001 5
			植物与周围环境协调度（C19）	0.108 0	0.007 6
			植物景观空间感（C20）	0.156 0	0.010 9
			经济类作物景观（C21）	0.055 6	0.003 9
			植物景观意境美（C22）	0.040 8	0.002 9

目标层	项目层	权重	指标层	权重	总权重
旅游型乡村植物景观评价（A）	旅游体验状况（B4）	0.257 2	植物产品知名度（C23）	0.037 5	0.009 6
			旅游产品供求（C24）	0.129 4	0.033 3
			可参与体验度（C25）	0.229 0	0.058 9
			植物景观可停留程度（C26）	0.094 4	0.024 3
			植物景观可达性（C27）	0.042 6	0.011 0
			休闲游憩体验（C28）	0.375 0	0.096 5
			植物科普价值（C29）	0.069 5	0.017 9
			植物药用价值（C30）	0.022 5	0.005 8

表格来源：作者自制

6.2.4 各项指标评价与赋值

模糊综合分析法可以把难以计算的定性问题转为定量分析，引入该方法能够使系统结构简单、结果清晰，易于进一步的分析。基于上述各项指标权重，运用模糊综合评价法来划分分值区间，如表6-28所示。

表6-28 模糊综合分析评价法评分范围

分级	一级	二级	三级	四级	五级
分值	30	45	60	75	90

表格来源：作者自制

根据各指标的实际情况，制定评价标准如表6-29所示。

表6-29 旅游型乡村植物景观指标评价标准

指标	评分标准				
	30	45	60	75	90
绿化覆盖率（C1）	很低	较低	一般	较高	很高
群落稳定性（C2）	很差	较差	一般	较强	很强
物种丰富度（C3）	很低	较低	一般	较高	很高
生境适应能力（C4）	很差	较差	一般	较好	很好
植物生长势（C5）	很差	较差	一般	较好	很好
改善环境质量效果（C6）	很差	较差	一般	较好	很好
植物配置合理程度（C7）	很差	较差	一般	较好	很好

（续表）

指标	评分标准				
	30	45	60	75	90
古树名木率(C8)	很低	较低	一般	较高	很高
乡土树种比例(C9)	很低	较低	一般	较高	很高
经济林果比例(C10)	很低	较低	一般	较高	很高
农家菜圃比例(C11)	<30%	30%—40%	40%—50%	50%—60%	>60%
田园野趣程度(C12)	很低	较低	一般	较高	很高
地域文化特征(C13)	很低	较低	一般	较高	很高
植物故事内涵度(C14)	很低	较低	一般	较高	很高
植物形态丰富度(C15)	很低	较低	一般	较高	很高
色彩与季相丰富度(C16)	很低	较低	一般	较高	很高
植物养护管理(C17)	很差	较差	一般	较好	很好
植物观赏多样性(C18)	很差	较差	一般	较好	很好
植物与周围环境协调度(C19)	很差	较差	一般	较好	很好
植物景观空间感(C20)	很低	较低	一般	较高	很高
经济类作物景观(C21)	很差	较差	一般	较好	很好
植物景观意境美(C22)	很低	较低	一般	较高	很高
植物产品知名度(C23)	很低	较低	一般	较高	很高
旅游产品供求(C24)	很低	较低	一般	较高	很高
可参与体验度(C25)	很低	较低	一般	较高	很高
植物景观可停留程度(C26)	很低	较低	一般	较高	很高
植物景观可达性(C27)	很低	较低	一般	较高	很高
休闲游憩体验(C28)	很差	较差	一般	较好	很好
植物科普价值(C29)	很差	较差	一般	较好	很好
植物药用价值(C30)	很差	较差	一般	较好	很好

表格来源：作者自制

6.2.5　评价结果与分析

结合上述旅游型乡村植物景观评价体系，通过实际发放问卷与现场访谈对研究的6个南京市江宁区旅游型乡村进行资料收集。此次共发放180份问卷，有效调查问卷144份，具体问卷发放与回收情况如表6-30所示。

表 6 - 30　调研问卷发放与回收统计

问卷地点	大塘金	黄龙岘	七坊村	杨柳村	汤家家	世凹桃源
共计发放/份	30	30	30	30	30	30
共计回收/份	26	27	24	26	21	28
有效问卷/份	24	26	23	25	20	26
有效率/%	80.00	86.67	76.67	83.33	66.67	86.67

表格来源:作者自制

1) 人口信息特征

旅游型乡村植物的评价结果与人口特征息息相关,因此对村民的性别、年龄、职业、客源地等信息进行统计分析,从而更深入地了解村民和游客对乡村植物景观的评价,具体统计结果见表 6 - 31。

表 6 - 31　人口信息特征

基本信息		人数	比例
性别	男	68	47%
	女	76	53%
年龄	20 岁及以下	13	9%
	21～30 岁	39	27%
	31～50 岁	42	29%
	51～60 岁	29	20%
	61 岁及以上	21	15%
职业	学生	15	10%
	农民	25	17%
	个体	16	11%
	专业人士	18	13%
	公司职员	32	22%
	离退休人员	28	19%
	其他	10	7%
客源地	本村及附近邻村	25	17%
	江宁区(非附近村)	33	23%
	南京市(非江宁区)	49	34%
	江苏省(非南京市)	21	15%
	其他地区	16	11%

表格来源:作者自制

经调查统计:调研的 6 个旅游型乡村的游客整体女性比例高于男性;年龄构成的主要人群是 31～50 岁和 21～30 岁,最少的人群是 20 岁及以下的人群,说明南京市旅游型乡村的游客以中青年为主,21～60 岁人群总占比高达 76%。游客的职业分布主要以公司职员和离退休人员居多,共占 42%,这与年龄结构密切相关。公司职员由于工作压力大,需要充分放松身心,而离退休人员生活比较安逸,闲暇时间较多,有充足的时间进行乡村旅游。此外,游客数量占比最少的群体是学生。在客源地方面,游客主要来自南京市区且非江宁区,占总人数的 34%,江苏省外游客最少,仅占 11%。说明乡村旅游仍有巨大发展前景,对各年龄段以及各职业群体均有吸引力,且具有一定的品牌影响力,但是服务范围却很有限,亟需进一步向周边省市开拓旅游市场,通过提高旅游体验,增强在旅游市场的竞争力。

　　2) 旅游型乡村植物景观评价

　　根据上述旅游型乡村植物景观评价体系,将调研的评分数据结果应用其中,现得出评价结果如表 6-32 和表 6-33 所示。

表 6-32　南京市江宁区旅游型乡村植物景观评价

指标层	总权重值	大塘金	黄龙岘	七坊村	杨柳村	汤家家	世凹桃源
绿化覆盖率	0.080 2	75	75	45	60	45	60
群落稳定性	0.158 9	60	60	60	60	60	75
物种丰富度	0.076 8	90	60	45	75	75	60
生境适应能力	0.088 7	60	60	45	60	60	60
植物生长势	0.013 9	60	90	45	75	75	45
改善环境质量效果	0.016 6	75	75	60	75	60	60
植物配置合理程度	0.036 7	75	60	60	60	75	45
自然生态状况		32.62	30.18	24.42	29.92	29.02	29.94
古树名木率	0.041 1	45	60	45	75	45	45
乡土树种比例	0.076 8	60	45	75	60	60	75
经济林果比例	0.012 4	45	30	75	45	45	45
农家菜圃比例	0.007 2	75	45	60	45	30	45
田园野趣程度	0.035 4	60	30	45	60	60	45
地域文化特征	0.023 0	45	60	90	90	30	45
植物故事内涵度	0.005 2	30	75	60	60	30	30
乡土特色状况		10.86	9.45	12.94	13.07	10.20	11.46
植物形态丰富度	0.002 5	75	45	30	75	75	45
色彩与季相丰富度	0.022 3	60	60	60	75	60	60

指标层	总权重值	大塘金	黄龙岘	七坊村	杨柳村	汤家家	世凹桃源
植物养护管理	0.018 5	75	75	45	90	75	45
植物观赏多样性	0.001 5	45	45	45	60	45	45
植物与周围环境协调度	0.007 6	60	30	60	75	60	60
植物景观空间感	0.010 9	60	30	60	45	45	45
经济类作物景观	0.003 9	60	75	45	45	45	45
植物景观意境美	0.002 9	45	60	60	75	30	75
景观美学状况		4.45	3.92	3.77	5.06	4.18	3.68
植物产品知名度	0.009 6	75	75	45	75	30	60
旅游产品供求	0.033 3	45	60	60	60	60	60
可参与体验度	0.058 9	30	60	75	45	75	75
植物景观可停留程度	0.024 3	45	60	60	75	45	60
植物景观可达性	0.011 0	60	60	75	75	45	75
休闲游憩体验	0.096 5	60	60	60	75	75	75
植物科普价值	0.017 9	45	60	45	60	45	45
植物药用价值	0.005 8	45	45	30	45	45	45
旅游体验状况		12.68	15.49	15.89	16.58	16.59	17.57

表格来源：作者自制

表 6 – 33　南京市江宁区旅游型乡村植物景观评价最终结果

	大塘金	黄龙岘	七坊村	杨柳村	汤家家	世凹桃源
自然生态状况	32.62	30.18	24.42	29.92	29.02	29.94
乡土特色状况	10.86	9.45	12.94	13.07	10.20	11.46
景观美学状况	4.45	3.92	3.77	5.06	4.18	3.68
旅游体验状况	12.68	15.49	15.89	16.58	16.59	17.57
综合评分	60.61	59.04	57.02	64.64	59.99	62.65

表格来源：作者自制

3) 旅游型乡村植物景观评价结果分析

从上述统计结果可以清晰看出,南京市江宁区旅游型乡村植物景观综合评分由高到低分别是:杨柳村(64.64)、世凹桃源(62.65)、大塘金(60.61)、汤家家(59.99)、黄龙岘(59.04)、七坊村(57.02)。从项目层来看,自然生态项目层得分由高到低分别是大塘金、黄龙岘、世凹桃源、杨柳村、汤家家、七坊村;乡土特色状况项目层得分由高到低分别是杨柳村、七坊村、世凹桃源、大塘金、汤家家、黄龙岘;景观美学项目层得分由高到低分别是杨柳村、大塘金、汤家家、黄龙岘、七坊村、世凹桃源;旅游体验项目层得分由高到低分别是世凹桃源、汤家家、杨柳村、七坊村、黄龙岘、大塘金。整体得分情况与前期旅游型乡村分类也较为一致,再次验证前文分类的科学准确性,其中,休闲农业主导的乡村在乡村农业景观的建设推动下,整体自然生态环境较好,历史文创型景观具有较高的乡土特色性,田园体验型乡村在旅游服务业方面较为发达,能够为游客提供良好的乡村体验。

从单项评价指标来看,各类旅游型乡村植物景观的优势导向与问题不足并存。

(1)休闲农业主导型乡村

休闲农业主导型的乡村自然环境好,拥有独特的山水自然资源,绿化基础好,村民自发在建筑外围空间与庭院空间开展绿化建设,且建设的植物景观精致,乡村整体的绿化覆盖率高,群落稳定性强。但是从评价结果来看,这类乡村往往没有充分利用其优越的自然条件,在植物配置模式上有待进一步优化,并且应当结合植物景观尽可能多地丰富游客的景观体验,让游客能够充分参与进去,体验乡村植物乐趣,享受田园风光。

(2)历史文创主导型乡村

历史文创型乡村内部通常具有规模较大、建造精巧的古建筑群,围绕建筑进行绿化建造,在外部公共活动空间通常营造大面积的具有乡野气息的植物景观,乡土气息浓厚。但是历史文创型乡村植物的自然生态状况建设水平较低,整体植物景观的季相变化较少,观花、观果等观赏型植物种类较少,观赏性较低;植物群落层次不够丰富,生长状况参差不齐,有的生长茂盛,环境适应性强,有的长势凌乱,疏于管理,后期需要进一步对树种结构优化调整,增加色叶植物和观赏植物。

(3)田园体验主导型乡村

田园体验型乡村由于在特色农业景观与历史文化底蕴方面的优势不够突出,在旅游发展方面通常都是通过打造体验型景观吸引游客,因此在结合旅游项目设计的植物景观方面的体验性更强,但是乡村植物的生态性和乡土特色景观打造方面仍需进一步加强。田园体验主导型乡村为增强旅游吸引力大量引进外来植物,乡土树种较少,植物群落稳定性不高,植物文化有待挖掘和使用,并且各类型的植物搭配不够完善,后续需要多使用乡土植物,利用乡土植物的特性体现当地的地域文化特色与生产生活方式,利用不同植物的特性来改善乡村生态环境风貌,彰显地域文化景观的独特性。

6.2.6 旅游型乡村植物景观存在的问题总结

1)植物种类单一,缺乏多样性

本次调研的3种类型6个乡村植物种类共有100科170属193种。从植物的种类数量特征来看,乔灌草种类相对平衡,主要以落叶乔木和常绿灌木为主,调查的大部分样地植物的乔灌草结构较为完整,但是也有不少空间存在树种缺失现象。且就单独村落而言,植物种类并没有很丰富,例如以休闲农业为主导的大塘金和黄龙岘植物种类分别为92种和97种,以历史文创为主导的七坊村和杨柳村植物种类分别为61种和62种,以田园体验为主导的汤家家和世凹桃源植物种类分别是 42 种和 66 种。总体看来,平均植物种类数从高到低分别是:休闲农业主导型、历史文创主导型、田园体验主导型,各类型的村落植物种类仍需进一步丰富。同时经调研,这类旅游型乡村的植被常以普通的低矮灌木、小乔木为主,乡土特色树种与进口新品种较少,容易出现色相季相不明显、植物种植修剪中规中矩、层次变化不丰富的问题。因此旅游型乡村可以在不改变原有的乡土树种结构基础上,适当增加引进外来新品种,增加物种多样性,提高旅游吸引力。

2）植物配置雷同,缺乏乡村特色

乡村植物景观营造应当围绕当地村落活动展开,体现田园特色风情,塑造功能各异、导向明显且具有实用功能的乡村景观空间。然而,通过对旅游型乡村不同功能空间调研发现,不同类型植物空间的乔灌草配置经常出现相似性与雷同性,还有城市化倾向,乡土特色不明显,不能体现各功能空间的差异。

（1）建筑空间植物配置问题

公共建筑的植物景观经常由于过度修剪而显得古板,与乡村自然与自由的本质截然相反,植物的配植并不能引起游客的驻足观赏,只能沦为宣传展示板的背景。住宅建筑周围的植物景观建设层次不齐,庭院内部景观观赏性差,大部分空间用于晾晒、储物、停车,空间利用率低,村民绿化意识淡薄,绿化基本都只有一两棵花果树,搭配一些食用性蔬菜盆景,缺乏系统的配置。

（2）公共活动空间植物配置问题

公共活动空间是村民的重要休闲场所,虽然不需要过多的绿化覆盖,但是也需要合理绿化配置,在合理设计的公共空间基础上,完善绿化。但是通过调研发现,目前旅游型乡村的公共活动空间一方面设计欠缺,位置布局不当,未能最大限度便利当地村民休闲娱乐;另一方面,其公共空间的植物种植大量模仿采用城市的矩形树池、规则树阵,同时也有广场意图采用古树名木作为点睛之笔,但是又缺乏色彩搭配,显得过于单调。

（3）道路空间植物配置问题

旅游型乡村道路空间的植物在人流量大的地方通常具有较好的维护,道路两侧树木种植整齐划一,缺乏乡村的自然灵动性。同时,在居民住宅集中的生活性道路经常被忽视,部分生活性道路由于居民建筑扩建、违建乱象严重挤占道路绿化空间,整体望去几乎没有大乔木,都是低矮的灌木丛,甚至没有绿化。

（4）滨水空间植物配置问题

规则式驳岸的水体的沿岸植物多成排成列种植,绿化覆盖率低,色彩单一,层次较少,林冠线缺乏起伏变化。自然式驳岸的水体空间相对更加自然野性,但也就更加难以维护,管护不到位会导致植物长势凌乱,观赏性差。同时由于乡村家禽牲畜养殖多,没有合理安排养殖空间,部分居民直接清除湖边乔灌木,围湖圈养家禽,各种粪便垃圾直接排放到河中,水体富营养化,水草猛长,恶性循环,严重污染水质。

（5）入口空间植物配置问题

受城市景观设计的框架性影响，旅游型乡村的入口空间景观往往过分追求美观性、宏大性形象特征，存在景观趋同性。旅游型乡村的入口植物配置经常搭配景石、门廊、景墙，在调研的6个乡村中，就有大塘金、七坊村、杨柳村、世凹桃源4个乡村的入口采用题字景石搭配植物的形式，千篇一律的景石与草花配置无法体现本村的特别之处，景观特色不明显，缺乏辨识度，景观差异性小，对比不强烈，难以给人留下深刻印象。

（6）停车场空间植物配置问题

停车场的植物均采用阵列式，很多都是只有乔木作为分隔或背景，部分采用常绿灌木搭配乔木的种植方式，景观形式单调，防尘降噪效果差。可以通过规划设计充分利用有限的绿化空间，丰富景观视觉体验性与生态防护性。

（7）生产防护空间植物配置问题

旅游型乡村的农业生产性景观一般以较为规则的形式种植，具备食用、观花、观叶、用材等多种功能。但是调研的旅游型乡村植物种类单一，基本只有当地农产品作物。人们常对农作物持有偏见，认为其只是生产性植物，并没有认识到农作物也可以作为美化环境的植物景观，因此农田基本都未对外开放，未能起到宣传教育、吸引游客的作用。即使是以茶文化为主题的黄龙岘，虽然将茶山茶园对外开放，但是茶园景观却很有限，只有茶树，色彩单调，韵律感不强，持久吸引力较弱。

3）植物空间单调，缺乏序列变化

调研的乡村植物景观空间类型普遍比较单调，一个功能类型的空间通常只有一两种空间形式：建筑周围空间多为开敞型或半开敞型；公共活动空间以开敞型空间为主，局部设置半开敞型、覆盖型；水体多为半开敞型与开敞型；入口空间为开敞型空间；停车场主要为半开敞型与垂直型；农业生产空间主要为封闭型与开敞型。植物空间种类少，从一个空间到另一个空间几乎没有过渡，并且缺乏对游人心理需求的了解，不同功能类型的空间形式经常存在偏差，植物与场地没有搭配好，导致游人在小场地产生压抑烦闷感，在大场地又感到空旷冷清。

4）植物体验感弱，缺乏活动吸引力

人是乡村旅游的主体，包括当地原住居民与外来游客，由于二者的生长环境完全不一样，外来游客喜欢的植物类型是能体现乡村的原真性与自然性的景观，而当地村民更多倾向于珍稀性与整洁性景观。旅游型乡村的植物景观规划设计应始终以人为本，既要考虑当地居民在其中的生活实用性与美观性，也要考虑到游客参与性与趣味性，满足不同类型人群对植物景观的体验性。但经调研发现，当地居民自发营造的植物景观缺乏专业指导，仅从实用出发，整齐统一，不够美观，幸福感低。游客在旅游型乡村的体验活动都很大众化，多为农家乐、茶馆、手工产品售卖，缺乏结合当地特色旅游资源的采摘种植、农产品手工DIY、植物康养体验等，远不能满足游客的需求。目前旅游型乡村在体验型植物景观营造方面仍有很大空白,不能只停留在植物的生产层面,更要上升到植物的衍生活动与衍生产品,否则将无法提升旅游活动的吸引力。

6.3 旅游型乡村植物景观设计方法

6.3.1 旅游型乡村植物景观设计体系构建

通过前期对南京市江宁区的植物景观现状进行设计总结,以及对旅游型乡村植物景观评价结果分析,结合相关理论背景,针对当下旅游型乡村植物景观设计过程中出现的树种单一、配置雷同、空间单调、体验感弱这几项主要问题,梳理出一套具有普适性的旅游型乡村植物景观设计体系,如图 6-23 所示。

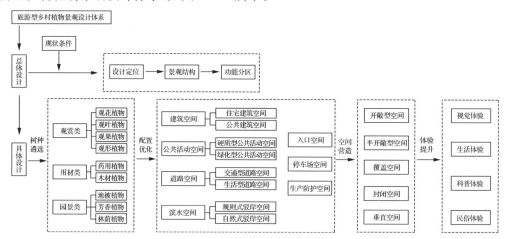

图 6-23 旅游型乡村植物景观设计体系

图片来源:作者自绘

6.3.2 设计原则

1) 自然生态原则

旅游型乡村的植物景观规划设计必须是以自然生态环境为首要原则,切忌追求经济效益而忽视自然发展。在开发自然资源的同时,不能以牺牲生态环境为代价,应坚持生态优先,避免过度开发超出环境承载力。同时在植物树种选择上要尊重植物的生态习性,考虑其自身的生态功能以及与其他树种之间的关系,避免选择具有侵害性的外来树种,在人群活动的地方也应当尽量避免种植有毒有害的植物。做到因地制宜地合理配置植物景观,形成结构合理、种群稳定的乡村植物群落,展现多样性乡村生物景观,为乡村带来丰富的物质和精神财富。

2）乡土经济原则

乡土植物是在乡村经过长期自然选择及物种演替后，对该地区有高度生态适应性的自然区系植物的总称。选择乡土植物一方面可以保持当地的乡土风貌，引起当地村民共情，另一方面也可以使游客感受浓郁的乡村氛围。此外，从经济角度看，乡土植物成活率高、生长良好，相较于外来树种更加便于后期养护，降低维护成本。因此在旅游型乡村植物景观规划设计过程中，应当多选择价廉质优的乡土植物，如家家都有的蔬菜、四季有景的果树、管理方便的宿根花卉以及各种农作物，这样既能提升村民的经济效益，又能突出乡土氛围，凸显乡村的美好与静谧生活。

3）艺术美观原则

艺术美观效果是乡村旅游者最关注的方面，不同种类植物，其姿态、色彩、气味、体型都千差万别，给游人留下的印象也大不相同。乡村景观以山川天地为框架，以大型乔木与屋舍为视觉背景，搭配丰富细腻的乔灌草，形成生动活泼的自然画卷。通过对旅游型乡村植物统一规划设计，将人的思想加于自然植物之上，融入劳动者的智慧，优化植物资源，提升乡村植物景观的艺术感与美感，配置出四季变化丰富的植物景观，满足不同人群的审美需求，丰富游人的亲身感受与独特体验。

4）尊重文化原则

植物是乡村景观元素中具有生命的动态元素，在乡村长期以来的运用过程中逐渐被寄予特定的思想情感与文化内涵。不同植物在乡村百姓居民的民俗、饮食、信仰方面都有重要意义，乡村的风水林、墓地祠堂、房前屋后等方面都有不同的植物内涵要求。比如农村屋舍有"前不栽桑，后不插柳"说法，庭院种枣树寓意"早生贵子"，此外还有梅花"梅开五福"，石榴"多子多福"，柳树辟邪，橘树"大吉大利"等。乡村居民一般十分重视植物的忌讳寓意，因此在乡村植物景观规划设计过程中要充分了解当地的风土人情与民俗文化，方能彰显地方特色，让每棵树、每棵草蕴涵乡村记忆，传承乡村文化。

5）共享体验原则

乡村植物景观设计一方面要结合村民的想法意愿，另一方面也要考虑到游客的体验参与。村民是乡村最核心的角色，他们对本村落的自然景观最为了解，对乡村植物景观建设具有自发性，应当充分发挥村民的主观能动性与话语决策权，引导他们主动参与旅游开发，通过植物种植形成特色乡村氛围吸引游客。同时，旅游型乡村的植物景观设计更应该深入考虑游客的体验感受，结合采摘、耕作等农事活动，提高游客参与度，共享乡村建设成果，为游客提供难忘的乡村体验回忆。

6.3.3 树种遴选

旅游型乡村的植物材料应当以乡土植物为主，同时兼具观赏价值、实用价值与景观价值。笔者通过前期大量乡村调研与文献资料研究分析，建议在乡村原有树种的基础上，剔除长势较差、景观不佳、入侵性强的植物,筛选出具有特色的乡土树种作为基调树种、优势树种、骨干树种和速生树种[260],并加入一些具有乡野气息的草花灌木以及特色植物。此外,乡村植物也应当多考虑适宜垂直绿化的植物,进行外墙立面绿化、柱廊绿化、围墙绿化、棚架绿化以及挡墙边坡绿化等,从而增加三维绿量。在具体植物种类选择上,可以从观赏类植物、用材类植物、园景类植物三个角度选择,多层次多维度考虑,以期解决目前部分旅游型乡村植物使用单一匮乏的情况,为旅游型乡村植物景观建设提供更多可能性。

观赏类植物主要指叶形叶色或优美、或造型奇特的植物,可以提高生活品质,让人身心愉悦,大致可以分为观花类、观叶类、观果类、观形类四种。观花类植物可以营造出四季可赏、可观、可游与可居的特色植物景观,是旅游型乡村植物景观打造的重点所在,能为游人提供良好的视觉效果,提升乡村旅游价值。观花植物的选择可以结合季相景观,合理选择春夏秋冬四个季节的草本花卉和木本花卉。观叶类植物分为常色叶植物和秋色叶植物,常色叶植物一年四季叶色几乎没有变化,大多数常绿树种均属于该类,而秋色叶植物季相变化丰富,在秋季来临时,叶色通常有较明显变化,如乌桕、枫树、枫香秋天会变红,银杏、槐树、杨树秋天会变黄,旅游型乡村应当充分利用秋色叶植物进行造景。观果类植物既可以为当地村民提供良好的经济收益,也可以增添乡村旅游的趣味,是十分重要的乡村植物材料,在选择观果类植物时可以结合果实颜色进行考虑,一般可以分为红色系、黄色系、紫色系与绿色系。常见红色系果树有构树、柿树、石榴、火棘等,黄色系果树有枇杷、苦楝、无患子等,紫色系果树有葡萄、紫叶李、桑树、无花果等,绿色系果树有薜荔、葫芦、核桃、枫杨等。观形类植物常作为点景,能够吸引游客的注意力,常见的观形类植物有竹类与松柏类。

用材类植物包含木材类与药用类。木材类指可以用来收获木材的树种,在绿化美化环境的同时,可以有效提高村民经济收入,可以选择抗病虫力强、成活率高、生长旺盛的植物。药用植物指医学上用于预防、治病的植物,其部分或整株具有药用价值,一方面可以结合当地产业发展种植中药材植物,另一方面也可以结合家常烹饪佐料进行选择。

园景类植物主要包括地被类、芳香类、林荫木类。乡村地被植物可以改善地表裸露环境,经简易养护即可取代草皮,达到防水土流失、净化空气、消除污染的效果,并且种类丰富,能够适应多种环境。芳香类植物指茎、叶、果含有芳香物质,具有特殊香气的植物,可用于提取香料。林荫木类指枝叶茂密、高大挺拔的乔木树种,常做行道树、树林景观、遮阴树等配置,常选择寿命长、树姿端正、冠大荫浓、耐修剪的植物,同时对烟尘和废气也有较好的抗性与耐性,对不良的天气与土壤环境具有较好的适应能力,具有良好的绿化和美化作用。

6.3.4 配置优化

结合前期调研与理论成果对不同功能空间的植物配置模式提出以下优化策略(见图 6-24),并进行详细说明。

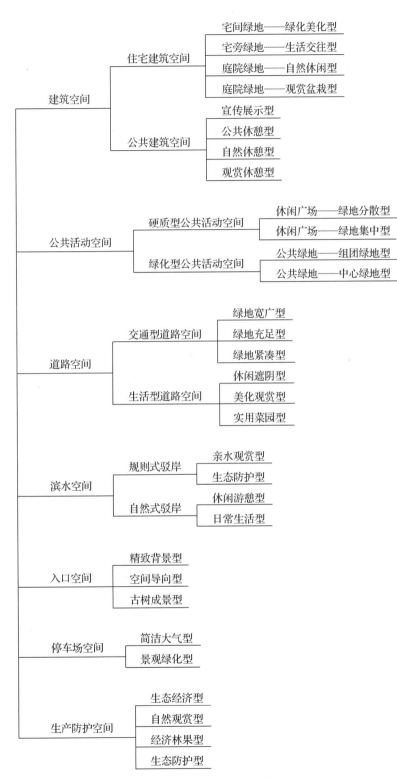

图 6 - 24　旅游型乡村植物配置

图片来源：作者自绘

1）建筑空间植物配置模式

（1）住宅建筑空间植物配置模式

住宅建筑周围的绿地空间与村民的日常室内外活动息息相关，作为建筑空间与外界的过渡，承担着美化环境、防尘降噪、安全私密、就近休闲娱乐的功能。根据建筑周围的现状空间布局，可以分为宅间空地、宅旁绿地以及庭院绿地，依据不同绿化空间提出以下几种植物景观设计模式（见表6-34），仅作为总体参考，具体在实践过程中设计师应与每户村民沟通交流，把选择权交到村民自己手中。

表6-34　住宅建筑空间植物配置模式

植物模式	植物搭配	图示
① 宅间绿地——绿化美化型	自然式地被/规则式花箱＋规则式灌木球＋垂直绿化	
② 宅旁绿地——生活交往型	自然式地被＋自然式灌木＋乔木点缀	
③ 庭院绿地——自然休闲型	规则式花箱＋规则式灌木＋乔木点缀＋垂直绿化	
④ 庭院绿地——观赏盆栽型	规则式花箱＋乔灌盆栽＋垂直绿化	

表格来源：作者自制

宅间绿地是建筑与建筑之间的小空地以及建筑旁的硬质空间，这类空间硬质高，多与建筑的入口结合，融合休闲、停车、晾晒等功能。此类空间在硬质铺装上要考虑与建筑内外空间的连续性，绿化上要见缝插绿，通过片植或孤植球形植物缓解狭长绿地空间给人带来的单调感。对于必要的硬质空间可搭配几株盆栽植物，增加绿化，建筑立面可以配以垂直绿化，让人在心理上产生扩张感，仿佛绿化空间得到延伸，从而达到增加绿化空间的视觉享受。

　　宅旁绿地是建筑旁的小尺度绿地,主要用于园林绿化、蔬果栽植以及小型花卉苗圃,既满足宅基地绿化功能,又满足日常邻里交流、家务劳动、儿童活动的功能。主要绿化形式应当以当地村民的实用需求与习惯爱好为主,在此基础上进行小范围调整。通常而言,可以在基调树种基础上种植花草树种,靠近建筑基地的地方通过灌木与草本花卉结合形成层次丰富的花境景观,间隔点缀大小乔木,变化植物栽植形式,打破建筑的硬朗线条感,使每处绿地都能成为小花园。

　　庭院植物景观优化需要格外注重细节打造和品味意境,融汇景观观赏性与乡土文化性,同时也要考虑采光、通风、安全、卫生效果。根据艺术美观与乡土经济原则,对于已有绿化种植空间的庭院可以适当种植果树与林荫树,也可以种植观花树种,这类植物深受乡村居民喜爱,观赏效果好,寓意也好。对于几乎是硬质地面的庭院,要充分利用花坛与盆栽绿化,花坛绿化和盆栽绿化是庭院中利用效率最高的一种绿化形式,方便移动与摆放组合,一些有创意有想法的村民还可以结合传统农耕文明的工具犁、石磨农具进行结合创作,打造出一番有趣的小天地。此外,也可以充分利用屋顶绿化、墙面与棚架攀爬绿化进行垂直绿化,结合铁丝网、悬挂栽植槽、木栅格竖向种植蔬菜花卉,打造生机勃勃的绿色植物墙,在墙角边缘搭制攀爬棚架,种植藤蔓植物,让绿色连接院内外。

　　住宅建筑旁的植物种植要依托建筑布局,一般在建筑东南面种植喜阳类小乔木,保障冬可晒太阳,夏可避荫凉;北侧种植耐阴耐寒性花灌木,丰富视觉效果;东西两侧适宜种植常绿大乔木或者爬藤植物,减少夏季西晒,又可用于乘阴凉。同时也可在房前屋后种植观赏竹,优化整体生态环境。

　　(2) 公共建筑空间植物配置

　　旅游型乡村的公共建筑是其区别于一般乡村的重要之处,包含游客服务中心、商业服务建筑、文化科学建筑以及行政管理建筑等,这些建筑是游客了解乡村最直接最便捷的地方,通常也是游客比较集散的地方,硬质化面积高。在景观效果上可以结合地方文化特色,布置景观节点,要避免出现城市化现象,起到引导和标识的作用。依据公共建筑附近的游人行为活动,提出几种植物景观设计模式(见表 6 - 35)。

表 6 - 35　公共建筑空间植物配置模式

植物模式	植物搭配	图示
① 宣传展示型	自然式草花地被＋灌木＋乔木点缀	

（续表）

植物模式	植物搭配	图示
② 公共休憩型	乔木树池	
③ 自然休憩型	自然式草花地被＋乔木	
④ 观赏休憩型	自然式草花地被＋灌木＋乔木	

表格来源：作者自制

对于乡村公共建筑的展示空间而言，比如游客中心的导览空间、文化馆前的教育空间、村委会门口的宣传空间等，这类植物空间以宣传展示为主，采用常绿灌木和花草地被作为前景，乡土落叶小乔木作为背景，整体以常绿植物为主，彩叶植物为辅，在保障冬季景观的同时，又能提升整个景观节点的层次感，容易识别。

对于乡村公共建筑的休憩空间来说，在这类植物空间中可以延续乡村传统文化景观的意向。历史文化型乡村可以结合当地的文化故事设置特色坐凳，搭配丰富乡村生活场景的小品。乔木树种可以选择常见的乡土树种，落叶或者常绿均可，要求树形优美、冠幅较大，夏可遮阴，冬可观形。休闲农业主导型乡村和历史文创主导型乡村可以选择色彩鲜艳、形态自然的草本植物，结合植物的高低层次和观赏部位，营造具有乡野氛围感的植物空间。

2）公共活动空间植物配置模式

乡村的公共活动空间主要分为硬质为主的休闲广场和绿化为主的公共绿地，公共空间是一个共享的休闲空间，整体上给人的感受是轻松的、自由的、舒适的，为村民提供内容丰富、环境优美的交往和游憩空间，具体设计模式见表6-36。

表 6-36 公共活动空间植物配置模式

植物模式	植物搭配	图示
① 休闲广场——绿地分散型	自然式草花地被＋灌木＋乔木	
② 休闲广场——绿地集中型	自然式草花地被＋乔木（树池）	
③ 公共绿地——组团绿地型	自然式草花地被＋规则式灌木＋乔木（树池）	
④ 公共绿地——中心绿地型	自然式草花地被＋乔木	

表格来源：作者自制

　　乡村的广场空间最初往往并不是由特定规划形成的，而是依附于建筑或者街巷而形成，形状边界也很多无规则，边界相对模糊，是乡村民俗文化的集中体现，承载着村民日常活动、健身锻炼、沟通交流以及节庆活动等功能，也是旅游型乡村植物景观设计中的重要环节。设计过程中可通过植物景观打造柔性边界，让植物景观与广场空间保持开放性和一致性，同时针对具有特定主题意义的雕塑或小品可以通过植物景观进行引导加强，引起村民和游人在情感上的共鸣。根据休闲广场的植物分布可以分为绿地分散型休闲广场和绿地集中型休闲广场。对于绿地分散型休闲广场，可以结合异形树池和不规则绿地边界打破单调的硬质空间，使空间更加灵动活泼，更有趣味，有效缓解广场空间的空旷感。同时分散的植物景观也可以分隔成多类型的活动空间，植物选择以乔木和草本为主，常绿大乔木结合树池形成林荫空间，草花地被增加乡野气息。对于绿地集中型的休闲广场空间，植物种植比较集中，活动空间也比较完整，绿化面积相对也更大，可以形成完整的乔—灌—草植物群落,乔木以常绿或落叶大乔木为主,灌木采用花灌木或常绿观叶小灌木,下层搭配观赏草花地被,能够在一定程度上形成视线遮挡,隔绝噪声。

根据乡村公共绿地空间的大小规模和在村落中的位置可分为中心绿化型绿地和组团型绿地。中心绿化型绿地规模较大,通常位于乡村中比较核心的位置,且人流量大、景观视野好,兼具休闲游憩、生态绿化与乡村防灾的功能,植物选择以乡土树种为主,使用乔木与草坪结合而成的疏林地被,组织特色花木树种,结合山水自然景观,满足四季景观变化。组团型绿地空间与中心型绿地景观构建思路相似,不过由于组团型绿地面积较小,服务范围仅为附近的村民,就近为附近的老人和儿童提供休闲服务,因此在设计中要额外注重老人和孩子的需求,如儿童活动区植物要求无毒无刺,色彩鲜艳的花灌木可适当修剪成各种球形吸引儿童兴趣,不宜采用枝叶密实的大灌木或小乔木,影响家长对小朋友的看护。针对老人的打太极拳、下棋、打牌等爱好,可以布置树池与桌椅,树种选用高大遮阴的常绿乔木。

在整体的植物选择上,公共活动空间的植物应以乡土乔木为主,并且乔木数量要占整体乔灌木数量的70%以上,地被植物采用一年生和多年生结合的方式,利用植物花期达到持续观赏效果,实现春可观花踏青,夏可蔽荫纳凉,秋可赏叶品果,冬可沐浴阳光。

3) 道路空间植物配置模式

乡村道路空间对外是乡村与外界交流渠道,对内是串联各功能区间的纽带,是旅游型乡村的生命线,通过道路可将乡村串联成一个可以被完整感知的乡村景象。早在周制就有曰:"列树以表道,立鄙食以守路",即指通过种植成列的树木来标识道路。根据旅游型乡村道路的等级和主要功能将其分为交通型道路和生活型道路(见表6-37)。

表6-37　道路空间植物配置模式

植物模式	植物搭配	图示
① 交通型道路——绿地宽广型	自然式草花地被＋规则式灌木＋规则式乔木	
② 交通型道路——绿地充足型	规则式灌木＋规则式落叶大乔木	

（续表）

植物模式	植物搭配	图示
③ 交通型道路——绿地紧凑型	自然式草花地被＋规则式落叶小乔	
④ 生活型道路——休闲遮阴型	自然式草花地被＋乔木	
⑤ 生活型道路——美化观赏型	自然式草花地被＋灌木	
⑥ 生活型道路——实用菜园型	蔬菜苗圃＋灌木	

表格来源：作者自制

交通型道路通常比较宽阔，村民对这类道路的活动参与性通常不高，以车行为主，并且局部兼有非机动车通行和人行通道，起到防尘降噪的作用。为保障通行，乔木的株距不得小于 3 m，分支点在 2.5—2.8 m 最合适。对于两侧为绿地或水系的交通型道路，主要栽植大型乔木，配以花灌木、绿篱或者草坪，这种配置既能保证四季常绿，又可以有丰富的景观变化。对于两侧有建筑且仍有一段距离，具有充分绿化空间的交通型道路，可以选择大型落叶乔木列植，以保证夏有树荫，冬有阳光。对于两侧有建筑，且建筑距离道路较近，绿化应选择小冠幅的乔木，并且尽量不要用侧石做硬性道路分隔，而是用灌木做柔性过渡。同时考虑到建筑附近的行人通行需求，在两侧有建筑的道路，应当考虑增加行人驻足和步行的空间。

生活型道路与村民建筑入口、宅间绿地以及组团绿地相连，以村民和游客的生活交往为主，以车行为辅。由于生活型道路两侧多是居民建筑，且宽度较窄，容易在视觉上产生压抑感,因此在设计过程中可以通过绿化形成"大直小曲"设计形式,根据空间大小散植乔木,间断种植灌木,利用花灌木的花期不同形成持续的观赏效果,形成曲折多变的空间,但是也要注意在转角的地方,不能种植大乔木,以免遮挡行人行车视线,并且不能种植在靠近建筑入户的地方,不能影响建筑采光和通风。

在乡村道路空间的植物品种选择上,为把控整体道路空间的风格特征,植物种类不宜过多,以乡土树种为主,乔木和灌木各2—4种,地被植物3—5种即可,尊重植物习性,适地适树,保持整体简洁干净且有韵律起伏感为最佳。

4) 滨水空间植物配置模式

旅游型乡村伴随着旅游业开发,其内部主要河流水系从安全性和实用性角度考虑,大多数都被改造成硬质驳岸,自然水系越来越少,河流的生态系统和植物生境遭到严重破坏。因此对旅游型乡村的滨水空间改造,应当首先梳理水体类型,针对不同类型水体进行分类整治和疏通,在满足最重要最基础的使用功能基础上尽量还原其生态性,构建滨水生态廊道。对于有防洪防汛要求的河道以硬质驳岸为主,这类规则式驳岸空间在满足防洪的要求下,可保留原有河道水系的弯曲灵动感,减少突发性洪灾带来的灾难,同时又能为各种小动物们创造一个自然生境。对于没有防洪要求的水系,应当还原河道的自然原貌,根据主要功能定位进行植物种植设计(见表6-38)。

表6-38 滨水空间植物配置模式

植物模式	植物搭配	图示
① 规则式驳岸——亲水观赏型	水生植物+自然式草花地被+速生乔木	
② 自然式驳岸——生态防护型	水生植物+自然式草花地被+灌木+速生乔木	
③ 自然式驳岸——休闲游憩型	水生植物+自然式草花地被+开花灌木+开花乔木	

（续表）

植物模式	植物搭配	图示
④ 自然式驳岸—— 日常生活型	水生植物＋自然式草花 地被＋灌木＋果树乔木	

表格来源：作者自制

　　规则式驳岸的滨水空间的植物景观主要是生态防护型景观，设计需要结合护坡设计以及当地的降雨洪汛季节，采用生态透水型地砖搭配草本与藤本植物，美化护坡面，同时根据不同季节水位高低滞留时间，近水处种植不同高度的水生植物，如芦苇、再力花、菖蒲、荷花，远水处种植观花草本，搭配耐水湿的乔木树种，如水杉、柳树，通过高低不同的植物配置，形成富有韵律感的植物天际线，丰富河岸线条构图。另外，在植物整体色彩上以绿色为基础色，色彩不宜过于复杂，中间少量加入其他彩色，搭配成四季富有变化的景观。

　　自然式驳岸的滨水空间由于高低水位随着季节变化形成一个半湿的弹性缓冲区，这一空间通过植物种植，可以成为一些特定植物的栖息地。自然式滨水空间根据主要的功能用途可以分为生态防护型、休闲游憩型和日常生活型。生态防护型用于乡村中人比较少的地方，通常在村子的外围空间，与农田林网相结合，以防护型速生植物树种为主，植物景观设计在保留现状水岸植物的基础上，增加高大乔灌木、花果树，形成"两岸绿树夹古津"的效果，同时可以在岸边增加自然山石，一方面能够减少流水对堤岸的冲刷，另一方面也能增加水鸟等动物在此停留活动。休息游憩型滨水植物配置相对来说最为丰富多变，水生植物、地被草花、灌木、乔木混合搭配，层次丰富，利用水生植物和地被花草的不同花期，打造花色丰富的植物景观效果。选择多色的菖蒲、紫色的再力花、白色的芦花、粉色的红蓼等，具有较高的景观美学质量和生态多样性。日常生活型滨水空间靠近村民住宅，与村民日常生活联系紧密，该区域的景观营造不仅要具有绿化美化效果，更要有效控制村民侵占河道空间，杜绝村民将日常的废水垃圾排放入河，减少沿河违规扩建私有化的现象。该区域在设计过程中可以提前预留好空地为村民设置活动亲水空间，如浣衣、洗菜、钓鱼、取水等，打造亲水平台、台阶、木屋等具有乡村意向的景观。在植物设计过程中，要注意在水域条件好的地方不要种植密集的植物，方便观察水中倒影，注意植物对观赏视线的引导，对景色不佳的景点进行视线遮挡，在视线所及之处，增加千屈菜、再力花、鸢尾等观赏型植物，增加水面的景观效果，同时也能体现乡村滨水植物景观的古朴自然特征。

　　总体而言，旅游型乡村的滨水空间在植物种类与配置上应当考虑与水系结合的整体效果，不能割裂开来，注意滨水的林缘线和透景线效果。水生植物要根据不同水域条件，注重观赏、经济和净化水质的功能作用；驳岸植物要结合岸线、地形、道路种植，打造富有自然野趣的、吸引游人的水体空间。

5）入口空间植物配置模式

旅游型乡村的入口空间是外来游客对乡村进行整体感知的起点，是乡村的入村标志，最能体现一个村子的整体特色。自古至今，乡村的入口设计在整个乡村的规划设计过程中都是极其重要的，关乎整个村落的形象风貌甚至是安全防御。并且，村里有句古话说"无树不成村"，由此可见村口的植物景观对于整个村子的重要性。通常很多古村落村口都有一棵很多年历史的古树，被村民们认为是"风水树"，影响着村子的气运，是乡村文化的载体。村民们逢年过节都会去大树下祭拜，祈求风调雨顺，平时闲暇时刻也会去树下喝茶、聊天、下棋、锻炼身体等。因此村口的植物景观不仅具有生态的功能，更多的是具有凝聚村民对乡村的认同感和归属感的功能，是乡村聚落中最具有场所感的空间。根据入口空间的形态布局不同，提出绿化型和广场型两种植物景观设计模式（见表6-39）。

表6-39　入口空间植物配置模式

植物模式	植物搭配	图示
① 绿化入口型——精致背景型	自然式草花地被＋灌木＋乔木	
② 绿化入口型——空间导向型	自然式地被＋灌木/小乔	
③ 广场型入口——古树成景型	乔木孤植	

表格来源：作者自制

绿化型入口空间指村口的景观以绿地为主，没有形成大面积的硬质集散空间，这类入口空间应用比较广泛。如果绿地空间宽敞，可采用草花地被、低矮灌木与乔木共同搭配，结合地形、道路、景石、入口建筑公共配置，乡村古树作为主体景观，也可以利用大型秋色叶乔木进行标识，增加小而精致的乡村小品，易于识别。若绿地空间较窄，如部分旅游型乡村,则可通过密植高大乔木,如水杉、朴树、竹林来分隔乡村内外空间,呈现《桃花源记》中"初极狭,才通人。复行数十步,豁然开朗"之感,这种种植模式可以较好地保存乡村的自然风貌,并且能够给游客呈现惊喜感。

广场型入口空间指乡村入口硬质化程度高,结合停车场、游客中心等公共服务设施,设计上注意避免过度硬质化带来的城市化风格,应当结合周围场地和当地的特色文化景观意向,以乡土树种为主,选择树形优美、冠大荫浓的常绿或落叶大乔木,设置树池坐凳形成村口集散休憩空间。

旅游型乡村的入口空间在整体植物选择上应当具有较好的视觉效果,可以选择色彩艳丽、质感自然的植物凸显乡野氛围,满足自然、亲切、休闲的特点。植物配置的层次不用太丰富,2—3层即可,避免喧宾夺主。

6)停车场空间植物配置模式

旅游型乡村的停车场空间建设是非常有必要的,经过调研也发现大部分的游客并不是本村和邻村,而是南京市其他地方的,开车来回的人群还是占多数,因此需要多关注停车场的植物空间,具体设计模式见表 6-40。停车场的植物以简洁干净、精致且富有乡土特色为主,植物种类不宜过多,以一两种基调树种为主,在此基础上插入花灌木或者花卉草本,注意高度适宜,在满足基本功能要求上考虑其美学功能,布置要有韵律感。也可在停车场内部一边种植小乔木一边种植花卉、草坪,在停车场外部密植高大乔木形成背景林,增加层次感,但是转弯的地方不能种植枝叶密集的乔木或者高大的灌木,会遮挡行车视线。

表 6-40　停车场植物配置模式

植物模式	植物搭配	图示
① 简洁大气型	自然式地被＋乔木	
② 景观绿化型	自然式草花地被＋花灌木＋乔木	

表格来源:作者自制

停车场空间的植物种类以常绿乔木为主,搭配观花灌木,通过花灌木与地被花卉的高度、形态、色彩与花期特色,形成观赏效果持久且实用性强的植物群落。

7）生产防护空间植物配置模式

农田空间是乡村区别于城市的典型空间，也是乡村最有特色的景观。针对当前广大旅游型乡村在乡村农业景观植物配置方面存在的单一性问题，根据农田空间的主要功能是农业生产或是乡村体验，提出以下几种观赏价值高、生态稳定、经济效益好的复合型群落（见表 6-41）。

表 6-41　生产防护空间植物配置模式

植物模式	植物搭配	图示
① 生态经济型	农作物混植	
② 自然观赏型	农作物＋花卉	
③ 经济林果型	农作物＋草花＋乔木	
④ 生态防护型	农作物＋灌木＋乔木	

表格来源：作者自制

主要功能是农业生产的农田空间，游人无法直接介入生产过程，以观光游览为主，其目的是根据土地的适宜性建立良好的农田生态系统，提升农田的景观质量和经济效益，增加整体美观度，创造自然和谐美丽的农田生产景观。在设计过程中可以采用农作物间套作或季节性轮作，形成具有乡村特色的生产空间。在实际应用过程中根据不同地区的植物应用现状，可以分为农作物片植、农作物混植、农作物与乔灌混植。农作物片植可以形成覆盖性景观，在特定的时空下景观效果显著，如大面积种植油菜花、向日葵、水稻、小麦，花开的季节或者果实丰收的季节可以形成震撼的大地景观，这类景观能够吸引大量游客，但是具有时效性。农作物混植是指将不同植物穿插混种在一起，可以是不同农作物混种，也可以是农作物与花卉植物混种，这种种植方式层次丰富，且能利用不同作物的生长周期差异,充分利用土地空间,提高作物产量,增加景观效果,是农民增收的一种好模式。农作物与乔灌混植的方法可以形成稳定的农田林网结构,乔灌选择要综合考虑场地适宜性和农作物的生长习性。乔木树种选择树形优美、冠幅较小、根系不发达的品种,如泡桐、毛白杨等,也可以选择花果树,如柿树、枣树、梨树、核桃树等,形成绿树彩花的农田林网结构,兼顾经济效益和生态效益。

主要功能是乡村体验的农田空间,游客可以直接介入生产过程,体验采摘、种植、农耕等传统农事活动,因此该类空间不是传统意义上的农田,而是集生产、生态和观光于一体的现代农田,这类农田植物景观一方面可以丰富平面组合搭配,另一方面也可以开拓立体竖向栽植。平面组合上种植新鲜有趣的作物蔬菜,如草莓、地瓜、西瓜等,穿插种植食用的果树,种植方式可以成行成列,增加农田的肌理感。在瓜果蔬菜成熟的季节,可以开展具有时令性的采摘活动,增加科普趣味性。立体栽植可以结合攀爬类植物形成的林荫空间,栽培食用菌菇、人参等喜阴植物,进一步提高土地利用率和经济效益。

农田植物景观设计很大一部分取决于当地的气候作物以及农户的选择,因此树种植物选择应当结合乡村自身的发展形势以及村民的生活习惯与爱好,在此基础上优化植物种植,改善乡村整体环境。但是要注意乡村农田防护网的速生树种和经济树种的比例,经济树种不能超过 25%,株行距为 3 m×4 m。

6.3.5 空间营造

1) 开敞空间植物营造

开敞空间的植物以草花地被为主,视线比较通透,空间限定较弱,与周围空间联系比较大,这种空间环境下人的主观感受通常是比较自由、活泼的,非常适合集体出游活动,比如拍照、放风筝、野炊、晒太阳等,可以充分满足游客在乡村旅游中的多种休憩活动需求。旅游型乡村的开敞空间主要存在于公共活动空间、水体空间、入口空间和农业生产空间,无论是哪种类型的功能空间,对于开敞空间的营造都有共通之处,根据前期的理论基础和调研总结,提出开敞空间植物景观营造的优化方案,具体方案如表 6-42 所示。

表 6-42 开敞空间植物景观营造的优化方案

方案	内容
群落结构	垂直层数:1—3 层 垂直结构:① 纯草坪 　　　　　② 草花地被 　　　　　③ 草花地被＋低矮灌木 　　　　　④ 草花地被＋大乔木点缀 　　　　　⑤ 草花地被＋低矮灌木＋大乔木点缀 乔灌草比例:1∶2∶5

方案	内容
种植方式	中景景观为草坪、花卉形成的开阔地被空间,外围栽植乔灌木,利用高度为 0.3—0.6 m 的灌木丰富结构层次,点植常绿或落叶大乔木形成背景
典型配置	①/② 秋英＋格桑花＋狗牙根 ③ 香樟＋木槿＋桃—白车轴草 ④ 香樟＋鸡爪槭＋香樟—马尼拉草 ⑤ 香樟—红叶石楠＋海桐—结缕草

表格来源:作者自制

2) 半开敞空间植物营造

半开敞空间是介于开敞空间和封闭空间中的一种过渡空间,具有一面或者两面的开敞面,通过开敞面与其他空间形成流通,具有一定的私密性,游人在其中可以根据自身偏好选择停留的位置,根据空间的大小可以同时满足个人休闲和集体活动,空间利用率比较高,颇受游人喜爱。旅游型乡村的公共活动空间、道路空间、水体空间和停车场均适合形成半开敞空间,实际应用过程中可以用开敞空间和垂直空间共同组合形成,一侧植物高大密集,视线被遮蔽,一侧植物比较低矮,视线通透,这样可以很好地引导游人视线到重要节点。设计过程中要把握好空间的宽度与植物组团高度的比例关系,通常 3 倍以内都被认为是半开敞空间,超过 3 倍则会失去植物组团对空间的限定能力,成为开敞空间。提出半开敞空间植物景观营造的优化方案,具体方案如表 6－43 所示。

表 6－43　半开敞空间植物景观营造的优化方案

方案	内容
群落结构	垂直层数:2—4 层 垂直结构:① 草花地被＋乔木 　　　　　　② 草花地被＋灌木＋乔木 乔灌草比例:1∶1∶3
种植方式	利用乔木形成绿色屏障,引导视线向开阔一侧或者屏障衬托的主体景观,可搭配小乔木或灌木形成复合结构
典型配置	① 香樟＋樱花＋海棠—蓝目菊＋鸡冠花 ② 香樟＋银杏＋含笑—桂花＋金叶女贞＋红花檵木—白车轴草＋婆婆纳＋狗牙根

表格来源:作者自制

3) 覆盖空间植物营造

覆盖空间的顶部视线被遮蔽,而四周的视线通透,形成中间"留白"的空间结构,使人的水平视野范围拓宽,通常用在大尺度的景观空间中。这类空间能为游人提供较强的私密感和安全感,但是这种心理感受会受竖向空间的高低影响较大,空间低容易让人感到压抑紧张，空间高又会让人感到空旷失落。旅游型乡村的公共活动空间和水体空间多见这种覆盖型空间结构，设计过程中应当选择分支点高、树冠浓密的伞形高大乔木，营造安静、私密的空间氛围，并尽量多用花灌木或草本花卉等色彩丰富的植物种类，延长观赏时间，增加季相变化。提出覆盖空间植物景观营造的优化方案，具体方案如表 6-44 所示。

表 6-44 半开敞空间植物景观营造的优化方案

方案	内容
群落结构	垂直层数：2—3 层 垂直结构：① 草花地被＋乔木 　　　　　② 草花地被＋灌木＋乔木 乔灌草比例：3：2：3
种植方式	大型乔木密植，树冠覆盖交织形成浓荫，林下空间种植耐阴花灌木或者草本花卉植物组团
典型配置	① 栾树＋樱花—葱兰＋麦冬＋石蒜 ② 榆树＋香樟＋朴树＋紫薇—红花檵木＋海桐—沿阶草＋白车轴草

表格来源：作者自制

4）封闭空间植物营造

封闭空间四周和顶部均封闭，视线不通透，内部空间压抑，约束限制感强，空间内敛且无方向性，具有很强的空间隔离性，游人几乎不会选择在这种空间活动。一般封闭植物空间用途多是生态防护林，旅游型乡村在农田防护网中用的较多，部分封闭空间从整体景观观赏性的角度出发，考虑到林地的季相色彩、林缘线、形态特征等多个方面，既能提高绿化率和生态恢复率，发挥稳定的生态效益，也能形成具有较高观赏价值的植物景观。提出封闭空间植物景观营造的优化方案，具体方案如表 6-45 所示。

表 6-45 封闭空间植物景观营造的优化方案

方案	内容
群落结构	垂直层数：3—5 层 垂直结构：① 草花地被＋乔木 　　　　　② 草花地被＋灌木＋乔木 乔灌草比例：5：4：3
种植方式	乔木层次丰富，结合灌木与自然式花卉地被，形成自然式群落
典型配置	① 栾树＋香樟—白车轴草＋麦冬 ② 榆树＋香樟＋朴树＋紫薇—红花檵木＋海桐—沿阶草＋白车轴草

表格来源：作者自制

5）垂直空间植物营造

垂直空间的两侧垂直面封闭，顶部空间开敞，引导人的视线向上或向前，私密感较强,向前引导人快速通过,通常在道路空间和停车场空间应用比较广泛。垂直空间的植物景观通常采用列植和对称种植的方式,整体有节奏感和韵律感,通过打造整齐的林缘线,可以形成仪式感强的线性空间。这类空间的植物配置形式一般比较简单,上层树种选择上既可以选择色叶大乔木,如利用水杉打造季相变化丰富的景观,也可以选择常绿植物,松树或者竹林都是不错的选择,可以营造清雅的景观氛围;中下层植物组合可以丰富多变,通过成片的彩花彩叶植物搭配加深空间的延伸感,给游人形成印象深刻的乡村景观印象。提出垂直空间植物景观营造的优化方案,具体方案如表 6‑46 所示。

表 6‑46 垂直空间植物景观营造的优化方案

方案	内容
群落结构	垂直层数:1—3 层 垂直结构:① 草花地被＋列植乔木 　　　　　② 草花地被＋灌木＋列植乔木 　　　　　③ 分支点低的灌木/小乔木＋列植乔木 乔灌草比例:3：2：3
种植方式	乔木层次丰富,结合灌木与自然式花卉地被,形成自然式群落
典型配置	① 水杉—二月兰 ② 银杏—鸡爪槭＋棕竹—婆婆纳＋铺地柏＋五彩石竹 ③ 香樟—南天竹＋小叶女贞

表格来源:作者自制

6.3.6 体验提升

1)视觉体验

通过植物平面和空间规划设计,为游人提供优美的旅游环境,提升视觉体验。植物景观给游人带来的视觉体验主要分为形体体验、色彩体验与空间体验,形体表现为植物的高低、大小、曲直等,不同规格的植物都会形成不同的视觉体验;色彩是植物各部分最易引人关注的,在园林景观中,植物的枝、干、叶、花、果都可以呈现丰富的色彩;而空间体验是最能展示园林体验的环节,曲径通幽,移步景异,虚实交错等,各具特色的植物通过合理地配置均可提升游客的视觉体验。

2)生活体验

旅游型乡村的主要客源是城市居民,他们往往对乡村农事活动具有较高的兴趣,因此通过植物景观规划设计布置大量采摘、农事体验等活动,增加城市居民对乡村生活的体验与感悟。当下比较火热的"认领"活动也可以融入旅游型乡村的植物景观设计中,可以单独开拓一片土地,进行"土地认领",打造成农场体验区。游客可以通过当地的管理机构结合时令农作物,领取自己喜欢的花草或果蔬植物种子;缴纳部分管理费用后便可在自己认领的土地上种植,平时繁忙的时候可由当地农户代为管理,周末或节假日的时候又能去实地观察,亲自当回农夫,体验乡村农耕生活;等瓜果蔬菜成熟之后,还可以享受到自己亲自种植的有机蔬菜,大大提升了乡村农耕生活的乐趣。

3) 科普体验

近年来,植物科普教育作为国家科普战略的一部分广受关注。结合乡村植物的生长习性与形态外观,可以让青少年充分体验学习相关植物知识,对植物充分了解。可以利用具有特殊功能的乡村药用植物吸引游人,让游人在游玩过程中不仅能够闻到植物的自然气味,还可以亲自触摸甚至品尝部分可食用的植物,亲自体验神话故事里"神农尝百草"的场景,这种活动相较于传统的纯粹式观光旅游更能吸引游人的注意力,刺激更多游客进入乡村探索新知识。

4) 民俗体验

结合当地的民风民俗,一方面可以将植物作为原材料,在游客多的地方或者自然环境优美的地方设置农家手工作坊,体验传统民俗文化的美丽,亲自参与植物颜料扎染、植物藤条编制、乡村特色花艺等,让游客可以参与到民俗生活中。另一方面可以将一些具有当地特色的植物,传统的吉祥图腾等元素艺术化后融入旅游产品中,在外包装上加入当地的文化元素,打造出独一无二的乡村民俗文化品牌和产品,增强外来游客对旅游产品的兴趣和购买力,从而有效推动旅游型乡村的经济和产业发展。

6.4 设计实践——黄龙岘植物景观设计

通过对前期 6 个乡村的植物景观进行调研总结与评价分析,结合《乡村植物景观营造及应用技术研究》课题研究,选取黄龙岘为本次设计实践对象,将上述旅游型乡村植物景观设计方法应用到实践,验证方法的可操作性与合理性。

6.4.1 黄龙岘村现状条件

黄龙岘地处苏皖两省交界,位于江宁区西部美丽乡村核心区域,隶属于牌坊社区,南侧紧邻汤铜公路,东邻晏公湖,西至牌坊水库。黄龙岘包括黄龙岘村、陶家、张家上村,如表 6‑47 所示。本次研究的对象仅为黄龙岘旅游最热门的黄龙岘村,又名黄龙岘茶文化村(以下简称黄龙岘)。

表 6‐47　黄龙岘行政范围

村庄名称	类型	人口/人	面积/hm²
黄龙岘村	布点村	133	3.6
陶家	布点村	127	2.93
张家上	非布点村	145	3.6

表格来源:作者自制

1) 地理区位与自然环境

黄龙岘(31°46′54.38″N,118°40′57.92″)位于江苏省南京市江宁区江宁街道北部,东临蟠龙湖,西望卧虎亭,南向朱门,北卧龟山,内部还有黄龙潭,四周为大片的茶山和竹海,鸟语花香,环境优美。乡村距离南京主城 40 km,紧邻西部旅游道路联一线,南接汤铜公路,交通便利,如图 6‐25 所示。

图 6‐25　黄龙岘村区位与交通

图片来源:作者自绘

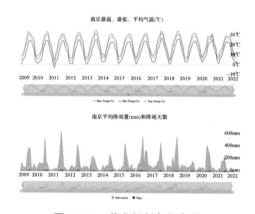

图 6‐26　黄龙岘村气候条件

图片来源:http://www.worldweatheronline.com

黄龙岘处于北亚热带季风气候区,年均气温在 18 ℃左右,年总降水量 2000 mm 左右,处于西风环流控制之下,其基本特征为夏季高温多雨,冬季温和少雨,具体统计如图 6‐26 所示。

黄龙岘村属于典型的丘陵山地,30%以上坡度范围占主体,其次是 10%—30%坡度范围,此范围通过有效利用或适度改造可以形成良好的景观,具体分析如下图所示。这里土壤肥沃且呈弱酸性,非常适宜茶树生长,四周茶山竹林环绕,群山绵延、水波灵动、茶园千亩,"四山三水三分地"是对这里地貌最精确的描述,得天独厚的自然条件为当地茶田景观发展提供了有力支撑。

2) 现状用地分析

黄龙岘村现状用地主要为农田和乡村建设用地,农田分布在乡村的南部和北部,居民点沿着主干道的北侧分布,几乎所有居民点都被商业化,形成黄龙岘茶文化风情街。场地现状的建设条件较好,农田基础设施比较完善,山林水系良好,未遭到明显生态破坏。但是存在部分农田植物长势不佳、耕地荒废等乱象,土地利用率和生产率较低,如图 6-27 所示。

图 6-27　黄龙岘村现状用地分析
图片来源:作者自绘、自摄

3) 旅游发展状况

(1) 旅游市场

黄龙岘村的核心客源市场仍是以南京都市圈为主,辐射江苏、上海、浙江、安徽等长三角地区,目前主要受众群体仍是南京市内部。为进一步向外拓宽旅游市场,辐射包括长三角城市群、京津冀城市群、珠三角城市群和中西部大中城市等,进一步打响旅游品牌,需要了解当下旅游市场的特点。

(2) 竞合分析

审视黄龙岘村与周边区域的旅游产品竞合关系,明确牌坊社区黄龙岘在南京市江宁区全域旅游发展战略布局中的地位和任务,找准自身发展的定位和特色,从而有效实现与周边其他区域旅游发展的对接和错位发展,具体分析见图 6-28。

(3) 旅游资源

黄龙岘自然资源丰富,植物种类繁多,森林植被资源丰富,在全国植被区划中,属中亚热带常绿阔叶林地带。黄龙岘因茶而生,因茶而闻名,村内现在有茶园接近 2000 亩,从山顶往下望去,层层茶田,依山傍水,层峦叠嶂,郁郁葱葱,黄龙岘宛如安静的少女静静卧在其中。云雾萦绕在山间,远处绵延的田野依傍在山下,村里炊烟袅袅升起,展现在眼前的是一卷秀丽的山水田园风景画。茶田、竹韵、湖风、老屋尽显黄龙岘的自然韵味,适宜打造成休闲旅游空间。

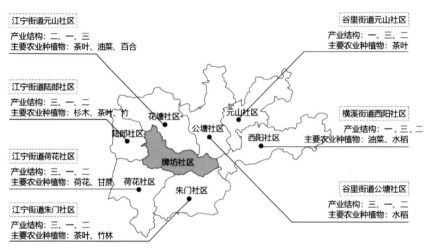

图 6‑28　黄龙岘村与周边区域竞合分析

图片来源：作者自绘

黄龙岘茶叶历史悠久，最早可追溯到春秋战国时期，至今仍有送茶盒、采茶灯等习俗[261]。除了茶文化之外，千年古驿道、娘娘坟、晏公庙、骡子坟等人文古迹为黄龙岘蒙上了一层神秘的色彩。黄龙岘人文古迹众多，但是这些历史文化在现代社会的快速更迭中逐渐被人淡忘，在设计过程中可以通过挖掘乡土特色文化，传承优良传统习俗，充分展示黄龙岘独特的乡村人文景观。

4）现状总结

随着近年来江宁区乡村旅游业的开发，大力发展了各类基础设施，加强了乡村与外界的联系，带动了乡村经济发展。总体来说，黄龙岘现状区位条件比较优越，交通十分便利；山水自然条件卓越，景色宜人；人文历史资源厚重，沉淀了黄龙岘的历史岁月；政府也在大力扶持发展，未来黄龙岘的发展潜力无限。但是黄龙岘现状旅游开发建设过程中对植物景观建设仍有不足，亟需对植物景观进行系统的设计，以适应乡村的旅游发展。

6.4.2　黄龙岘村植物景观总体设计

1）设计定位

依托黄龙岘良好的生态条件、丰富的文化资源，以乡村休闲体验需求为导向，对黄龙岘的山水田园、农林花果、民俗文化等旅游资源全面整合，明确黄龙岘在旅游村中的总体定位，提出"悦动馨茶山，乐游黄龙岘"的茶旅主题定位，打造"一个核心主题产品、三条乡村乐游线、五大主题景观、六大节事活动"的产品体系，具体产品体系如表 6‑48 所示，为后续植物景观深入设计奠定基础。

表 6-48　黄龙岘产品体系打造

产品体系	主要产品	核心项目	产品主题
一个核心主题产品	黄龙岘茶主题创意产品		
三条乡村乐游线	绿色生态农业线	生态种植	农耕养体之旅
		农业科技	修习养学之旅
		绿色加工	特色养性之旅
		美食品尝	美食养胃之旅
	特色文化创意线	茶马驿站	文化养神之旅
		传统工艺	古法养艺之旅
		茶叶手礼	香茗养气之旅
	休闲旅游体验线	茶园观光	自然养眼之旅
		精品民宿	舒适养身之旅
		乡愁拾忆	回归养心之旅
		康体养生	健康养颜之旅
五大主题景观	茶田花镜、亲子农场、文创集市、古茶驿站、阳光草坪		
六大节事活动	1—2月:春节——春节双日体验游、农家年夜饭、乡村戏剧 3—4月:采茶节——体验采茶、制茶、煮茶、购茶等活动 5—6月:茶歌节——茶田音乐节、篝火晚会、亲子体验、茶园婚礼、露天影院 7—8月:避暑节——古道林荫、特色民宿、插花 9—10月:秋叶节——登山、摄影、采摘、品秋果 11—12月:冬雪节——踏雪寻梅、茶叶点心烘焙、手工茶礼、日光浴		

表格来源:作者自制

　　设计过程中坚持尊重自然、因地制宜的原则,在原有的乡村植物风貌肌理上进行优化调整,植物种类以乡土树种为主,并添加特色景观植物,形成延续乡村地域特色的植物景观。在植物配置上注重层次季相搭配,重视旅游型乡村植物景观与周边农田林网、湖泊水域、山川林带相结合,关注乡村居民的需求,增加村民的参与度。在植物的空间营造上,考虑游人的心理需求,打造开合有致的空间序列。在植物景观体验上,结合植物景观组织开展参与互动性高的乡村游乐活动,提高游客的参与积极性和趣味性。最终期望在乡村植物景观的营造过程中,建设出富有乡村生活风味、延续乡村茶文化风貌、具有鲜明乡土气息的黄龙岘特色茶主题植物景观。

　　2)景观结构与功能分区

　　依据黄龙岘村现状山水结构、村庄布局,结合乡村的自然肌理进行黄龙岘村植物景观规划设计,因势利导形成以乡村建筑植物景观为主体,农田路网植物景观为骨架,山水植物景观为背景,公共空间、入口等其他空间植物景观为点缀的乡村植物景观网络体系,规划建成"一环、两心、五区、多点"的景观结构布局(图6-29)。

一环,是指以南部交通型道路和茶文化风情街串联形成观光道路环,基本串连主要景观空间,是整个乡村的植物景观骨架,能够展示黄龙岘村内乡村文化氛围和整体茶田植物景观的基本特征。

两心,是指游客服务中心和黄龙潭景点核心。游客服务中心结合科普、历史、文化等教育主题,黄龙潭景观以自然野趣、生态休闲为主题,分别位于黄龙岘村东部和西部,东西遥望,成为黄龙岘村的两大旅游亮点。

五区,结合不同景观功能分区的主题定位,打造综合管理服务区、特色生态种植区、创意农业体验区、茶马文化展示区、山水休闲度假区五个功能分区,建设内涵丰富、生动有趣的乡村生活空间和旅游空间。

多点,通过对乡村现状的闲置用地进行整合利用打造植物景观,并结合游人需求,对五大功能分区进行细化,形成各种公共空间节点中的绿地景观。这些景观节点既可以增强乡村空间整体的连续性,又可以作为村民日常活动的主要空间,激发乡村活力。

通过对黄龙岘村现状用地分析,整合村庄居住用地和闲置土地,对村庄布局进行合理调整,并对农业生产空间进行合理规划,使其既具有良好的景观视觉效果,又可以方便村民进行生产和生活。结合产业定位对周边项目景点合理布局,以特色生态农业为本体,通过复合种植提高空间利用率和景观美感度,大力发展第三产业,将黄龙岘村整体划分为以下五个区域:综合管理服务区、特色生态种植区、创意农业体验区、茶马文化展示区以及山水休闲度假区(如表6-49和图6-30)。

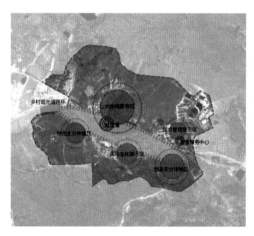

图6-29　景观结构图

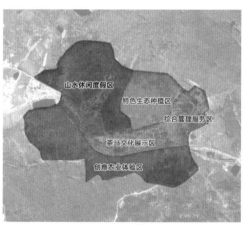

图6-30　功能分区图

图片来源:www.worldweatheronline.com

表 6-49　功能分区与项目景点

功能分区	项目景点
综合管理服务区	入口景观、游客集散中心、黄龙岘村文化展示廊、观光小火车
特色生态种植区	观景台、茶园花海、茶＋中草药、茶＋良种苗木、林下养殖(鸡鸭蜜蜂)、神农百草园、有机蔬菜种植、小猪乐园、科普教廊、茶田婚礼、乡村舞台、田园骑行
创意农业体验区	茶叶采摘加工、果蔬采摘加工、美食体验工坊、植物认领、亲子农场、自然教室、艺术家创作基地、花艺工坊、茶树精油美容
茶马文化展示区	美食街、文创集市、茶叶店、古茶驿站、手工撵茶坊
山水休闲度假区	主题民宿、养生理疗馆、有机餐厅、帐篷营地、露天影院、森林氧吧、户外运动基地、野趣垂钓园

表格来源:作者自制

其中,综合管理服务区主要是为初来的游客加深对黄龙岘村的印象,通过入口景观、集散广场、文化展示廊全面介绍黄龙岘村的旅游资源,并结合观光小火车方便游客游览。特色生态种植区主要展示千亩茶园自然景观,茶树种植结合樱花、梅花形成茶田花海,并在自然茶园的基础上可以布置乡村舞台,利用自然茶园作为背景开展茶田音乐节、举行田园骑行活动等。创意农业体验区为游客提供茶叶、果蔬采摘和加工活动,体验自制美食。茶马文化展示区依托现有的黄龙岘茶文化街进一步优化业态,形成乡野美食街、农夫集市、文创商店、茶叶店等服务空间,同时增加游客体验,改造具有古韵文化气息的茶马驿站,为游客提供品茶泡茶和茶艺交流平台。山水休闲度假区以黄龙潭为核心,结合天然水域景观,打造富有活力的户外运动基地,组建野趣垂钓、帐篷营地,举行室外露天观影活动,提升游客度假的体验。

6.4.3　植物种类选择

充分考虑黄龙岘村现状气候环境、土壤基础、地理区位等自然条件,根据不同区域、不同类型景观功能的需要,适地适树,选择适应性强、树形优美的植物品种进行植物配置,在空间上创造聚合离散的植物景观,形成密林小径、林中空地、疏林草地、缓坡草地等多种空间,凸显各区域的植物特色。整体上以常绿植物为基调,结合不同开花乔木、花灌木和花卉草本的不同花期,有机组合,并适当引进观赏价值高的观花植物品种,打造四时景色丰富多变的效果,形成季相变化明显的植物景观。同时可以适当调整速生树种和慢生树种的比例,既考虑到近期观赏效果也要考虑到远期未来的生长变化和自然演变。充分利用乡土树种在旅游型乡村中的优势,匹配地带性群落,形成稳定的植物群落结构,降低维护成本,对于现状植物造景效果较好的自然景观予以保留并加强维护,形成层次丰富的自然生态群落,能够充分体现乡土特色,突出乡野意境。通过以上主要植物种类选择方式和思路,提升村庄的绿化环境,优化绿化树种结构,构筑全村绿色空间的艺术风貌。在为村民提供优美、舒适的生活环境的同时,满足乡村生产生活需求,并且兼顾乡村旅游发展,吸引外来游客。

具体植物选择从观赏类、用材类、园景类几个方面考虑,如表 6-50 至表 6-52 所示。

表 6-50 观花类植物推荐表

类型	植物类别		植物名称
观花类	春季	草本花卉	酢浆草、婆婆纳、石竹、三色堇、矮牵牛、杜鹃、郁金香、月季、一串红、金鸡菊、金鱼草、凤仙花、薰衣草、芍药、美女樱
		木本花卉	梅花、樱花、白玉兰、紫玉兰、含笑、杜鹃、绣球花、茉莉、紫叶李、紫荆、桃、梨、杏、李、垂丝海棠、碧桃、金钟花
	夏季	草本花卉	月季、美人蕉、凌霄、昙花、大丽花、石蒜、葱兰、百日草、千日红、玉簪、鸢尾、向日葵、牡荆、醉鱼草、野蔷薇、阔叶半枝莲、鸡冠花、鼠尾草、马鞭草、白车轴草、波斯菊、矢车菊、野菊
		木本花卉	栀子、合欢、泡桐、木槿、石榴、金丝桃、金银花、三角梅、夹竹桃、绣球花、锦带花、六月雪、紫薇、刺槐、国槐、广玉兰
		水生花卉	荷花、睡莲、再力花、风车草、水葱、慈姑、千屈菜、香蒲、荇菜
	秋季	草本花卉	葱兰、月季、石蒜、万寿菊、波斯菊、金盏菊、美人蕉
		木本花卉	黄山栾树、桂花、紫薇、木芙蓉、月季、凌霄
	冬季	木本花卉	山茶、茶梅、蜡梅、枇杷
观叶类	常色叶植物	乔木	雪松、罗汉松、圆柏、龙柏、杨梅、香椿、枇杷、石楠、女贞
		灌木	海桐、火棘、黄杨、山茶、杜鹃、夹竹桃、桂花、红叶石楠、金叶女贞、栀子花、齿叶冬青、蓝湖柏、南天竹、常春藤、铁冬青
	秋色叶植物	乔木	榉树、柿树、板栗、银杏、水杉、池杉、垂柳、香樟、朴树、枫杨、鸡爪槭、悬铃木、乌桕、黄山栾树、无患子、金枝槐、红枫
		灌木	火棘、紫薇、南天竹、蜡梅、紫荆、石榴、卫矛
		藤本	络石、猕猴桃、爬山虎
观果类	红色系		构树、柿树、枣、石榴、柘树、枸骨、南天竹、铁冬青、火棘
	黄色系		榉树、猕猴桃、枇杷、苦楝、臭椿、无患子
	紫色系		香樟、桂花、女贞、葡萄、紫叶李、桑树、无花果
	绿色系		枫杨、榆树、核桃、刺槐、国槐、薜荔、葫芦
观形类			龙柏、雪松、五针松、罗汉松、龙爪槐、枸骨、苏铁、红花檵木、小琴丝竹、凤尾竹、龙爪槐、三角枫、刚竹、乌桕

表格来源:作者自制

238

表 6-51　用材类植物推荐表

植物类别	植物名称
木材类	杉木、棕榈、栓皮栎、麻栎、石栎、小叶青冈栎、榔榆、朴树、榉树、枫香、化香、毛竹、苦楝、雪松、圆柏、龙爪槐、三角枫、紫荆、黄杨、毛竹、刚竹
药用类	盐肤木、接骨木、薜荔、刺槐、银杏、乌桕、无患子、雪松、榆叶梅、李、枣、国槐、枸骨、金钟花、牡荆、木槿、紫荆、山茶、六月雪、棣棠花、迎春花、杜鹃、金银花、南天竹、苏铁、迷迭香、含笑、长春花、常春藤、蜡梅、薜荔、野蔷薇、枸杞、金丝桃、连翘、石竹、玉簪、鼠尾草、凌霄、美人蕉、紫茉莉、薰衣草、鸡冠花、紫藤、藿香蓟、活血丹、千屈菜、香蒲、芦竹

表格来源：作者自制

表 6-52　园景类植物推荐表

植物类别	植物名称
地被类	活血丹、鸭跖草、红花酢浆草、爬山虎、常春藤、络石、沿阶草、婆婆纳、地锦草、白车轴草
芳香类	杉木、野蔷薇、含笑、枫香、香樟、金银花、络石、白玉兰、桃、桂花、山茶、栀子花、金银花、月季、迷迭香、夹竹桃、薰衣草、鸢尾、薄荷、荷花、睡莲
林荫类	香樟、朴树、榆树、枫杨、苦楝、合欢、臭椿、悬铃木、黄山栾树、白杨、三角枫、国槐、刺槐

表格来源：作者自制

6.4.4　配置优化与空间营造

　　结合前期理论总结与现场调研，根据不同空间植物景观营造的思路，对黄龙岘村的乡村植物景观整体风貌进行如下设计（如图 6-31）。前期分析黄龙岘乡村各空间的植物

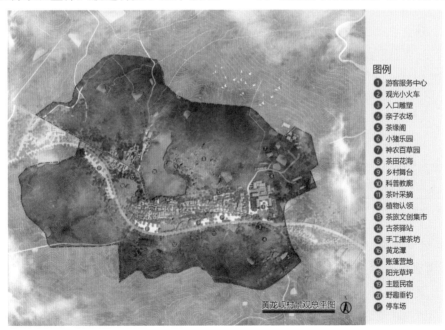

图例
① 游客服务中心
② 观光小火车
③ 入口雕塑
④ 亲子农场
⑤ 茶缘阁
⑥ 小猪乐园
⑦ 神农百草园
⑧ 茶田花海
⑨ 乡村舞台
⑩ 科普教廊
⑪ 茶叶采摘
⑫ 植物认领
⑬ 茶旅文创集市
⑭ 古茶驿站
⑮ 手工揉茶坊
⑯ 黄龙潭
⑰ 账篷营地
⑱ 阳光草坪
⑲ 主题民宿
⑳ 野趣垂钓
P 停车场

黄龙岘村景观总平图

图 6-31　景观总平图

图片来源：作者自绘

景观存在的诸多问题,与植物类型选择、植物搭配不当、植物效益发挥不高、规划管理不善等方面均息息相关。因此本节针对建筑空间、公共活动空间、道路空间、滨水空间、入口空间、停车场空间以及农业生产空间这七大功能空间的植物景观进行配置上的优化提升,并针对不同空间营造提出针对性的建设意见。

1) 建筑空间植物景观优化

(1) 住宅建筑空间植物景观优化

由于研究篇幅有限,在住宅建筑空间的植物优化方面选择最具代表性的一处作为示范,并对其进行优化改进。该处住宅位于规划空间的山水度假区范围内,景观视野好,绿化面积充足,只用于村民居住生活,未商业化,整体具有较强的乡村氛围。但是现状植物长势非常杂乱,由于建筑朝向北面,南侧种植大量高大的常绿乔木,对建筑的采光影响较大。此外,东南侧通过缓坡与公共绿地空间相连,地被植物长势不佳,不能形成良好的景观基底效果。因此,此处的住宅建筑空间植物绿化除了考虑植物的生态效益和景观效果,还应结合建筑采光和植物的经济性,综合考虑采用生活交往型住宅建筑绿化模式。该种植模式可以满足村民利用宅旁绿地种植瓜果蔬菜以供日常所需,也可以作为良好的旅游资源展示乡土特色。该优化方式的流程包含:① 清除现状长势不佳的植物和杂草,梳理减少南部常绿植物;② 增加树形优美的落叶小乔木,提高景观效果;③ 见缝插绿,在下层空间种植观赏花卉草本,利用闲置花盆种上盆栽,丰富植物景观层次。优化方案如表 6-53 和图 6-32 所示。

表 6-53 住宅建筑空间植物景观设计优化

项目	内容
主要问题	植物影响建筑采光;建筑与公共绿地空间直接相连;植物长势不佳
改造思路	梳理东部和南部植物、增加观赏型小乔木、见缝插绿
配置模式	生活交往型植物景观配置模式 植物种类:鸡爪槭+石榴+竹—月季+八仙花—红花酢浆草+沿阶草+薄荷/紫苏
空间类型	半开敞型空间 常绿竹子、鸡爪槭以及石榴形成背景,既可以与公共绿地空间进行有效隔离,也可以围合出实用的绿地空间,为村民保障空间内的隐私,提升生活幸福感

表格来源:作者自制

(2) 公共建筑空间植物景观优化

① 游客服务中心

游客服务中心位于黄龙岘村的东部,建筑东、西、北三面围合,形成展览空间,围合的院落内同植物花镜形成展示牌背景和游客接待中心标识的前景。该处景观空间一般是外来游客进入黄龙岘后第一个停留的空间,除了接待游客也是日常村民进行活动休息的

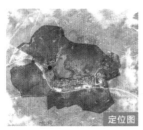
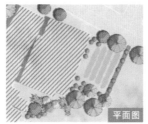

图6-32 住宅建筑空间植物景观优化图

图片来源:作者自绘、自摄

主要场所空间,承担着一定的交流交往、健身活动的功能。现状植物景观以整齐对称的广玉兰和水杉树阵为主,灌木修剪成整齐圆润的球形,整体种植方式偏城市化,造型偏公园化,缺乏乡野自然气息和乡土味道,未能较好地展示黄龙岘茶文化村的景观特质。同时作为展示墙前景的花镜景观和灌木球,植物搭配缺乏层次感,景观单调,没有变化。因此针对游客服务中心的植物景观提升需要考虑其景观搭配的层次感,提高美观度和季节性景观,同时也要着重考虑其在作为展示小品或者展示墙的配景中起到的衬托效果,应当突出展示物,形成游客的视觉焦点,综合考虑采用绿地集中型休闲广场的绿化模式。该种绿化模式可以利用植物形成自然舒朗、空间通透的景观效果,增强与周围环境的交流性。院落中点植开花乔木形成视觉上的焦点,吸引游客注意,同时通过种类丰富的草本花卉形成四季景色变化的花镜景观,增加乡村的田园气息。优化方案如图6-33和表6-54所示。

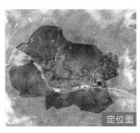定位图

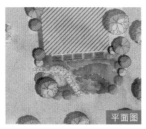平面图

现状图

效果图

图 6‑33　公共建筑空间植物景观优化图——游客服务中心

图片来源：作者自绘、自摄

表 6‑54　游客服务中心植物景观设计优化

项目	内容
主要问题	植物设计偏城市化；花镜植物单调；景观小品存在感低
改造思路	增加乡野气息；提升植物景观层次；形成视觉焦点
配置模式	绿地集中型植物景观配置模式 植物种类：广玉兰＋水杉＋桂花＋乌桕—火棘＋半枝莲＋鼠尾草＋一串红＋鸢尾＋葱兰
空间类型	开敞型空间 乌桕与桂花结合草本花卉结构，形成良好的视觉引导效果，高低错落的草本植物结合背景墙形成开敞空间，既可以呈现展示效果，也可以形成自然舒朗的空间氛围

表格来源：作者自制

② 黄龙大茶馆

黄龙大茶馆位于黄龙岘村中部，黄龙潭南部，建筑南侧临街，北侧望湖，东部和西部

密林环绕,景观视野好。大茶馆建筑形式为中式复古风,黑瓦白墙,木柱石墩,色彩典雅大方,同时采用镂空花窗搭配古典建筑长廊,韵味十足。在装饰方面,采用砖、木、石雕工艺,整体建筑古雅有致。在重要节事的时候,大茶馆内会开展现场炒茶展示活动,是外来游客了解黄龙岘茶文化的一个好方法,但是平时大多时候都处于闲置状态,偶有游人过来短暂休憩,空间利用率不高。现状大茶馆内部植物景观长势一般,以水泥浇筑成灰色花盆和木质栅格花盆为主,植物品种和色彩单一,没有生机和活力。茶馆周围绿地空间较大,上层密植竹子形成绿色屏障,中层以迎春为主,点植鸡爪槭,下层为半裸露的草地,植物缺乏层次感,未能有效结合古典大茶馆的文化风格,导致整体植物景观缺乏吸引力,不能给游客形成深刻印象。因此针对黄龙大茶馆的植物景观改造,一方面要丰富植物层次,另一方面要注意色彩搭配,利用开花小乔木激活场地活力。综合考虑采用公共休憩型的公共建筑空间植物配置,即自然式草花地被+乔木的植物配置模式。这种植物配置模式可以形成自然野趣、生态休闲的景观,结合廊架、漏窗、白墙等元素,展示黄龙岘的自然风情和历史文化,同时为游客提供风光优美、环境舒适、富有山水自然气息的活动空间。优化方案如表6-55和图6-34所示。

表6-55　黄龙大茶馆植物景观设计优化

项目	内容
主要问题	植物长势差;种类单一;色彩单调;缺乏层次感
改造思路	增加开花小乔木与地被花卉;丰富植物景观层次
配置模式	公共休憩型植物景观配置模式 植物种类:杏+紫叶李+山茶+夹竹桃+竹—玉簪+美人蕉+八仙花+沿阶草+狗牙根
空间类型	半开敞型空间 为游客提供良好的观景效果,便于观景,展示乡村的生态和谐之美

表格来源:作者自制

③ 茶缘阁

茶缘阁位于黄龙岘村南侧,地势较高,四周都是茶园,周边自然生态环境好,整体是以绿色为背景,是一处集饮茶品茶与观赏茶园美景的好去处。但是现状四周季相变化不明显,不能展现四季变化之景。茶缘阁通过一条茶园小径与黄龙岘村游客服务中心相连,主入口之处现状以黄杨球、石楠球和茶树形成规整的入口景观。景观人工痕迹过重,木质护栏将行人空间与景观分隔,缺乏景观互动。此外整个场地的植物由于人工修剪,高度相似,没有高低层次过渡。灌木类型缺乏变化,景观单调呆板,没有特色。最重要的是整个茶缘阁空间的植物缺乏乔木林荫植物,夏天暴晒,温度高,游人体验比较差,降低了户外活动的积极性。因此,对茶缘阁的植物景观改造重点在于充分利用周围的自然田园景色,增加茶缘阁与周围景观环境的互动,让游客能够更好地感悟茶园美景。一方面要丰富景观层次,弱化人工痕迹,补植花卉乔木和灌木,增加整体植物景观的季相变化;另

图 6‑34 公共建筑空间植物景观优化图——黄龙大茶馆

图片来源:作者自绘、自摄

一方面也要点植大乔木作为林荫树,为游人提供一片阴凉,同时也会形成视觉焦点,吸引游客视线。综合考虑采用观赏休憩型公共建筑空间植物配置模式,即自然式草花地被＋灌木＋乔木的配置模式。这种配置模式可以形成重要的节点景观,凸显茶缘阁的植物景观特色,同时打破围栏形成的空间结界,将周边自然环境纳入其中,形成风光优美、景色宜人、环境舒适的植物景观风貌。优化方案如图 6‑35 和表 6‑56 所示。

2)公共活动空间植物景观优化

(1)硬质型公共活动空间植物景观优化

本次优化改造的宅间小广场位于黄龙岘村茶文化街的中部,北侧临近街道,南侧是一处自然水池,东西两侧均为居民房。场地现状入口对植一棵大香樟和一棵朴树,内部种植两棵无患子,花盆和花池闲置,资源利用率不高。原先种植的植物管理维护不当已经枯萎,后续未进行补植和优化。此外,场地内部还有"礼敬·差异"的景观小品、一处文化景观墙以及一个结合黄龙岘标识的游客拍照取景框,但是从调研的结果来看,此处广场的利用效率非常低,游客很少,广场上向外界望过去的景观视野被一棵大树遮挡,视野不佳,并且虽然有一个小坐凳,但是由于设施老化,没有遮阴,因此几乎没有人会在这里休

图6-35 公共建筑空间植物景观优化图——茶缘阁

图片来源:作者自绘、自摄

表6-56 茶缘阁植物景观设计优化

项目	内容
主要问题	季相变化不明显;人工痕迹过重;植物景观隔离;缺乏林荫空间
改造思路	丰富植物景观层次;不止自然地被花卉;打破空间隔阂;增加林荫树种
配置模式	观赏休憩型植物景观配置模式 植物种类:泡桐＋红枫—杜鹃＋山茶＋栀子＋茶树＋竹—白车轴草＋蓝目菊
空间类型	开敞型空间 为游客提供拍照、休憩活动空间,方观赏到漫山茶园,同时还能形成动态的空间起伏变化,成为视觉焦点

表格来源:作者自制

憩,景观空间无法留住游客,让游客驻足游览。因此,对此处宅间小广场的植物景观优化来说,要考虑以下几点:首先是提高现状资源的利用率,充分利用花坛和花池,丰富下层植物景观;其次是结合植物设置能够遮阴的休息空间;最后是打造一条视野通透、景观优美的视线通道,与景观小品取景框结合,借景远处茶山打造一个适合游客拍照打卡的广场景观。综合考虑,选取绿地分散性休闲广场植物配置模式。优化方案如表 6-57 和图 6-36 所示。

表 6-57 硬质型公共活动空间植物景观设计优化

项目	内容
主要问题	景观视野差;盆栽植物长势差;缺乏林荫空间
改造思路	打造景观视线通道;提高闲置资源利用率;增加林荫植物与观花地被
配置模式	绿地分散型植物景观配置模式 植物种类:香樟+栾树+合欢—月季+杜鹃—矮牵牛+玛格丽特+彩叶草+八仙花
空间类型	半开敞型空间 通过植物空间的开合搭配形成动态的空间引导,将游客视线引导至远处广阔的自然景观,点缀观赏性强的观花植物,为空间增添活力和色彩变化

表格来源:作者自制

图 6-36 硬质型公共活动空间植物景观优化图

图片来源:作者自绘、自摄

（2）绿地型公共活动空间植物景观优化

黄龙潭西南部有处面积较大的黄龙广场，根据整体乡村旅游规划，发展成特色帐篷营地，增加游客停留时长，丰富游玩活动类型，结合季节时间开展团建、风筝节等活动。现状利用香樟和松树形成草地景观背景，中层紫荆、银杏、乌桕穿插点植，下层以圆柏修剪成规则图案，搭配海桐、红花檵木和红叶石楠灌木球，形成开敞空间，总体植物种类较为丰富，景观视野好，远可观山，近可观树。帐篷营地现状主要问题：一方面在于景观过于城市化，随处大面积使用修剪整齐的圆柏以及海桐等灌木，缺乏自然韵律感；另一方面虽有部分色叶植物，但是数量较少，不能形成连续性的景观，而且观花植物少，景观类型单调，观赏性不足。因此对于帐篷营地的改造主要有以下几点：首先是破除现状规整的灌木景观，增加能够体现乡土特色的灌木或草本植物，结合乡村旅游开发设计的各类人工植物群落，必须要避免与城市公园雷同，突出乡土气息，留住乡村记忆；其次是适当延伸两侧坡上的小乔木至绿地景观中，自然过渡，柔性变化，这样也可以增加游人在林荫下活动的机会；最后一点对于营造旅游型乡村的植物景观也非常重要，调整色叶植物在群落中的比例，增加色叶植物以及观花植物的种类和数量，丰富植物类型。综合考虑，帐篷营地选择中心绿地型公共活动空间植物配置模式，即自然式草花地被＋规则式灌木＋乔木的植物配置模式。这种配置模式景观层次丰富，既能营造舒适的林下休闲空间，也能形成开敞的活动空间，为村民提供休闲、游憩、晨练等活动的自然舒适环境，为游客提供活动多、空间广、景色美的绿地景观空间。优化方案如图 6 - 37 和表 6 - 58 所示。

3）道路空间植物景观优化

（1）交通型道路空间植物景观优化

结合前期分析，黄龙岘的交通型道路在植物景观营造方面首先满足经济和生态功能，其次是美观。本次选择的交通型道路改造示范点在东西穿村而过的龙坊路主干道上，位于黄龙岘西部，南侧临农田和停车场，北侧接农家乐，是黄龙岘最常见的交通型道路景观类型，具有典型性。场地现状上层乔木植物景观较好，以栾树和广玉兰作为主要林荫树，穿插种植松树形成高低起伏的林缘线；但是中层和下层植物观赏性欠缺，中层以垂丝海棠为主，几乎没有种类变化，类型单一，下层土壤光秃裸露，杂草丛生，稀与北侧农家乐建筑通过小径直接相连，没有过渡。因此对于此段交通型道路的改造需要关注以下几点：首先是对停车一侧的灌木和小乔木进行优化，增加低矮灌木防尘降噪；其次是临近农家乐建筑一侧的，要考虑人行通道，预留一定的步行空间和停留驻足空间，并与建筑旁的宅旁绿地结合考虑，通过绿化隔绝道路与建筑，增加绿化的同时提升人居幸福感；最后是重点改进下层地被植物，可利用乡土自然植物，稍加人工组织，尽量保持乡村道路的自然野趣，增加观赏价值高的花灌木和草本花卉，以乡野草花镶边，利用自然草木花卉形成道路与建筑的柔性边界。综合考虑选择绿地紧凑型交通型道路配置模式。优化方案如图 6 - 38 和表 6 - 59 所示。

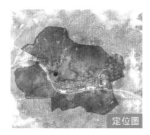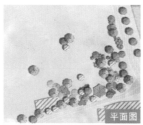

图6‑37 绿地型公共活动空间植物景观优化图

图片来源:作者自绘、自摄

表6‑58 绿地型公共活动空间植物景观优化

项目	内容
主要问题	植物景观城市化,缺乏自然感;色叶植物较少;观赏性不足
改造思路	体现乡土特色;延伸周围乔木林至绿地空间;增加色植物
配置模式	中心绿地型植物景观配置模式 植物种类:松＋香樟＋银杏＋乌桕＋无患子＋柿树—圆柏＋紫荆＋桂花＋栀子＋红花檵木—二月兰＋婆婆纳＋马尼拉
空间类型	开敞型空间 植物形成天然屏障,从垂直层次上隔绝外界环境,为游人在内部活动提供一定的归属感和安全感,同时内部大面积的草地空间点植灌木和小乔,不会因为场地过大而感到空旷和冷清

表格来源:作者自制

图 6‑38 交通型道路空间植物景观优化图

图片来源：作者自绘、自摄

表 6‑59 交通型道路空间植物景观设计优化

项目	内容
主要问题	中层和下层植物观赏性欠缺；道路与建筑直接连接，没有过渡
改造思路	优化灌木和小乔木；结合宅旁绿地进行绿化设计；增加观赏灌木和花卉
配置模式	绿地紧凑型植物景观配置模式 植物种类：栾树＋广玉兰＋松树＋榉树—垂丝海棠＋枸骨＋夹竹桃—野菊＋狗牙根
空间类型	垂直空间 大乔木、小乔木、灌木三个层次植物景观形成不同类型的林缘线，构成层次分明的垂直界面，丰富了乡村植物景观效果

表格来源：作者自制

（2）生活型道路空间植物景观优化

① 茶园观光道

茶园观光道主要以沿途休憩为主，周边以茶园和农田为主。在植物景观布置上应当与农田林网结合,辅以具有乡土气息的景观小品或者休憩设施,注意要与周边的自然环境相协调。在具体植物景观配置中也要与道路的宽窄相符,对于较宽处可以种植乔木,较窄的地方则种植小乔或灌木加草本的形式。对于本次选址改造的茶园观光道,现状植物上层种植樱花,下层为乡村的自然野草狗尾草。由于缺乏管理,植物配置模式城市化,呈现"一条路,两排树"现象,只有在春季樱花开的时节才具有较好的观赏价值,季节性明显,并且樱花长势缓慢,短期内无法形成林荫小道,不适宜游客长时间在外散步游玩。因此对于茶园观光道来说,主要改造提升点有以下几处:首先是增加高大的林荫树种形成树荫,降低室外道路下的温度,提升游客游玩的体验;其次是丰富植物季相,增加色叶植物,打造经济价值与观赏价值兼具的生态茶园;最后是丰富下层植被景观,搭配时令花卉提升乡村景观形象,形成茶景花径的田园漫步生态景观。综合考虑选择休闲遮阴型生活型道路,即自然式草花地被+乔木的配置模式。这种配置模式可以使道路和乔木之间形成宽敞的视觉空间,茶园作为背景植物,多年生开花植物作为前景,沿道路两侧呈带状分布,层次分明,生机勃勃,野趣盎然。优化方案如图6-39和表6-60所示。

图6-39 生活型道路空间植物景观优化图

图片来源:作者自绘、自摄

表 6-60　生活型道路空间植物景观优化图

项目	内容
主要问题	下层植物缺乏管理;呈现"一条路,两排树"现象;观赏期短
改造思路	增加速生乔木;丰富植物季相;增加下层花卉植物
配置模式	休闲遮阴型植物景观配置模式 植物种类:榉树+香樟+樱花—向日葵+矮牵牛+蛇莓
空间类型	开敞型空间 通过间距调整以及下层花卉高度的控制,形成宽敞的观景廊道,打造"静—景—荫"的田园观光道路景观

表格来源:作者自制

② 文创集市

文创集市位于原黄龙岘茶文化街上,街道两侧主要是当地村民自己营业的农家产品、纪念品、小卖部等,主要展示黄龙岘的特色历史文化。街道两侧植物种植形式均为高大乔木搭配草本花卉的形式,香樟和栾树交替错落,枝叶繁茂,形成覆盖空间,能够体现一定的古街底蕴。但是下层植物长势较差,在香樟的林荫下,零星种植耐阴的玉簪花,长势不佳,且有大面积裸露土地,两侧裸露的土地很多与街道地面齐平甚至高于街道面,下过雨雪之后容易将泥土杂物冲到地面,不符合海绵城市的生态理念。此外,两侧的花箱种植常春藤和万寿菊,匍匐生长的常春藤覆盖住万寿菊,并且垂落到地面,蔓延杂乱,长势凌乱,不能形成良好的林下景观效果。因此针对文创集市空间的植物景观提升主要有以下几点:首先对裸露土地进行高标准绿化,做到绿化全覆盖零死角,降低街道两侧裸露土地的高低,使其低于地面,从而可以有效收集和初步过滤雨水径流,可适当加入观赏类地被草本或花卉,丰富地被景观;其次是更改花坛植物,增加多种类型的观赏花卉;最后也可以结合街道两侧的建筑空地与建筑立面,形成"微节点"。综合考虑,选择美化观赏型生活型道路的配置模式,即自然式草花地被+乔木的植物配置模式。这种种植模式可以保持视线通透,形成连续的空间界面;局部地方结合树池,可以形成良好的林下环境,成为游人驻足停留、交流思考、购物交易的最佳空间;结合丰富的花卉景观可以增加景观的趣味性,同时满足村民和游客的需求。优化方案如表 6-61 和图 6-40 所示。

4)滨水空间植物景观优化

黄龙潭是黄龙岘村内部最主要的水系,对黄龙岘村的村民具有重要的乡愁记忆作用。黄龙潭也是乡村调研过程中发现的为数不多的自然水系。黄龙潭及其水岸地区不仅是许多动物的栖息地,也影响着整个黄龙岘村乃至周边村落的局部小气候,对维持当地生态环境具有重要意义。因此,对于黄龙潭的植物景观营造应以自然维护为主,避免形成过重的人工痕迹。调研发现,黄龙潭在靠近游客量大的黄龙岘茶文化街附近驳岸多

表 6‐61　生活型道路空间植物景观设计优化

项目	内容
主要问题	下层植物与花箱植物长势差
改造思路	降低两侧绿地高度,增加观赏花卉与垂直绿化
配置模式	美化观赏型植物景观配置模式 植物种类:香樟+栾树+樱花+红枫—红花酢浆草+婆婆纳+阔叶麦冬+玉簪+紫茉莉
空间类型	覆盖空间 形成林荫空间,方便游客穿行其中游逛购物;以分支点高的高大乔木为主,人行空间两侧通透视野好;下层为丰富多彩的植物组合,能提高游人游览观赏兴致

表格来源:作者自制

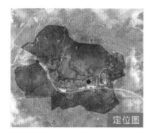
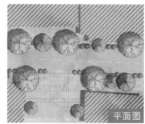

图 6‐40　生活型道路空间植物景观优化图——文创集市
图片来源:作者自绘、自摄

为块石,方便游客亲水以及休息。此外,大部分驳岸都是自然缓坡入水的形式,整体河岸结构较好,但是在植物配置上存在不少问题。首先是下层地被植物长势很差,特别是在能够亲水的区域,地被草本植物因为长期踩踏导致地表土壤裸露,无法有效蓄留雨水;其次是中层灌木和小乔木种植凌乱,交织错乱,构树小苗长势迅速,枝叶密集,覆盖在金钟花上层,严重影响金钟花生长,同时也有花盆出现资源闲置的问题;此外,现状上层植物主要是柳树、构树、香樟、枫杨、樱花,秋色叶树种不多,秋季景观效果一般;最后,黄龙潭的水生植物只分布在西北部的村民住宅前的小范围内,以菰和芦苇为主,对于游客量较大的滨水景区缺乏水生植物。综合以上几点问题和实际功能需要,选择休闲游憩型自然式驳岸的配置模式,即"水生植物+自然式草花地被+开花灌木+开花乔木"的植物种植模式。通过这种植物模式可以有效处理好植物与水系、驳岸以及滨水设施之间的关系,使河岸与水体之间形成弹性的接触空间,成为湿生植物生长的最佳空间。打造结构复杂、物种丰富的自然群落带,从而提高黄龙潭的生态美学质量与生态多样性。优化方案如图 6 - 41 和表 6 - 62 所示。

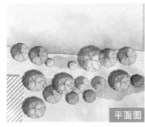

图 6 - 41　滨水空间植物景观优化图

图片来源:作者自绘、自摄

表 6 - 62　滨水空间植物景观设计优化

项目	内容
主要问题	湖岸边植被长势差;植物配置不佳;色叶植物少;水生植物少
改造思路	补植地被;优化植物配置;增加色叶植物与水生植物
配置模式	休闲游憩型植物景观配置模式 植物种类:柳树+构树+枫杨+香樟+樱花+榉树+水杉—金钟花+杜鹃+紫叶小檗—美人蕉+鸢尾+酢浆草+芦苇+香蒲+荷花+再力花
空间类型	开敞型空间和半开敞型空间 将远山、水岸、倒影完整地呈现在游人的面前,仿佛一幅自然的山水画卷

表格来源:作者自制

5)入口空间植物景观优化

村口景观是一个村子的标识,也是游人认识这个村子的起点。黄龙岘的入口景观是结合大茶壶做的景观小品,具有一定的特色和标识作用,能够吸引游人兴趣。小品周围以高大雪松和茶园作为景观背景,雪松乔木削弱了小品的主体性,茶壶与外部环境通过木栅栏隔离,茶壶主体植物为阔叶半枝莲,花坛主体编织技术性较强,维护成本高,并且整体植物颜色偏灰,覆盖力度不强,缺乏吸引力。下层植物以金叶女贞形成盆栽,蓝猪耳和铜钱草形成地被植物,颜色单一,观赏性不高。因此对于入口景观的植物景观营造可以结合以下几点:首先是对茶壶的造型进行调整,在保留茶壶造型的基础上简化技术含量,增加植物品种;其次是丰富茶壶前景的花镜层次,植物种类可以不是很多,但是要与茶壶主体的景观统一协调且富有特色;最后是要突出茶壶景观小品的地位,让游客一入村就能明显注意到此处节点,令人豁然开朗、心旷神怡。综合考虑选择空间狭窄型绿化入口,即"自然式地被+灌木"的配置模式。通过这种配置模式可以集约空间,清理周围乔木植物,凸出景观小品的主体地位,利用丰富多彩、质感自然的花卉植物,打造成四季景色多变的乡村景观,整体起引导和标识作用,给游人留下深刻的印象。优化方案如表 6 - 63 和图 6 - 42 所示。

表 6 - 63　入口空间植物景观设计优化

项目	内容
主要问题	景观小品不突出;植物景观维护成本高;植物观赏性差
改造思路	结合自然乡土植物突出小品;优化植物花坛造型;增加观赏花卉
配置模式	狭窄型绿化入口植物景观配置模式 植物种类:金叶女贞+杜鹃—阔叶半枝莲+鸡冠花+万寿菊+鼠尾草+百子莲+狗牙根
空间类型	开敞型空间 利用不同高度类型的草本花卉和花灌木形成多层次的竖向植物面,改造后的开敞空间不仅可以成为游人打卡拍照的背景墙,更可以形成动态的空间变化,让入口空间起到村外与村内承上启下的过渡空间的作用

表格来源:作者自制

图 6‑42　入口空间植物景观优化图

图片来源:作者自绘、自摄

6) 停车场空间植物景观优化

黄龙岘村的停车场沿龙坊路两侧分散布置,共有大大小小四处停车场,几处停车场的植物和配置相近,本次优化提升选取其中面积最大的西部停车场。该停车场南北布局呈狭长型,沿停车场边缘种植绿化植物,大约每隔 4 辆车会有 50 cm 的狭窄绿化带。北侧临近道路一侧植物主要是广玉兰与垂丝海棠,南侧接近农田一侧主要以雪松和垂柳自然式密植形成隔离带,并列植冬青,整体背景颜色沉闷单调,缺乏层次变化。现状南侧背景林下设置了一组黄龙岘标识的景观小品,由于摆放位置不合理,被前景树和停放的车辆遮挡,在视觉上不明显,难以被发现,存在感低。此外,分隔车辆的狭窄绿化带种植的是栾树,间距窄,但是栾树体型大,并且春天栾树容易产生蜡质蚜虫分泌物,会对下面的车辆造成污染,并不适合种植在狭窄的绿化分隔带上,而且通过现状观察,已经发现部分栾树长势不佳甚至死亡。因此,对于该停车场的绿化提升应当重在以下几点:首先是丰富背景林植物季相,形成多层次景观绿化带;其次是调整分隔空间的植物种类,替换成污染小、冠幅较大的小乔木;再者是增加下层地被花卉植物,丰富底界面,打破停车场大面

255

积硬质化带来的枯燥感;最后要结合现状植物布局和停车场现状设计,合理安排景观小品的位置,并通过植物种植突出景观小品。综合考虑,选择简洁大气型的停车场空间植物配置,即"自然式草花地被+乔木"的植物配置模式。这种植物配置模式可以有效解决现状停车场存在的问题,形成相对干净整洁的植物空间,方便游客停车,为游客留下较好的初次印象。优化方案如图 6-43 和表 6-64 所示。

图 6-43　停车场空间植物景观优化图

图片来源:作者自绘、自摄

表 6-64　停车场空间植物景观设计优化

项目	内容
主要问题	背景植物颜色单调;栾树作为停车场植物景观效益差
改造思路	丰富背景林层次;优化植物种类
配置模式	简洁大气型植物景观配置模式 植物种类:水杉+柳树+冬青+广玉兰+垂丝海棠+红枫—沿阶草+二月兰+葱兰+红花酢浆草+白车轴草

（续表）

项目	内容
空间类型	垂直空间 两侧高大乔木形成垂直界面,形成线性引导,催促人们快速通过,并且垂直空间可以有效隔绝停车场的噪声和污染,净化空气;同时林荫环境也方便游客停车,减轻夏日燥热,提升身体的舒适感

表格来源:作者自制

7）生产防护空间植物景观优化

（1）茶田花海

乡村的农田景观是乡村最独特的一面,通常由多种不同形态的作物群体生态系统与大小不一的廊道和绿地水系嵌合而成,与各地的自然环境和文化生活习俗息息相关。黄龙岘农田依山而建,主要经济作物是茶叶以及少量蔬菜,四季常绿,"黄龙岘茶"已成为黄龙岘的特色标签,也是主要旅游产品。现状茶田种植类型单一,几乎只有茶叶,田埂少量点缀乔木,主要是构树、松树和桃树,下层地被稀疏,野草丛生,观赏效果不佳。因此对于游览观光型茶园,改造过程要着重提升茶田景观的整体季相色彩以及对重点区域的优化和丰富,改变传统单纯以生产为主要目的的种植方式。在满足生产、生活和生态的基础上,引用叶色丰富、花色美观的多样花果树,形成上层观赏花,下层观赏茶的农田景观。采用茶树和花树混植的方法,利用乡土植物丰富乡村的景观,但是在种植设计上要注意尽量避免与城市公园景观雷同,与城市景观设计的模式区分,结合乡村的审美需求做适当调整,增强乡村植物的感染力。综合考虑选择农作物与乔灌混植的观光游览型农业生产空间种植模式,这种配置模式可以有效提高农业生产的经济效益和美学效益,形成独特的田园个体,创造自然和谐的乡村生产环境。优化方案如表6-65和图6-44所示。

（2）茶园采摘

旅游型乡村的农业景观类型应当丰富多彩,并且除了让游客能够远距离观赏外,还应当能够让游客近距离体验乡村农田生活,打造季节性变化的农田生产与观赏景观。除了种植大面积的茶树,也可以加入果蔬采摘,发挥其科普教育模式,供游客学习了解乡村植物知识。规划的茶园采摘区现状位于茶缘阁附近,现状茶树长势较差,并且由于原先规划设计在茶园中加入了硬质空间,对茶园的生态影响较大,因此对于此处的茶园改造可以适当清理部分长势不佳的茶树,留下茶树作为边界和分隔带,加入不同种类的作物。乡村农作物比一般园林植物养护更加轻松容易,且不同农作物由于自身种类差异会产生不同的表面特征,随着季节气候的变化而改变自身的色彩,可以形成风格独特的乡村色彩景观。因此选择农作物混植的观光游览型农业生产空间植物配置模式,这种配置模式可以结合不同类型的时令作物开展采摘活动,提高游客的参与度;以植物采摘为手段,通

表 6‑65　茶田花海植物景观设计优化

项目	内容
主要问题	茶田种植类型单一;下层地被稀疏
改造思路	引用叶色丰富、花色美观的多样花果树,丰富茶田景观的季相色彩
配置模式	自然观赏型植物景观配置模式 植物种类:鸡爪槭＋石榴＋竹—月季＋八仙花—红花酢浆草＋沿阶草＋薄荷/紫苏
空间类型	开敞型空间 远景为山体和高大的乔木林,中景为乔木和茶树组成的景观,前景为点状空间,通过色彩的表达形成视觉焦点,从而形成开敞的视野空间,塑造自由野性的田园景观

表格来源:作者自制

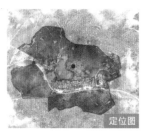
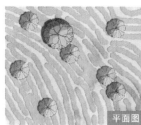

图 6‑44　生产防护空间植物景观优化图——茶田花海

图片来源:作者自绘、自摄

过乡村特色植物采摘形成的氛围吸引游客,让游客获得难忘的体验,同时使当地乡村取得经济效益,综合生态效益、经济效益与社会效益达到最大化,实现多方共赢。优化方案如图 6-45 和表 6-66 所示。

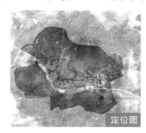

图 6-45 住宅建筑空间植物景观优化图——茶园采摘

图片来源:作者自绘、自摄

表 6-66 茶园采摘植物景观设计优化

项目	内容
主要问题	茶树长势较差;硬质面积大
改造思路	加入乡村农作物打造采摘景观
配置模式	生态经济型植物景观配置模式 植物种类:结合时令农作物与花果树
空间类型	半开敞型空间 通过茶树与花果树形成垂直面,满足游客采摘与休息的需求,同时可以使周边的景观尽收眼底

表格来源:作者自制

6.4.5 体验提升

1）神农百草园

作为中华传统文化的一部分,中药文化伴随着悠悠药香绵延了数千年。黄龙岘神农百草园创建的初衷是利用当地山水资源,引进培育各种新奇的药草植物,并筛选观赏价值高、花期合适的中草药进行种植,如苦参、丹参、决明、何首乌、金银花、藿香、茯苓等植物,兼具药用和观赏价值。让中草药植物走出药馆、走出书本、走进生活,从而突出中草药植物的园艺价值,展现中草药"高颜值"的一面。有机融合科普科研与户外教学,在老师或专业人士的带领下通过亲自触摸、嗅闻甚至品尝植物,从植物的形色、气味、大小、质地等方面辨别植物药材,了解植物的习性和功效,感受中药文化,加深对植物特征的印象,激发小朋友探索自然知识的热情与兴趣,使其成为吸引广大游客群体前来参观的动力之一,增添乡村旅游的体验性与参与性。

2）自然教室

大自然是孩子们最好的课堂,《霍比特人》中有句话"真正的世界不在你的书或地图中,而在门外",正是如此,与自然亲密接触对孩子们产生的积极影响要比把他们关在屋子里一直学习要大得多。因此结合乡村优美的自然环境进行自然教育非常有意义。黄龙岘根据其自身特质资源与文化主题,可以针对小朋友打造一个系列的自然教室课程,有室内涂鸦、绘画、手工编织、室外游戏、故事会等活动。例如通过提炼植物颜料绘制源自大自然的画,结合草帽、油纸伞开展创意绘画,提高小朋友的动手思考、人际交往、通力合作能力,让他们在与平时不同的生活环境中增长见闻,在接近自然和文化的同时体验集体生活,在劳中学、劳中思、劳中悟,通过各种自然教育活动发展个性,培养完善的人格,使其在今后的学习和生活中能够更加适应班级和学校的生活。

3）乡村舞台

以乡村茶田为背景,组织丰富游人和村民精神文化生活的音乐会、歌舞剧以及戏曲节目。在音乐中与自然对话,在茶田草地中体验歌舞民谣,在悠悠茶香中展开一场别样的茶园音乐会。在这里没有年龄和身份的界限,只有放松,带着相似的有趣的灵魂,大家一起在茶田中唱歌跳舞,让感官和内心都得到重启。区别于传统的音乐会,茶田音乐会将氛围音乐的现场演出搬到大自然中,在起伏绵延的茶田环境中以音乐、灯光、装置等形式,设置多点环绕的音响,伴随着日落月升,让音乐融于茶田之中,乐过茶田,沉醉在小茶山的时光里,制造一场美轮美奂的自然体验。

7 ▶ 结语

7.1 研究结论

1）基于特征与价值认知的乡村风水林保护研究

基于乡村风水林保护现状需求，立足理论研究指导实践原则，按照"提出问题——分析问题——解决问题"的论证思路，补充完善乡村风水林理论研究体系，从特征解析、价值认知及评估、复建方法论及保护行为导向等方面开展论述。

乡村风水林特征呈现水口林锁关、龙座林护脉、垫脚林挡风、宅基林聚气的风水格局延续，并对聚落风气、湿度、温度具有调节作用。布局特征上，表现一字型、U型、点状布局，风水林斑块布局特征因子总面积（BCA）、数量（BNP）、密度（BPD）、最邻近距离（BMNN）、面积加权平均距离（BNNAM）、平均形状指数（BMSI）、平均斑块分维指数（BMPFE）受聚落环境因子高程（VE）、高差（VED）、面积（BCA）、形态（SI）控制等，在不同聚落中，风水林斑块主导影响因子存在差异：团状聚落中受多重因子作用较多，带状聚落中受聚落地形因子影响最大，指状聚落中受聚落面积、高差影响显著。文化特征表现为受地域民俗和新安画派等精神观念影响下，树种选用文化内涵突出宗族主权、为人德育、生活寄望等文化象征，树种生活型、姿态上合理配比展现"随类赋彩"、"应物象形"的画派风韵。

在价值体系建构完成的基础上，采用合适的评估技术对各类价值进行评估。基于公众支付意愿探析乡村风水林保护认知状况，发现支付意愿受常住地、年龄、教育程度、年收入、"村落有风水林"、"风水林对生活体验的影响程度"影响，支付意愿额受年收入、"对风水林的了解程度"影响。

结合上述特征分析和价值认知实证研究，针对当代乡村风水林保护实践不足，从复建规划与保护行为导向上探析可提升方案。复建上基于特征挖掘结果践行宏观科学风水格局延续、中观耦合布局形态控制、微观生态文化林层构建的规划方法论。

2）基于场所记忆的传统村落植物景观研究

通过对南京传统村落植物景观现状调查，总结归纳出其植物景观特征：在生活场景中，植物景观往往是景观与经济效益兼具，并融入一定的地域文化元素，目前景观美学功能在传统村落植物景观中的分量正在进一步提高；在生态场景中植物景观被有意识地维护着；在生产场景中生产性景观分布较松散，部分生产性景观逐渐与当地自然环境融合。

通过使用基于场所记忆的定性研究方法扎根理论将村民访谈内容编码，并且通过理论资料进行补充，归纳出 4 个影响传统村落植物景观的一级指标和下属的 14 个指标，并将这 14 个指标应用在 AHP-TOPSIS 的景观评价方法中，得出四大范畴的权重排序，从高到低为生态、景观、社会、经济。在 TOPSIS 评价中将佘村社区四个不同改造程度的村落植物景观进行排序，结果得出村民心中最佳的植物景观，为改造力度最大的王家村，且整体评价排序与改造程度由高到低基本一致，村民对现状植物景观的改造是接受的，是相对满意的。

由于传统村落的居民对居住环境具有深刻的场所记忆，他们对村落的植物景观具有强烈的身份认同。他们将村落植物景观视为生活环境的一部分而非风景，因此对于植物景观的调整与改造具有较高的接受程度，即相对于过去记忆中的植物景观，认为如今的现状植物景观依然是自己长期生活的熟悉的环境，从而并不会产生排斥而普遍比较满意；同时，大部分村民对现代化带来的变化视为进步，这种观念也促使他们对新的植物景观产生认同；最后，村民的场所记忆赋予他们对环境建设的责任感、村民对高质量的环境的偏好倾向、正向社会关系的助力以及游客的正向反馈，都促进着村民与村落环境的可持续发展。调查还发现年长的村民相比年轻村民对现状植物景观更满意，这可能与每代人经历的景观变化阶段不同以及场所记忆不同有关。

3）乡村植物种植空间量化描述方法研究

总结分析了乡村植物种植空间的空间特点，根据乡村景观风貌要素差异将乡村植物种植空间划分为八大空间：村口种植空间、路侧种植空间、庭院种植空间、宅旁种植空间、集散活动场地与小广场种植空间、线性滨水种植空间、外围开敞种植空间以及山地种植空间。将各类空间依据乡村景观风貌特征与植物空间特征划分为乡村植物种植空间要素和乡村植物关键性指标要素两大要素，并提出了以构建植物种植空间量化模型为基础的乡村植物种植空间量化描述方法。

在空间数据提取方面，研究采用遥感技术代替传统测量手段，并将个人移动终端设备引入了林木测量中，提高了研究工作前期的效率以及灵活性。此外，由于本研究所使用的数据提取手段、数据分析方法以及模型要素的构建均以实测客观数据为基础，因此在最大程度上排除了人为主观因素对空间描述的干扰。

在研究过程中以众多现有研究文献以及研究理论、数据为依据，提出了针对乡村植物种植空间特征的 PSR 株距比值、BDR 边界比值等空间计算指标，在一定程度上拓展了适于描述植物种植空间的变量的提取范围,期望可使描述模型更具有普适性以及推广性。

对苏南地区传统村落东村古村、植里古村、莫厘村、陆巷古村以及杨湾村的空间数据分八大类型进行捕获、提取,得到825组样本,构建出69组变量,通过这些变量最终获得69个拟合函数曲线以及拟合函数模型。通过点云提取出的多组变量需要先进行标准化检验以及相关性分析。使用 Prism 进行 Spearman 相关系数分析,筛选出相关性较高的变量来进行后续的计算。

通过最终得到的8类乡村植物种植空间的拟合函数曲线集以及拟合函数模型集,即可对研究区域的乡村植物种植空间特征做出基于客观定量数据的合理分析与评估。拟合函数模型可以揭示出各组变量间隐藏的耦合关系以及变化特征,还可以辅助研究者快速掌握研究地域的空间格局现状。

4)基于游客感知的城郊型乡村植物景观评价研究

以南京4个样本乡村为研究对象,对每个乡村的地理位置、与主城区距离、交通便捷程度、自然资源、植物景观现状,包括植物种类及植物景观特色等,总结出4个样本乡村植物景观的优势与不足。从游客角度进行南京城郊型乡村植物景观评价,通过访谈法对所游玩的城郊型乡村进行定性评价,并在后续利用问卷调查法,结合层次分析法与接近理想排序法,即 AHP-TOPSIS 法,从总结的15个基本要素出发,对南京城郊型乡村的植物景观定量评价。

根据游客对于15个要素的满意度评价,运用 AHP-TOPSIS 评价模型,对4个样本乡村的植物景观进行综合性评价,得出不老村的植物景观与理想状况的得分最接近,为0.533 375,其次为0.509 014的石山下村,之后是桦墅村0.483 071,最末是佘村0.435 984,说明游客对于不老村的植物景观最满意,而佘村的植物景观仍有较大的优化空间。

基于以上对样本乡村植物景观现状优缺点的分析及综合游客感知评价,从植物景观的五官感知、空间感知及情感感知共7个方面提出优化策略。以佘村为应用研究的实例,从其本身植物景观构建的现状出发,对其花海植物景观、祠堂外植物景观、道路住宅旁植物景观、村口小广场植物景观、村后山林植物景观、村中水系滨水植物景观、道路交叉口增设手工作坊共7个方面,结合植物五官感知、空间感知及情感感知的优化方向,对其提出具体的优化策略。

5)苏南水乡传统村落植物景观评价及优化研究

通过向游客和村民发放相关问卷得知,在苏州太湖流域的国家级传统村落中,最具苏南水乡代表性的3个村落分别是东村、陆巷村、杨湾村,且自然生态和历史文化在评价传统村落优劣中占据重要地位。

对3个传统村落的植物景观进行全面调研和统计,共发现55科102属122种植物,其中乔木种类最丰富,其次是草本和灌木,竹类和藤本植物种类相对较少。3个村落中东村植物种类最丰富,陆巷村次之,杨湾村种类最少但是垂直绿化方面相对较好。目前,村落的乡土植物比例较高,乡土气息较为浓厚,但是部分庭院和宅旁绿地还可以进一步补充乡土植物;各植物的观赏特性以观形和观花类植物偏多,观干类植物种类过少,需要增加数量。

在秉持科学性、整体性、独立性原则的基础上,通过查阅资料和咨询校内专家确立了完整的 AHP 评价模型,共拆解成 4 个准则层、15 个因子层,确立评分标准后将各样地得分代入评价方程,并依据 CEI 值进行景观质量分级。将 AHP 法和 SBE 法得到的评价结果进行 Kendall's W 协和系数检验,结果表明:两种方法评价结果通过了一致性检验,吻合性较高,对于苏南水乡传统村落植物景观质量提升都具有较好的指导作用。

依据综合评分结果和提升原则,对苏南水乡传统村落植物景观优化提出 5 条建议:增加植物种类,丰富植物层次;结合观赏特性,优化植物配置;加强植物与周边环境的协调性;依托村落优势产业,打造特色植物景观;加强植物养护,保护古树名木。并对评分较低的 3 块样地提出针对性建议。

6)南京江宁区旅游型乡村植物景观设计分析与实践

通过对南京市江宁区现状旅游型乡村进行梳理,将江宁区的旅游型乡村划分为休闲农业主导型、历史文创主导型和田园体验主导型三类。并筛选出 3 类 6 个乡村进行详细的植物调研,归纳整理出 12 种旅游型乡村的植物配置模式,针对不同功能空间的植物建设特点进行详细说明。

构建科学合理的旅游型乡村植物景观评价体系,将乡村植物景观设计的调研情况与问卷结果进行定量分析,应用于江宁区的 6 个典型村,对植物景观建设现状进行评价分析,总结当前旅游型乡村植物景观设计主要存在的问题,针对问题提出旅游型乡村植物景观设计方法。

旅游型乡村在树种选择上应以乡土植物为主,根据植物的不同用途分为观赏类、用材类、园景类三种类型。结合南京市的气候条件与地域特色,遴选出适宜的植物种类,为周边相关建设提供参考。在植物配置方面,提出一套完整且具有针对性的旅游型乡村植物景观设计模式,结合不同功能空间类型提出多种优化后的植物配置模式供后续参考。

在空间营造方面,根据开敞空间、半开敞空间、覆盖空间、封闭空间、垂直空间五种空间的特点,从群落结构、种植方式、典型配置模式方面提出优化建议。在体验提升方面,主要从视觉体验、生活体验、科普体验与民俗体验四个层面进行深入挖掘,进一步探索旅游型乡村在游客体验方面能够融入的活动类型,从而提升旅游产品的吸引力和竞争力。

通过具体的案例说明旅游型乡村植物景观设计方法在实践中的可行性,用实践检验理论。按照提出的设计方法对黄龙岘的植物景观进行详细设计,结合场地现有资源进行总体设计,因地制宜地选择适宜的植物种类、配置模式与空间类型,以期为今后同类旅游型乡村植物景观设计提供可参考性意见。

7.2 研究不足

1）定量分析不足

研究涉及多个乡村、多个维度、多项分类与统计工作，包括乡村空间梳理、植物种类统计、植物配置模式分类细化、评价体系构建等等，此类研究工作的完成大多都是基于乡村调研过程中现场统计梳理出的基础数据。由于统计方式比较传统单一，在定量方面的工作仍有欠缺和不足。

2）实践支持欠缺

本研究工作主要集中在实地调研与理论分析总结方面，主要以苏南地区为主要研究对象，大范围的推广可行性仍有待进一步商榷。同时乡村的植物景观规划设计还包含经济、技术、管理、维护、村民思想意识等多方面，本研究主要从设计理论层面阐述，对其他方面研究较少，还需要大量的实证研究和经验积累。

7.3 未来展望

乡村植物景观建设是一项需要长期建设才能见效的工程，在规划过程中需要立足长远考虑，但是由于其涉及的内容面非常广阔，需要考虑的方面很多，这就导致本文无法面面俱到地全面展开叙述。因此笔者只能以微知著，立足自身实际调研的结果和目前的学识，从基于特征与价值认知的乡村风水林保护、基于场所记忆的南京传统村落植物景观、乡村植物种植空间量化描述方法、基于游客感知的城郊型乡村植物景观评价、苏南水乡传统村落植物景观评价及优化、旅游型乡村植物景观设计分析与实践等方面探讨乡村植物景观营造研究，但是在具体研究过程中，笔者深刻认识到由于自身的学识水平、写作篇幅规模、调研的时间精力等方面存在局限性，研究中的一些内容尚有待深入。在乡村植物景观营造研究上的一些观点可能还不慎稳妥、有待斟酌，但是仍希望能够为乡村植物景观的科学建设建言献策，起到抛砖引玉的作用，从而在美丽乡村建设的大背景下吸引更多相关科研人员投入到乡村植物景观营造研究中，让本领域能够得到持续发展，构建更加完善、系统的乡村植物景观设计体系，使其具有更高的可推广性和可复制性，力求建设一个具有乡土特色的乡村，逐步构建更加和谐、美丽、自然的乡村特色植物景观风貌，同心共筑美丽中国梦！

参考文献

［1］郑智中.休闲农业视野下西安市城郊乡村空间规划策略研究［D］.西安：西安建筑科技大学，2019.

［2］马思伟.立法促振兴乡村旅游迎来新机遇［EB/OL］.（2021-05-28）［2022-09-10］. https://www.mct.gov.cn/whzx/whyw/202105/t20210528_924819.htm.

［3］娄格.新时代美丽乡村建设研究［D］.长春：长春理工大学，2020.

［4］魏后凯，闫坤.中国农村改革与发展研究：农村发展研究所建所40周年纪念文集［M］.北京：中国社会科学出版社，2018：486.

［5］邓亚平."美丽乡村"建设下乡村旅游规划设计研究：以湛北乡北姚村为例［D］.郑州：中原工学院，2019.

［6］杨婉玲，芮飞军.新时代中国农村建设的发展前景分析：基于十九大报告的学习思考［J］.佳木斯大学社会科学学报，2019，37（1）：67－69.

［7］李燕.植物在景观空间中的延伸［J］.设计，2016（9）：138－139.

［8］曾筱雁.植物景观对苏州私家园林主庭园空间的视域影响研究：以留园、怡园、网师园、艺圃为例［D］.北京：北京林业大学，2019.

［9］吴平.美丽乡村建设中传统村落保护与营建：以贵州省黔东南州为例［J］.中南民族大学学报（人文社会科学版），2020，40（6）：27－33.

［10］张万昆，尹瑶瑶，宋健.乡村植物景观规划设计：以魏县杨甘固村为例［J］.乡村科技，2019（31）：77－78.

［11］谭鑫鑫.园林植物景观的空间意象与结构解析研究［J］.科技展望，2016，26（12）：88.

［12］齐敦军.乡村植物景观特色营造研究［J］.安徽林业科技，2020，46（1）：29－32.

［13］卢煜暄，吴存懿.乡村生态环境整治中植物景观规划设计工作分析［J］.河北农业，2021（8）：69－70.

［14］裴进文.西安平原型乡村植物景观规划设计研究：以凿齿村为例［D］.西安：西安建筑科技大学，2021.

[15] 肖国栋. 西北园林植物景观的空间意象与结构解析研究[J]. 农民致富之友, 2017(12):106.

[16] 乐东昭. 基于行为尺度的传统聚落外部空间研究[D]. 北京:北京建筑大学, 2014.

[17] 屈潇楠. 山东菏泽乡村民居建筑空间形态演变与设计实践研究[D]. 长春:吉林建筑大学, 2019.

[18] 屈录超. 苏南地区村落空间分布特征及影响因素研究[D]. 南京:东南大学, 2019.

[19] 杜佳月. 哈尔滨城市公园植物空间设计研究[D]. 哈尔滨:东北农业大学, 2020.

[20] 李丹丹. 合肥市包公祠植物造景空间要素的量化分析研究[D]. 合肥:安徽农业大学, 2020.

[21] 刘开辉. 基于激光雷达的植株高度测量方法研究[D]. 南京:南京信息工程大学, 2021.

[22] 范悦微. 闽西传统村落植物景观特色及微介入式更新研究[D]. 福州:福建农林大学, 2020.

[23] 王子研. 浙江竹区乡村聚落植物群落特征及其影响因素研究[D]. 北京:中国林业科学研究院, 2020.

[24] 方荣. 浙北地区三个典型乡村植物景观研究[D]. 杭州:浙江农林大学, 2021.

[25] 冯骥才. 中国传统村落立档调查范本[M]. 北京:文化艺术出版社, 2014.

[26] 李丹. 传统村落保护视角下的"菜单式"庭院景观设计研究:以绵阳市曾家垭村为例[D]. 绵阳:西南科技大学, 2021.

[27] 李昉. 乡土化景观研究:以江南地区为例[D]. 南京:南京林业大学, 2007.

[28] 刘黎明. 乡村景观规划[M]. 北京:中国农业大学出版社, 2003.

[29] 李璐. 杭州市乡村植物景观特征研究[D]. 杭州:浙江农林大学, 2020.

[30] 陈可. 乡村植物景观设计[J]. 湖北农机化, 2020(12):60-61.

[31] 魏佳佳. 基于集体记忆的传统村落肌理保护与更新研究[D]. 武汉:湖北工业大学, 2016.

[32] 张勇军. 乡村公路植物景观设计模式研究:以肥东县白龙镇乡村公路为例[D]. 合肥:安徽农业大学, 2020.

[33] 裴进文. 西安平原型乡村植物景观规划设计研究:以凿齿村为例[D]. 西安:西安建筑科技大学, 2021.

[34] Smith R M, Gaston K J, Warren P H, et al. Urban domestic gardens (V): Relationships between landcover composition, housing and landscape[J]. Landscape Ecology, 2005, 20(2):235-253.

[35] 彭祺.城市带状滨水公园的植物空间设计研究[D].长沙:湖南农业大学,2017.

[36] 王奕,火艳,祝遵凌.乡村植物的生态群落与美学设计应用:以桦墅为例[J].设计,2018(23):61-63.

[37] 黄锡畴,李崇皜.长白山高山苔原的景观生态分析[J].地理学报,1984,39(3):285-297.

[38] 孙玉芳,李想,张宏斌,等.农业景观生物多样性功能和保护对策[J].中国生态农业学报,2017,25(7):993-1001.

[39] 张仲琪,向东文.九龙湾观光农业园区景观生态设计[J].湖北农业科学,2018,57(16):70-74.

[40] 时玉芹,陈东田,宋棣,等.山地农业园景观生态规划研究:以淄博聚相山农业园规划为例[J].农学学报,2015,5(7):106-110.

[41] 滕榕.基于稻鱼鸭系统的农业景观生态保护策略:以侗族聚居区为例[J].建筑与文化,2019(2):139-140.

[42] 薛俊菲,马涛,施宁菊,等.美丽乡村农业景观体系分类构建:以南京市桦墅村为例[J].安徽农业科学,2019,47(22):128-133.

[43] 岳邦瑞,郎小龙,张婷婷,等.我国乡土景观研究的发展历程、学科领域及其评述[J].中国生态农业学报,2012,20(12):1563-1570.

[44] 俞华婷.地理景观视角下的金坛诸葛八阵图村落景观研究[J].园林,2019(7):58-63.

[45] 康渊,王军.村落生态单元及其景观模式的营造智慧:以青藏高原秀日村为例[J].风景园林,2019,26(8):121-125.

[46] 吴灏,张建锋,陈光才,等.乡村景观建设过程中的生物多样性保护策略[J].江苏农业科学,2014,42(8):345-348.

[47] 谢荣幸.传统建筑工匠现代转型研究:基于乡村景观风貌保护与发展[J].西安建筑科技大学学报(社会科学版),2018,37(2):67-71.

[48] 谭宏.历史考古视域下的非物质文化遗产保护对乡村旅游开发的促进意义探究[J].农业考古,2010(4):345-348.

[49] 徐姗,黄彪,刘晓明,等.从感知到认知北京乡村景观风貌特征探析[J].风景园林,2013(4):73-80.

[50] 李静.基于乡村风貌保护的乡村景观设计[J].上海纺织科技,2020,48(11):70.

[51] 梁耀启.粤北山区重要通道沿线乡村景观风貌规划控制研究:以河源市为例[J].城市建筑,2019,16(9):118-119..

[52] 赵阳.苏州乡村景观风貌的保护与文化传承[J].城乡建设,2016(1):76-78.

[53] 刘滨谊,王云才.论中国乡村景观评价的理论基础与指标体系[J].中国园林,

2002,18(5):76-79.

[54] 苏丽,董建文,郑宇.乡村景观营建中公众参与式设计的评价指标体系构建研究[J].中国园林,2019,35(12):101-105.

[55] 许也,李鹏波,吴军.生态视角下乡村景观资源评价体系初探[J].山西农经,2020(20):83-85.

[56] 谢花林,刘黎明,龚丹.乡村景观美感效果评价指标体系及其模糊综合评判:以北京市海淀区温泉镇白家疃村为例[J].中国园林,2003,19(1):59-61.

[57] 梁俊峰,王波."三生"视角下的乡村景观规划设计方法[J].安徽农业科学,2020,48(21):223-226.

[58] 王慧,孙磊磊.基于共生理论的乡村景观设计策略研究[J].建筑与文化,2020(11):98-100.

[59] 厉泽.基于"三生"需求的长沙城郊村道体系评价与优化研究:以四种发展类型的乡村为例[D].长沙:中南林业科技大学,2021.

[60] 刘滨谊,陈威.中国乡村景观园林初探[J].城市规划汇刊,2000(6):66-68.

[61] 徐琴,陈月华,熊启明.乡村植物景观设计探讨[J].江西农业学报,2007,19(3):72-74.

[62] 陈可.乡村植物景观设计[J].湖北农机化,2020(12):60-61.

[63] 刘玉华,刘国华,曹仁勇,等.丘陵地区旅游型乡村植物配置模式[J].安徽农业科学,2016,44(32):170-174.

[64] 王海滨,斯震.传统乡村植物文化管窥[J].山西建筑,2017,43(7):209-210.

[65] 罗亦殷,唐丽.东方村旅游式乡村植物景观设计[J].天津农业科学,2016,22(4):143-145.

[66] 陈思思,徐斌,胡小琴.乡村植物景观评价体系的建立[J].中国园艺文摘,2016,32(4):122-124.

[67] 王立科.运用乡土植物营造地域特色景观[J].现代农业科技,2010(20):247.

[68] 楼贤林.浙中古村落植物景观的保护与建设研究[D].杭州:浙江大学,2015.

[69] 孙益军,吴震,黄和元.浅谈村庄绿化树种选择[J].江苏林业科技,2009,36(1):46-49.

[70] 柴红玲,林宝珍.丽水市村庄绿化设计探讨[J].林业实用技术,2011(4):53-55.

[71] 刘亮,黄成林.徽州古村落水口园林树木景观的研究[J].安徽农学通报,2008,14(23):97-99.

[72] 冯剑.新农村环境建设中观赏植物的选择与配置研究:以呼和浩特市三铺村为例[D].杨凌:西北农林科技大学,2010.

[73] 任斌斌,李树华,殷丽峰,等.苏南乡村生态植物景观营造[J].生态学杂志,2010,29(8):1655-1661.

[74] 高少洋,马云.乡村景观植物群落设计探究[J].山西林业,2021(6):40-41.

[75] 潘瑞.沿海乡村植物景观空间解析:以东山岛为例[D].福州:福建农林大学,2009.

[76] 张哲,潘会堂.园林植物景观评价研究进展[J].浙江农林大学学报,2011,28(6):962-967.

[77] 晋国亮.乡村景观多元价值体系与规划设计控制研究[D].上海:上海交通大学,2011.

[78] 杨礼旦,陈应强,杨学成.乡土树种在乡村绿化美化中的应用:以贵州省台江县为例[J].山地农业生物学报,2022,41(1):64-71.

[79] 张捷,王春军,林永春,等.乡村道路绿化景观提升探讨:以江苏省仪征市为例[J].安徽农学通报,2018,24(20):112-114.

[80] 张乐乐,吴锦佳.乡村滨水绿道植物景观设计研究初探[J].现代园艺,2019(5):92-94.

[81] 陈可.乡村的河道植物景观构建研究[J].湖北农机化,2020(15):33-34.

[82] 黄思祺.基于美丽乡村背景下的植物景观应用研究:以成都市乡村为例[D].昆明:昆明理工大学,2021.

[83] 樊漓,宁艳,徐瑾.乡村植物景观营造中的公众参与体系初建[J].城市建筑,2021,18(32):178-181.

[84] 吴霆俊,叶国军,刘俊豪,等.基于"花园乡村"创建的缙云县小仙都村植物景观现状及发展对策[J].安徽农学通报,2021,27(7):65-68.

[85] 李璐,王巧良,杨凡,等.杭州传统型与现代型乡村公共游憩绿地植物景观特征对比[J].中国城市林业,2021,19(6):110-114.

[86] 穆海婷.南京市美丽乡村生产性景观模式研究与评价[D].南京:南京林业大学,2021.

[87] 宋潇.湿地公园种植空间打造:以漳河国家湿地公园植物设计为例[J].绿色科技,2020(13):62-63.

[88] 任震,周觅.人性化校园水岸空间植物种植设计研究:以山东建筑大学映雪湖景区为例[J].西安建筑科技大学学报(自然科学版),2019,51(1):91-96.

[89] 朱玲,刘一达,王睿,等.新自然主义种植理念下的草本植物群落空间研究[J].风景园林,2020,27(2):72-76.

[90] 林晶.植物材料塑造公园景观空间:北京玉泉公园植物种植设计解析[J].农业科技与信息(现代园林),2008,5(7):84-87.

[91] 赵亚琳,包志毅.居住区绿地空间的植物尺度与种植密度研究[J].现代园艺,

2019(9):153 – 155.

[92] 梅雪,于楠楠,吕竞斌. 园林植物景观空间类型研究[J]. 内蒙古林业调查设计, 2018,41(1):27 – 30.

[93] 甘灿,万华,龙岳林. 虚与实在园林植物空间营造中的诠释[J]. 中国园林,2017, 33(6):72 – 76.

[94] 周研. 长春市街区制住宅小区景观植物空间布局研究[J]. 北方建筑,2019,4 (6):26 – 30.

[95] 丛磊,杨守军. 植物空间设计与人体尺度的关系[J]. 山东林业科技,2019,49 (2):97 – 99.

[96] 王婷,张建林. 植物景观空间设计的量化分析:以北碚雨台山公园为例[J]. 现代 园艺,2016(20):71 – 73.

[97] 程春雨,王凯林. 植物配置空间结构研究:以沈阳中山公园为例[J]. 中国园艺文 摘,2017,33(1):129 – 131.

[98] 方文娟,潘竹君. 微地形植物空间营造的探讨[J]. 绿色科技,2017(7):104 – 105.

[99] 张子维. 基于尺度的传统景园建筑与植物量化研究:以盐城大洋湾生态旅游景 区规划设计为例[D]. 南京:东南大学,2017.

[100] 邢珊珊. 陵园植物景观空间结构解析[J]. 种子科技,2021,39(8):58 – 59.

[101] 樊艺青,吴雪. 基于游人行为偏好的公园植物空间特征分析:以上海鲁迅公园 为例[C]//中国风景园林学会 2018 年会论文集. 贵阳,2018:13 – 17.

[102] 白杰,钟晖. 论述园林植物在景观设计中的空间组织作用[J]. 美与时代(城市 版),2018(10):103 – 104.

[103] 李丹丹,张秦英,董珂,等. 天津大学校园植物景观空间评价[J]. 中国城市林 业,2021,19(4):115 – 119.

[104] 张勇强,张云. 昆明翠湖公园植物空间对老年人行为影响研究[J]. 山东林业科 技,2018,48(5):74 – 77.

[105] 张玉玉. 西湖风景区公园植物景观空间特征与游憩度关系研究:以杭州太子湾 公园为例[D]. 杭州:浙江农林大学,2020.

[106] 何菊,王梦超. 浅析植物景观与居住区景观要素的空间关系[J]. 园艺与种苗, 2018,38(11):15 – 17.

[107] 金娜. 兰州张掖路步行街植物景观空间设计的分析研究[D]. 兰州:西北师范 大学,2021.

[108] 王琼,向姝蓉,豆可欣,等. 清代陕西关中私家陵寝园林植物景观空间探析[J]. 陕西林业科技,2021,49(5):50 – 56.

[109] 康红涛. 苏州古典园林量化研究[D]. 南京:南京农业大学,2009.

[110] 赵爱华,李冬梅,胡海燕,等. 园林植物与园林空间景观的营造[J]. 西北林学院学报,2004,19(3):136-138.

[111] 赵鑫,吕文博. 环境行为学在植物景观营造中的应用初探[J]. 渤海大学学报(自然科学版),2005,26(4):309-312.

[112] 李伟强. 园林植物空间营造研究:以杭州西湖园林绿地为例[D]. 杭州:浙江大学,2007.

[113] 李雄. 园林植物景观的空间意象与结构解析研究[D]. 北京:北京林业大学,2006.

[114] 郭增英. 植物布局空间的量化分析:以东郊宾馆为例[D]. 上海:上海交通大学,2010.

[115] 王文秀. 城市广场植物造景空间尺度研究[D]. 济南:山东建筑大学,2017.

[116] 郭雪芬. 尺度在绿地景观设计中应用的研究[D]. 福州:福建农林大学,2008.

[117] 王骏行. 基于舒适度提升的健身步道植物空间优化设计研究:以北京奥林匹克森林公园为例[D]. 北京:北京建筑大学,2021.

[118] 陆文轩. 江苏省传统村落时空分布特征及其影响因素研究[D]. 上海:上海师范大学,2021.

[119] 卢周奇,邱冰. 基于 CiteSpace 的国内乡村植物景观研究[J]. 园林,2021,38(2):80-87.

[120] 梁木凤. 曲院风荷公园植物色彩的季相与空间构成量化研究[D]. 杭州:浙江理工大学,2020.

[121] 张姝,熊和平. 景观植物空间营造的量化研究:以武汉市植物园为例[C]//中国风景园林学会 2014 年会论文集(下册). 沈阳,2014:207-213.

[122] 郭英,田朝阳,薛争争,等. 植物材料体量特性定量化与植物空间营造研究:以郑州市为例[J]. 广东农业科学,2012,39(17):50-53.

[123] 戴静. 苏南"依水而居"式自然村落空间与建筑的特色及延续研究[D]. 苏州:苏州科技学院,2013.

[124] 张钰山,张勇,张方圆. 新型城镇化背景下村镇聚落空间类型划分方法流变研究[J]. 建筑与文化,2021(5):38-39.

[125] 武营营. 苏南水网地区传统村落空间意象要素解构[D]. 苏州:苏州科技学院,2015.

[126] 王俞明. 基于地基激光雷达的杉木参数提取与材积估测[D]. 长沙:中南林业科技大学,2019.

[127] 刘燕丹. 基于地基激光雷达与地面调查相结合的锡林郭勒典型草原植被健康

评价[D].北京:中国农业科学院,2021.

[128] 孔嘉鑫,张昭臣,张健.基于多源遥感数据的植物物种分类与识别:研究进展与展望[J].生物多样性,2019,27(7):796-812.

[129] 董文雪.基于机载激光雷达及高光谱数据的亚热带森林乔木物种多样性遥感监测研究[D].北京:中国科学院大学,2018.

[130] 周志宇,陈斌,郑光,等.基于地基激光雷达点云的植被表型特征测量[J].生态学杂志,2020,39(1):308-314.

[131] 苏中花.基于地面激光雷达点云数据的单木三维建模[D].成都:成都理工大学,2019.

[132] 王昱.基于车载 LiDAR 数据和街景照片的街道美景度评价[D].南京:南京大学,2016.

[133] 孙统,漆建波,黄华国.手持式激光雷达观测玉兰物候期叶倾角变化[J].遥感信息,2020,35(5):113-118.

[134] 刘黎明.乡村景观规划的发展历史及其在我国的发展前景[J].农村生态环境,2001,17(1):52-55.

[135] Morris P, Therivel R. Methods of environmental impact assessment[M]. Vancouver:UBC Press,1995.

[136] Janečková Molnárová K, Skřivanová Z, Kalivoda O, et al. Rural identity and landscape aesthetics in exurbia: Some issues to resolve from a Central European perspective[J]. Moravian Geographical Reports, 2017, 25(1): 2-12.

[137] Taylor G. Environment, village and city: A genetic approach to urban geography; with some reference to possibilism[J]. Annals of the Association of American Geographers, 1942, 32(1): 1-67.

[138] Cousins S A O, Ohlson H, Eriksson O. Effects of historical and present fragmentation on plant species diversity in semi-natural grasslands in Swedish rural landscapes[J]. Landscape Ecology, 2007, 22(5): 723-730.

[139] Lõhmus K, Paal T, Liira J. Long-term colonization ecology of forest-dwelling species in a fragmented rural landscape - dispersal versus establishment[J]. Ecology and Evolution, 2014, 4(15): 3113-3126.

[140] Science-Population Science; Researchers from University of Pennsylvania Report Recent Findings in Population Science (Beyond the City: Exploring the Suburban and Rural Landscapes of Racial Residential Integration Across the United States)[J]. Science Letter, 2020.

[141] Sustainability Research; Study Results from West Pomeranian University of

Technology Update Understanding of Sustainability Research (Effect of Landscape Elements and Structures on the Acoustic Environment on Wildlife Overpasses Located in Rural Areas) [J]. Ecology Environment & Conservation, 2020.

[142] Prieto-Peinado M. Rural landscape cartographies of tekohá guasú Keri communities. Mbya-guarani reciprocity principle[J]. Journal of Rural Studies, 2020, 80: 244 - 258.

[143] Morse C, Mudgett J. Longing for landscape: Homesickness and place attachment among rural out-migrants in the 19th and 21st centuries[J]. Journal of Rural Studies, 2017, 50: 95 - 103.

[144] Hillier B, Hanson J. The Social Logic of Space[M]. Cambridge: Cambridge University Press, 1984.

[145] Hillier B. Centrality as a process: Accounting for attraction inequalities in deformed grids[J]. Urban Design International, 1999, 4(3/4): 107 - 127.

[146] Son J K, Kong M J, Kang D H, et al. The comparative studies on the urban and rural landscape forthe plant diversity improvement in pond wetland[J]. Journal of Wetlands Research, 2015, 17(1): 62 - 74.

[147] Kwan S J, Jae K M, Hyeon K D, et al. The comparative studies on the rrban and rural landscape for the plant diversity improvement in pond wetland [J]. Journal of Wetlands Research, 2015, 17(1).

[148] Rodenburg J, Both J, Heitkönig I M A, et al. Land use and biodiversity in unprotected landscapes: The case of noncultivated plant use and management by rural communities in Benin and Togo[J]. Society & Natural Resources, 2012, 25(12): 1221 - 1240.

[149] Schwoertzig E, Poulin N, Hardion L, et al. Plant ecological traits highlight the effects of landscape on riparian plant communities along an urban-rural gradient[J]. Ecological Indicators, 2016, 61: 568 - 576.

[150] Tanaka R, Koike F. Prediction of species composition of plant communities in a rural landscape based on species traits[J]. Ecological Research, 2011, 26(1): 27 - 36.

[151] Mitchell C J A. Creative destruction or creative enhancement? Understanding the transformation of rural spaces[J]. Journal of Rural Studies, 2013, 32: 375 - 387.

[152] Young R. Landscapes of settlement: Prehistory to the present[J]. Journal of Rural Studies, 1999, 15(2): 224 - 226.

[153] 정남영,송영환, 김민성. Planting index assessing for plant garden in urban

outdoor space - A study on the solar access environment of the planting zone in apartment [J].한국건축 친환경설비학회논문집, 2017，11(6).

[154] Horie M，Yamamura I，Hosoyama T. Statistical Studies on Various Characteristics of Crop Plants：Ⅱ. Varietal differences of morphological complex characteristics in rice at different planting spaces[J]. Japanese Journal of Crop Science，1966，35(3/4)：148 - 154.

[155] Horie M，Yamamura I，Hosoyama T. Statistical Studies on Various Characteristics of Crop Plants：Ⅲ. Varietal differences of morphological complex characteristics in rice when three planting spaces are putting together[J]. Japanese Journal of Crop Science，1966，35(3/4)：155 - 160.

[156] Tabata K，Kurihara H. Studies on the Growing Process of Potato Plant：Ⅶ The ecological studies on the determination of planting space of potato[J]. Japanese Journal of Crop Science，1963，31(3)：293 - 296.

[157] Kim S，McGaughey R J，AndersenH E，et al. Tree species differentiation using intensity data derived from leaf-on and leaf-off airborne laser scanner data[J]. Remote Sensing of Environment，2009，113(8)：1575 - 1586.

[158] Yu X W，Hyyppä J，Litkey P，et al. Single-sensor solution to tree species classification using multispectral airborne laser scanning[J]. Remote Sensing，2017，9 (2)：108.

[159] Reitberger J，Krzystek P，Stilla U. Analysis of full waveform LIDAR data for the classification of deciduous and coniferous trees[J]. International Journal of Remote Sensing，2008，29(5)：1407 - 1431.

[160] Thies M，Pfeifer N，Winterhalder D，et al. Three-dimensional reconstruction of stems for assessment of taper，sweep and lean based on laser scanning of standing trees[J]. Scandinavian Journal of Forest Research，2004，19(6)：571 - 581.

[161] 唐赛男,王成,张昶,等.广州 3 个传统村落植物景观特征及村落外扩对其影响[J].北京林业大学学报,2018,40(8):90 - 102.

[162] 唐赛男,王成,孙睿霖,等.珠海市传统乡村生态景观及其乡愁文化演变[J].中国城市林业,2016,14(1):51 - 59.

[163] 高世华,陈清鋆.村庄环境整治中的特色塑造:以南京市佘村为例[J].乡村规划建设,2013(1):55 - 64.

[164] 王颖洁,殷利华.南京佘村古村落街巷空间形态与构成解析[C]//2018 第八届艾景国际园林景观规划设计大会优秀论文集. 厦门,2018:208 - 222.

[165] 祁娴. 多元参与的乡村"共同体"重塑[D]. 南京:南京大学,2019.

[166] 李璐. 杭州市乡村植物景观特征研究[D]. 杭州:浙江农林大学,2020.

[167] 张红旗,许尔琪,朱会义.中国"三生用地"分类及其空间格局[J].资源科学,2015,37(7):1332-1338.

[168] 李伯华,曾灿,窦银娣,等.基于"三生"空间的传统村落人居环境演变及驱动机制:以湖南江永县兰溪村为例[J].地理科学进展,2018,37(5):677-687.

[169] 王后阵,蔡广鹏,韩会庆,等.基于三生空间的山区村庄建设用地开发边界划定:以贵州省仁怀市五马镇为例[J].贵州师范大学学报(自然科学版),2018,36(6):78-82.

[170] 李秋颖,方创琳,王少剑.中国省级国土空间利用质量评价:基于"三生"空间视角[J].地域研究与开发,2016,35(5):163-169.

[171] 扈万泰,王力国,舒沐晖.城乡规划编制中的"三生空间"划定思考[J].城市规划,2016,40(5):21-26.

[172] 冯娴慧,戴光全.乡村旅游开发中农业景观特质性的保护研究[J].旅游学刊,2012,27(8):104-111.

[173] 代晓康.中国风水林的研究进展[J].中国农学通报,2011,27(19):1-4.

[174] 关传友.古代风水林与绿化思想[J].寻根,2002,15(5):98-103.

[175] 程俊,何昉,刘燕.岭南村落风水林研究进展[J].中国园林,2009,25(11):93-96.

[176] 廖宇红,陈传国,陈红跃,等.广州市莲塘村风水林群落特征及植物多样性[J].生态环境,2008,17(2):812-817.

[177] 王昆.基于适宜性评价的生产—生活—生态(三生)空间划定研究[D].杭州:浙江大学,2018.

[178] 宋吉贤.杭州地区美丽乡村建设背景下生产性景观调查分析与研究[D].杭州:浙江农林大学,2017.

[179] 李静,王红.乡土树种在乡村公共空间中的应用现状调查:以湖南省岳阳市为例[J].岳阳职业技术学院学报,2020,35(5):88-92.

[180] 王丽华,俞金国,张小林.国外乡村社会地理研究综述[J].人文地理,2006,21(1):100-105.

[181] Charmaz K. Grounded theory: Objectivist and constructivist methods [M]//DENZIN N K, LINCOLN Y S. The Handbook of Qualitative Research. London: Sage Publications. 2000:509-535.

[182] Manzo L C. Beyond house and haven: Toward a revisioning of emotional relationships with places[J]. Journal of Environmental Psychology, 2003, 23(1):47-61.

[183] Raymond C M, Brown G, Weber D. The measurement of place attachment:

Personal, community, and environmental connections[J]. Journal of Environmental Psychology, 2010, 30(4): 422 - 434.

[184] Palang, Alumae, Printsmann, et al. Social landscape: Ten years of planning 'valuable landscapes' in Estonia[J]. Land Use Policy, 2011, 28(1): 19 - 25.

[185] Rogge E, Nevens F, Gulinck H. Perception of rural landscapes in Flanders: Looking beyond aesthetics[J]. Landscape and Urban Planning, 2007, 82(4): 159 - 174.

[186] Stedman R C. Understanding place attachment among second home owners [J]. American Behavioral Scientist, 2006, 50(2): 187 - 205.

[187] Meng X. Scalable Simple Random Sampling and Stratified Sampling; proceedings of the Proceedings of the 30th International Conference on Machine Learning, Proceedings of Machine Learning Research, 2013[C]. PMLR. http://proceedings.mlr.press.

[188] Eyles J. Qualitative Approaches in the Investigation of Sense of Place [M]// Eyles J, Williams A. Sense of Place, Health and Quality of Life. Aldershot and Burlington: Ashgate Publishing, Ltd. 2008: 59.

[189] Kawulich B B. Participant observation as a data collection method; proceedings of the Forum qualitative sozialforschung/forum: Qualitative social research, 31-May, 2005[C]. http://nbn-resolving.de/urn:nbn:de:0114-fqs0502430.

[190] 谭龙. 我国当代青少年体育核心价值观研究[J]. 体育科技, 2019, 40(3): 44 - 45.

[191] 潘虹, 唐莉. 质性数据分析工具在中国社会科学研究的应用: 以 Nvivo 为例 [J]. 数据分析与知识发现, 2020, 4(1): 51 - 62.

[192] 杨婷, 王秀荣, 张钤森, 等. 基于景观适宜性的山地公园植物景观评价研究: 以贵阳黔灵山公园为例[J]. 中国园林, 2020, 36(4): 117 - 121.

[193] 刘滨谊, 王云才. 论中国乡村景观评价的理论基础与指标体系[J]. 中国园林, 2002, 18(5): 76 - 79.

[194] 温国胜, 杨京平, 陈秋夏. 园林生态学[M]. 北京: 化学工业出版社, 2007.

[195] 唐敏, 罗奕爽, 黎燕琼. 川西林盘景观单元与物种多样性的关系[J]. 北方园艺, 2020(24): 70 - 76.

[196] 白欲晓. "地域文化"内涵及划分标准探析[J]. 江苏社会科学, 2011(1): 76 - 80.

[197] Jung H J, Ryu J H. Sustaining a Korean traditional rural landscape in the context of cultural landscape[J]. Sustainability, 2015, 7(8): 11213 - 11239.

[198] Agnoletti M. Rural landscape, nature conservation and culture: Some notes on research trends and management approaches from a (southern) European perspective

[J]. Landscape and Urban Planning，2014，126：66-73.

[199] Muslim Z. Design transformation based on nature and identity formation in the design of landscape elements[J]. Environment-Behaviour Proceedings Journal，2016,1(1)：189.

[200] Roncken P A. Rural Landscape Anatomy：Public space and civil yards in Dutch rural landscapes of the future[J]. Journal of Landscape Architecture，2006，1(1)：8-21.

[201] Morgan M，Lugosi P，Ritchie J R B. The tourism and leisure experience：consumer and managerial perspectives[M]. Bristol；Buffalo：Channel View Publications，2010.

[202] 冯磊，胡希军，金晓玲，等. 居住区景观环境适宜性评价体系研究：以新乡市新建住区为例分析[J]. 西北林学院学报，2008，23(1)：190-194.

[203] 赵洁，白尚斌，冯磊，等. 城市广场景观适宜性评价体系研究：以新乡市新建城市广场为例[J]. 四川建筑科学研究，2009，35(5)：255-258.

[204] Quinn Courtney E，Quinn John E，Halfacre Angela C. Digging deeper：A case study of farmer conceptualization of ecosystem services in the American south[J]. Environmental Management，2015，56(4)：802-13.

[205] Chazdon R L，Uriarte M. Natural regeneration in the context of large-scale forest and landscape restoration in the tropics[J]. Biotropica，2016，48(6)：709-715.

[206] 冷平生. 园林生态学[M]. 北京：中国农业出版社，2003.

[207] Franco D，Franco D，Mannino I，et al. The impact of agroforestry networks on scenic beauty estimation[J]. Landscape and Urban Planning，2003，62(3)：119-138.

[208] Schwarz M L，André P，Sevegnani L. Preferências e valores para com as paisagens da mata atlântica：uma comparação segundo a idade e o gênero-The Landscapes Of The Mata Atlântica：Preferences And Values Based On Age And Gender[J]. Caminhos de Geografia，2008，9(26)：114-132.

[209] Cruz M，Quiroz R，Herrero M. Use of visual material for eliciting shepherds' perceptions of grassland in highland Peru[J]. Mountain Research and Development，2007，27(2)：146-152.

[210] Kibue G W，Liu X Y，Zheng J F，et al. Farmers' perceptions of climate variability and factors influencing adaptation：Evidence from Anhui and Jiangsu，China[J]. Environmental Management，2016，57(5)：976-986.

[211] Lokocz E，Ryan R L，Sadler A J. Motivations for land protection and

stewardship：Exploring place attachment and rural landscape character in Massachusetts [J]. Landscape and Urban Planning，2011，99(2)：65－76.

[212] Bonaiuto M，Aiello A，Perugini M，et al. Multidimensional perception of residential environment quality and neighbourhood attachment in the urban environment [J]. Journal of Environmental Psychology，1999，19(4)：331－352.

[213] Cross J E. What is Sense of Place？：proceedings of the 12th Headwaters Conference，CO，USA，November 2—4，2001［C］. Western State College. http：// western. e du/sites/default/files/documents/cross_headwatersⅫ. pdf.

[214] Gruffudd P. Back to the land：Historiography，rurality and the nation in interwar Wales［J］. Transactions of the Institute of British Geographers，1994，19 (1)：61.

[215] 迈克·克朗. 文化地理学［M］. 南京：南京大学出版社. 2005.

[216] Gillespie A. Tourist photography and the reverse gaze[J]. Ethos，2006，34 (3)：343－366.

[217] 高慧慧，周尚意. 人文主义地理学蕴含的现象学：对大卫·西蒙《生活世界地理学》的评介[J]. 地理科学进展，2019，38(5)：783－790.

[218] Renk A，Winckler S. Conflitos socioambientais no Oeste de Santa Catarina：de-senvolvimento e（anti）ambientalismo［M］//Franco G M S，Renk A O. Argos，Chapecó. Sociedade e Ambiente，2013：11－28.

[219] Sharpley R，Jepson D. Rural tourism［J］. Annals of Tourism Research，2011，38(1)：52－71.

[220] Christou P，Farmaki A，Evangelou G. Nurturing nostalgia？：A response from rural tourism stakeholders[J]. Tourism Management，2018，69：42－51.

[221] Duan Z P，Xu X X. An analysis of population return from the perspective of rural urbanization[J]. Sustainability in Environment，2017，2(3)：309.

[222] 孙贝贝. 苏南地区传统村落植物景观评价案例研究［M］.

[223] 戴静颐. 关中地区传统村落村口空间环境设计研究［D］. 西安：西安建筑科技大学，2021.

[224] 宋柏君. 乡村道路景观设计［D］. 合肥：安徽农业大学，2021.

[225] 高翔，董贺轩，冯雅伦. 街道植物空间与步行活动愉悦感的关联研究［C］//中国风景园林学会 2020 年会论文集（下册）. 成都，2020：290－298.

[226] 杨清. 浙江乡村院落空间结构解析与重构［D］. 杭州：浙江工商大学，2018.

[227] 唐月. 江南地区小庭院景观植物空间营造研究［J］. 今古文创，2020(42)：93－94.

[228] 于雪.浅谈美丽乡村建设中乡土植物的应用[J].现代园艺,2021,44(16):113-115.

[229] 赵朋,翟付顺,赵红霞,等.城市滨水绿地植物空间模式[J].中国城市林业,2017,15(2):64-67.

[230] 杨陆旸.基于乡村旅游的河道景观规划设计研究[D].南昌:江西农业大学,2019.

[231] 刘倩倩.基于环境资源承载力的黄土沟壑区乡村景观可持续发展研究[D].西安:西安建筑科技大学,2021.

[232] 刘维思.解析虚与实在园林植物空间营造中的应用[J].现代园艺,2019(6):122-123.

[233] 黄玲.湘中地区城市山地公园植物空间营造研究[D].长沙:湖南农业大学,2018.

[234] 徐宁,梅耀林.苏南水乡实用性村庄规划方法:以2014年住房和城乡建设部试点苏州市天池村为例[J].规划师,2016,32(1):126-130.

[235] 孙斐,沙润,周年兴.苏南水乡村镇传统建筑景观的保护与创新[J].人文地理,2002,17(1):93-96.

[236] 中华人民共和国住房和城乡建设部.中国传统建筑解析与传承(江苏卷)[M].北京:中国建筑工业出版社,2016.

[237] 沈晖.苏州传统村落适应性保护研究[D].苏州:苏州科技大学,2017.

[238] 孙一谦.苏州传统村落礼俗型公共文化空间活化设计研究[D].无锡:江南大学,2021.

[239] 费孝通.乡土中国:经典珍藏版[M].上海:上海人民出版社,2013.

[240] 曹健,张振雄.苏州洞庭东、西山古村落选址和布局的初步研究[J].苏州教育学院学报,2007,24(3):72-74.

[241] 卢雯韬.重庆主城区新型农村社区植物景观综合评价及其优化[D].重庆:西南大学,2020.

[242] 马逍原.杭州传统村落植物景观案例研究[D].浙江农林大学,2019.

[243] 孙春红,毛小春.重庆永川乡村植物景观调查与评价[J].湖北农业科学,2018,57(5):81-84.

[244] 纪雪.旅游开发型美丽乡村聚落植物群落特征分析、景观评价与优化模式研究:以南京市农家乐旅游示范村为例[D].南京:南京农业大学,2017.

[245] 陈思思,徐斌,胡小琴.乡村植物景观评价体系的建立[J].中国园艺文摘,2016,32(4):122-124.

[246] 陆庆轩.关于乡土植物定义的辨析[J].中国城市林业,2016,14(4):12-14.

[247] 徐琴.长沙乡土植物城市园林适宜性指数研究[D].长沙:中南林业科技大学,2013.

[248] 胡青宇,张宇,史超然.乡村聚落景观节约型设计策略探索[J].中国园林,2020,36(1):31-36.

[249] 费文君,徐阳阳.复合型产业在南京市江宁区乡村旅游中的发展模式[J].农业工程,2020,10(2):109-114.

[250] 张川.从全域到村庄:南京市江宁区美丽乡村规划建设路径探索[J].小城镇建设,2018,36(10):13-20.

[251] 南京市规划局江宁分局.南京江宁美丽乡村:乡村规划的新实践[M].北京:中国建筑工业出版社,2016:200.

[252] 张川,张洵,蒋锐.统一性与适宜性:乡村建设导则编制的思考:以南京江宁区为例[C]//新常态:传承与变革——2015中国城市规划年会论文集(14乡村规划).贵阳,2015:248-257.

[253] 曹兆昆,吴小根,穆小雨,等.南京市乡村旅游点空间分布特征及影响因素分析[J].江西农业学报,2018,30(8):136-143.

[254] 郁琦,李山.上海市乡村旅游景点空间格局及可达性研究[J].旅游科学,2018,32(3):51-62.

[255] 王伟,乔家君,马玉玲,等.不同类型旅游专业村时空演变及发展方略:基于河南省旅游专业村数据的研究[J].经济经纬,2020,37(5):26-36.

[256] 黄玉苗.乡土特色景观的构成要素与活化研究[D].杭州:浙江农林大学,2021.

[257] 秦玲.文化景观视野下西安地区传统村落植物景观营造研究[D].西安:长安大学,2021.

[258] 鲁黎明,张艺鸽,李卓,等.岭南乡村植物景观评价:以广西省北流市北部乡村为例[J].河南科技学院学报(自然科学版),2022,50(1):55-61.

[259] 陈思思,徐斌,胡小琴.乡村植物景观评价体系的建立[J].中国园艺文摘,2016,32(4):122-124.

[260] 刘宝富.探究新型乡村植物景观研究[D].福州:福建农林大学,2018.

[261] 周元捷.浅析南京市江宁区黄龙岘茶文化村的历史传承及风俗民情[J].文存阅刊,2020(23):151.

附录 南京市江宁区旅游型乡村植物种类统计

乔木统计表

植物名	花期	一年/多年	外来/本土	季相	A	B	C	D	E	F
女贞	5—7月	多年生	本土	常绿乔木	✓	✓	✓			✓
枇杷	10—12月	多年生	本土	常绿乔木	✓	✓		✓	✓	✓
紫叶李	4月	多年生	外来	落叶小乔木	✓	✓				✓
银姬小蜡	4—6月	一二三年生	外来	常绿小乔木	✓	✓				
水杉	2月下旬	多年生	本土	落叶乔木	✓	✓	✓	✓		
构树	4—5月	多年生	本土	落叶乔木	✓	✓	✓	✓	✓	✓
垂柳	3～4月	多年生	本土	落叶乔木	✓	✓		✓		✓
朴树	4—5月	多年生	本土	落叶乔木	✓	✓	✓	✓	✓	✓
枫杨	4—5月	多年生	本土	落叶乔木	✓					
刺槐	4—6月	多年生	本土	落叶乔木	✓	✓		✓		✓
苦楝	4—5月	多年生	本土	落叶乔木	✓	✓	✓	✓		
梅花	冬春季	多年生	外来	落叶小乔木	✓			✓		✓
鸡爪槭	5月	多年生	外来	落叶小乔木	✓	✓	✓	✓	✓	✓
桑树	5月	多年生	外来	落叶乔木		✓				
白玉兰	2—3月	多年生	本土	落叶乔木	✓	✓	✓			✓
合欢	6—7月	多年生	本土	落叶乔木		✓				
泡桐	3—4月	多年生	本土	落叶乔木		✓				
臭椿	4—5月	多年生	本土	落叶乔木		✓				
榉树	4月	多年生	本土	落叶乔木	✓	✓				
石榴	5—6月	多年生	本土	落叶乔木				✓	✓	✓
银杏	3—4月	多年生	本土	落叶乔木	✓	✓	✓	✓	✓	✓
梨	4月	多年生	本土	落叶乔木						✓
垂丝海棠	3—4月	多年生	本土	落叶小乔木		✓		✓	✓	✓
棕榈	4月	多年生	外来	常绿乔木	✓		✓	✓		✓
紫薇	6—9月	多年生	外来	落叶小乔木	✓	✓	✓	✓	✓	✓
榆树	3—6月	多年生	外来	落叶乔木	✓		✓	✓		

（续表）

植物名	花期	一年/多年	外来/本土	季相	A	B	C	D	E	F
柿	5月	多年生	本土	落叶乔木	✓		✓	✓	✓	✓
龙柏		多年生	本土	常绿乔木	✓					
香樟	4—5月	多年生	外来	常绿乔木	✓	✓	✓		✓	
麻栎	4—6月	多年生	本土	落叶乔木	✓					
樱花	4月	多年生	外来	落叶乔木	✓	✓	✓		✓	✓
悬铃木	4—5月	多年生	外来	落叶乔木	✓			✓		✓
桃	3—4月	多年生	本土	落叶小乔木	✓				✓	✓
乌桕	4—8月	多年生	外来	落叶乔木	✓	✓		✓		
黄山栾树	7—9月	多年生	本土	落叶乔木	✓	✓	✓			
无患子	6—7月	多年生	外来	落叶乔木	✓					
碧桃	3—4月	多年生	本土	落叶乔木	✓					
白杨	3—4月	多年生	本土	落叶乔木				✓		
柘树	5—6月	多年生	本土	落叶小乔木	✓					
山桃	3—4月	多年生	外来	落叶乔木	✓					
核桃	5月	多年生	外来	落叶乔木	✓					
杨梅	4月	多年生	本土	常绿乔木	✓					
雪松	10—11月	多年生	外来	常绿乔木		✓				✓
五针松	5月	多年生	外来	常绿乔木		✓		✓		
圆柏	4—5月	多年生	本土	常绿乔木		✓		✓		
广玉兰	5—6月	多年生	外来	常绿乔木		✓	✓			✓
李	3—4月	多年生	本土	落叶乔木	✓					
枣	5—7月	多年生	本土	落叶小乔木			✓			✓
白蜡	4—5月	多年生	本土	落叶乔木						
无花果	5—7月	多年生	外来	落叶乔木				✓	✓	
榆叶梅	4—5月	多年生	外来	落叶小乔木				✓		
罗汉松	4—6月	多年生	外来	常绿乔木				✓		
金枝槐	5—8月	多年生	外来	落叶乔木				✓		
龙爪槐	7—8月	多年生	外来	落叶乔木					✓	✓
杏	3—4月	多年生	外来	落叶乔木					✓	
三角枫	4—5月	多年生	本土	落叶乔木						✓
红枫	4—6月	多年生	外来	落叶小乔木						✓
国槐	6—7月	多年生	外来	落叶乔木						✓
丁香	4—5月	多年生	外来	落叶小乔木						✓

灌木统计表

植物名	花期	一年/多年	外来/本土	季相	A	B	C	D	E	F
桂花	9—10月	多年生	本土	常绿灌木	✓	✓	✓	✓	✓	✓
洒金桃叶珊瑚	3—4月	多年生	外来	常绿灌木				✓		
枸骨	4—5月	多年生	本土	常绿灌木		✓				
红叶石楠	4—5月	多年生	本土	常绿灌木	✓	✓		✓	✓	✓
金钟花	3—4月	多年生	本土	落叶灌木	✓	✓	✓			✓
牡荆	4—6月	多年生	本土	落叶灌木		✓				
木槿	7—10月	多年生	本土	落叶灌木		✓				✓
紫荆	3—4月	多年生	本土	落叶灌木		✓			✓	✓
山茶	1—4月	多年生	本土	落叶灌木	✓	✓	✓			✓
花叶蔓长春	5—11月		外来	常绿亚灌木	✓					
金叶女贞	5—6月		外来	落叶灌木	✓					✓
木茼蒿	2—10月	一二年生	外来	落叶灌木	✓					
绣球花	6—8月	多年生	外来	落叶灌木				✓		
六月雪	5—7月		外来	常绿灌木	✓					
锦带花	4—6月		外来	落叶灌木	✓					
棣棠花	4—6月		外来	落叶灌木	✓					
绣线菊	6—8月	多年生	外来	落叶灌木	✓			✓		
栀子花	5—8月		外来	常绿灌木	✓				✓	✓
迎春花	2—4月	多年生	外来	落叶灌木	✓	✓				✓
齿叶冬青	5—6月	多年生	外来	落叶灌木	✓				✓	
蓝湖柏		多年生	外来	落叶灌木	✓					
琼花	4月	多年生	外来	落叶灌木	✓					
萼距花	四季开花	多年生	外来	常绿灌木	✓	✓	✓			
杜鹃	4—5月	多年生	本土	常绿灌木	✓		✓	✓		✓
金银花	4—6月	多年生	本土	常绿灌木			✓			
南天竹	5—6月	多年生	外来	常绿灌木	✓		✓	✓	✓	✓
月季	四季开花	多年生	外来	常绿灌木	✓	✓	✓	✓		
苏铁	6—8月	多年生	外来	常绿灌木	✓					✓
迷迭香	11月	多年生	外来	常绿灌木	✓					
红花檵木	4—5月	多年生	本土	常绿灌木	✓	✓	✓	✓	✓	✓
含笑	3—5月	多年生	外来	常绿灌木	✓					

（续表）

植物名	花期	一年/多年	外来/本土	季相	A	B	C	D	E	F
夹竹桃	全年	多年生	外来	常绿灌木	✓		✓			
珊瑚树	4—5 月	多年生	外来	常绿灌木	✓		✓	✓		✓
茶 树	秋冬	多年生	外来	常绿灌木	✓	✓				
大花六道木	5—11 月	多年生	外来	常绿灌木		✓				
长春花	全年	多年生	外来	常绿灌木		✓		✓	✓	
黄 杨	3 月	多年生	外来	常绿灌木		✓			✓	✓
海 桐	3—5 月	多年生	本土	常绿灌木		✓				
常春藤	9—11 月	多年生	本土	常绿灌木		✓				
醉鱼草	4—10 月	多年生	本土	常绿灌木		✓				
铁冬青	4 月	多年生	本土	常绿灌木		✓				
腊 梅	11 月—翌年 3 月	多年生	本土	落叶灌木				✓	✓	✓
薜 荔	5—8 月	多年生	外来	常绿攀爬灌木				✓		
野蔷薇	4—9 月	多年生	本土	落叶灌木			✓			✓
枸 杞	6—11 月	多年生	本土	落叶灌木				✓		
丝 兰	5—10 月	多年生	外来	常绿灌木				✓	✓	
金丝桃	6—7 月	多年生	外来	落叶灌木				✓		
八角金盘	10—11 月	多年生	外来	常绿灌木				✓		✓
连 翘	3—4 月	多年生	本土	落叶灌木				✓		✓
鼠 李	5—6 月	多年生	外来	落叶灌木		✓				

藤本草本统计表

植物名	花期	一年/多年	外来/本土	A	B	C	D	E	F
络 石	3—7 月	多年生	本土	✓	✓				
沿阶草	6—8 月	多年生	本土	✓	✓		✓	✓	✓
一年蓬	6—9 月	一年生或二年生	本土		✓	✓			
蜘蛛抱蛋	3—5 月	多年生	外来		✓				
银叶菊	6—9 月	多年生	外来		✓				
石 竹	5—6 月	多年生	外来		✓				
矮牵牛	4—10 月	多年生，常做一二年生	外来	✓	✓			✓	
蓝目菊	夏秋季	多年生，常做一年生栽培	外来		✓				
细叶芒	9—10 月	多年生	外来		✓	✓			✓

（续表）

植物名	花期	一年/多年	外来/本土	A	B	C	D	E	F
玉簪	7—9 月	多年生	外来		✓				
水果蓝	4—6 个月	多年生草本	外来		✓				
酸浆	5—9 月	多年生	外来		✓	✓			
莲子草	5—7 月	多年生	外来		✓				
小蓬草	5—9 月	一年生	外来		✓				
鸭跖草		一年生草本	外来	✓	✓				
鼠尾草	6—9 月	一年生草本	本土	✓					
翠菊	5—10 月	一二年生草本	外来	✓			✓		
地肤草	6—9 月	一年生草本	外来	✓					
野菊	6—11 月	多年生草本	本土	✓		✓	✓		✓
乌蔹梅	5—6 月	多年生草本	外来	✓					
一枝黄花	4—11 月	多年生草本	本土	✓			✓		
凌霄	5—8 月	多年生草本	本土	✓		✓		✓	✓
蜀葵	2—8 月	二年生草本	外来	✓					✓
小琴丝竹		多年生	外来	✓					
白羊草	秋季	多年生	本土	✓					
百日草	6—10 月	一年生	外来	✓	✓	✓			✓
紫苑	7—8 月	多年生	外来	✓					
金鸡菊	5—10 月	多年生	外来	✓		✓		✓	✓
马松子	8—9 月	多年生	本土	✓					
美人蕉	6—10 月	多年生	外来	✓					✓
狗尾草	5—10 月	一年生	本土	✓					
紫茉莉	6—10 月	一年生	外来	✓			✓		✓
芭蕉	7—8 月	多年生	外来	✓					
牛筋草	6—10 月	一年生	本土	✓					
婆婆纳	3—10 月	一二年生	外来	✓					
马唐	7—9 月	一年生	本土	✓	✓				✓
狼杷草	7—10 月	一年生	外来	✓					
蓝花草	7—8 月	多年生	外来	✓		✓		✓	
薰衣草	6—8 月	多年生	外来	✓					
一串红	5—11 月	多年生，常做一年生栽培	外来		✓				

（续表）

植物名	花期	一年/多年	外来/本土	A	B	C	D	E	F
阔叶半枝莲	4—11月	一年生	外来		✓				✓
葱莲	7—9月	多年生	外来		✓				
五彩苏	7月	多年生	外来		✓				
蒲苇	9—10月	多年生	外来		✓				✓
夏堇	7月	一年生	外来		✓				
吊兰	5月	多年生	外来		✓			✓	
大丽花	6—12月	多年生	外来			✓	✓		
鸡冠花	7—10月	一年生	本土			✓	✓		
紫藤	4—5月	多年生	本土			✓			
鸢尾	4—6月	多年生	本土			✓	✓	✓	✓
波斯菊	6—8月	多年生	本土			✓			
稗	8月	一年生	本土			✓			
香附	6—8月	多年生	本土			✓			
鬼针草	夏秋季	一年生	本土			✓			
薄荷	6—9月	多年生	本土				✓		
薏苡	7—9月	一年生	本土				✓		
大吴风草	8—12月	多年生	外来				✓		
毛竹	5—8月	多年生	本土	✓	✓	✓		✓	✓
刚竹		多年生	本土				✓		
苦苣菜	5—12月	一二年生	外来				✓		
凤尾竹		多年生	外来				✓		
爬山虎	6月	多年生	外来					✓	
海芋	四季	多年生	外来					✓	
狼尾草	8—10月	一年生	本土					✓	✓
菊三七	8—11月	多年生	外来					✓	
藿香蓟	四季	一年生	外来					✓	
马鞭草	6—10月	多年生	本土					✓	
剑叶凤尾蕨	多年生	外来						✓	
母草	全年	一年生	外来						✓
凹头苋	7—8月	一年生	外来						✓
地锦草	夏秋季	一年生	本土						✓
白车轴草	5—10月	多年生草本	本土		✓				

水生植物统计表

植物名	花期	一年/多年	外来/本土	A	B	C	D	E	F
芦苇	8—12月	多年水生或湿生	本土	✓	✓	✓	✓	✓	
黄菖蒲	5—6月	多年生湿生或挺水宿根	本土		✓				
千屈菜	7—9月	多年生	本土	✓					
香蒲	8—9月	多年生	本土	✓	✓			✓	✓
荷花	6—9月	多年生	本土	✓		✓	✓		
水葱	6—9月	多年生	本土	✓		✓			
铜钱草	5—11月	多年生	外来		✓	✓		✓	
菰	春夏	多年生	外来		✓				
再力花	4—8月	多年生	外来			✓	✓		✓
风车草	8—11月	多年生	外来			✓			
芦竹	9—12月	多年生	外来				✓		
睡莲	6—8月	多年生	外来				✓		